国防科技图书出版基金

空间非合作目标被动跟踪技术与应用

Passive Tracking Technology of Non – Cooperative Space Target and Application

廖瑛　刘光明　文援兰　梁加红　杨雪榕　编著

国防工业出版社

·北京·

图书在版编目(CIP)数据

空间非合作目标被动跟踪技术与应用／廖瑛等编著.
—北京：国防工业出版社，2015.1
ISBN 978-7-118-09567-8

Ⅰ.①空… Ⅱ.①廖… Ⅲ.①雷达跟踪系统 Ⅳ.
①TN953

中国版本图书馆 CIP 数据核字(2014)第 264721 号

※

国防工业出版社出版发行
(北京市海淀区紫竹院南路 23 号 邮政编码 100048)
北京嘉恒彩色印刷有限责任公司
新华书店经售

*

开本 710×1000 1/16 **印张** 13 **字数** 218 千字
2015 年 1 月第 1 版第 1 次印刷 **印数** 1—2500 册 **定价** 58.00 元

国防书店:(010)88540777 发行邮购:(010)88540776
发行传真:(010)88540755 发行业务:(010)88540717

致 读 者

本书由国防科技图书出版基金资助出版。

国防科技图书出版工作是国防科技事业的一个重要方面。优秀的国防科技图书既是国防科技成果的一部分,又是国防科技水平的重要标志。为了促进国防科技和武器装备建设事业的发展,加强社会主义物质文明和精神文明建设,培养优秀科技人才,确保国防科技优秀图书的出版,原国防科工委于1988年初决定每年拨出专款,设立国防科技图书出版基金,成立评审委员会,扶持、审定出版国防科技优秀图书。

国防科技图书出版基金资助的对象是:

1. 在国防科学技术领域中,学术水平高,内容有创见,在学科上居领先地位的基础科学理论图书;在工程技术理论方面有突破的应用科学专著。

2. 学术思想新颖,内容具体、实用,对国防科技和武器装备发展具有较大推动作用的专著;密切结合国防现代化和武器装备现代化需要的高新技术内容的专著。

3. 有重要发展前景和有重大开拓使用价值,密切结合国防现代化和武器装备现代化需要的新工艺、新材料内容的专著。

4. 填补目前我国科技领域空白并具有军事应用前景的薄弱学科和边缘学科的科技图书。

国防科技图书出版基金评审委员会在总装备部的领导下开展工作,负责掌握出版基金的使用方向,评审受理的图书选题,决定资助的图书选题和资助金额,以及决定中断或取消资助等。经评审给予资助的图书,由总装备部国防工业出版社列选出版。

国防科技事业已经取得了举世瞩目的成就。国防科技图书承担着记载和弘扬这些成就,积累和传播科技知识的使命。在改革开放的新形势下,原国防科工委率先设立出版基金,扶持出版科技图书,这是一项具有深远意义的创举。此举势必促使国防科技图书的出版随着国防科技事业的发展更加兴旺。

设立出版基金是一件新生事物，是对出版工作的一项改革。因而，评审工作需要不断地摸索、认真地总结和及时地改进，这样，才能使有限的基金发挥出巨大的效能。评审工作更需要国防科技和武器装备建设战线广大科技工作者、专家、教授，以及社会各界朋友的热情支持。

让我们携起手来，为祖国昌盛、科技腾飞、出版繁荣而共同奋斗！

国防科技图书出版基金

评审委员会

前　言

空间目标监视是国家空间战略信息获取的重要途径，而天基无源监视跟踪系统是我国空间目标监视系统的重要组成部分。一般来说，角度观测信息在天基无源监视跟踪系统中是最基本的测量信息，仅测角法、测角与测频率联合观测法及基于运动学原理的定位法，从某种角度来说都是测角跟踪方法的延展。可以说，研究天基仅测角条件下空间非合作目标的无源跟踪定轨方法及其相关技术，对所有以角度测量为基础的天基无源监视跟踪系统都具有重要的理论参考价值，是实现我国天基空间目标监视系统亟需突破的关键技术。目前，国内公开出版的系统研究该领域技术的书籍甚少。

近年来，在国家自然科学基金、“863”计划、国防预先研究基金、航天科技创新基金等的支持下，我们围绕空间非合作目标的被动跟踪技术与应用做了大量研究工作，本书是根据作者在科研与教学工作中的积累而写成，书中大部分内容取自作者（和合作者）公开发表的学术论文、有关技术报告和博士学位论文。本书以天基空间目标监视系统为主要研究背景，以参数估计理论、连续同伦方法、非线性滤波理论、抗差估计理论及卫星编队构形控制方法为理论基础，系统研究了基于天基测角信息的初轨确定、联合定轨、抗差自适应跟踪定轨、空间目标编目维护及卫星编队控制等关键技术。全书共分 9 章。第 1 章为概论，主要介绍天基空间目标监视系统发展现状与关键技术进展；第 2 章介绍天基无源跟踪系统的信息处理流程和基于天基测角信息的空间目标跟踪模型及可探测性分析；第 3 章提出基于天基测角信息的初轨确定方法；第 4 章论述基于天基测角信息的目标跟踪滤波算法；第 5 章分析基于抗差估计的天基仅测角跟踪滤波算法；第 6 章介绍天基目标监视系统中空间目标飞行轨迹的双行轨道根数生成方法；第 7 章论述空间目标的逼近技术；第 8 章和第 9 章论述观测卫星编队控制问题和编队安全防碰撞问题。

书中公式和符号较多，同一符号在不同公式中可能有不同含义。另外，为了语言表达上的需要，同一物理量在不同之处可能有不同的名称。然而，对于一些常用量，将尽可能用同一符号来表示，而且采用本学科领域中惯用的表示符号。

本书的内容紧密结合工程技术专业，采用数学推导与仿真实验相结合的研究思路，保证了模型和算法的正确性，初步解决了空间目标天基仅测角跟踪中的若干关键问题，取得了一些具有创新性的研究成果。本书可作为高等院校航空航天、电子信息、控制科学等专业研究生和科研学者的教学参考书，也可以供从事航空宇航科学与技术、信号与信息处理以及控制科学与工程领域的工程技术人员和研究人员学习参考。

本书在编写过程中得到了国防科学技术大学各级领导的支持和专家的推荐，得到了总装备部国防科技图书出版基金的资助，在此表示衷心感谢。课题组的张志、刘翔春等博士生也付出了大量劳动，在此表示感谢。

由于作者理论和学术水平有限，难免有不足或错误之处，恳请读者批评和指正。

编著者

2014 年 2 月

目 录

CONTENTS

第1章 概 论

1.1 天基空间目标监视技术概述

空间非合作目标(Non - Cooperative Space Target,NCST)泛指一类不能提供有效合作信息的空间物体,包括故障或失效卫星、空间碎片以及敌方航天器等[1]。空间非合作目标的监视跟踪任务是指对目标进行探测、识别和跟踪,以获取其轨道参数、尺寸及任务等重要特性,并在此基础上对空间目标进行编目更新[2]。

2009 年 2 月 10 日,俄罗斯的报废卫星 Cosmos 2251(SSC 编目 22675)和美国在轨工作卫星 Iridium 33(SSC 编目 24946)在西伯利亚上空约 805 km 处相撞,不仅造成巨大的经济损失,还制造了大量的太空垃圾。据美国航空航天局(NASA)公布的数据,目前太空中直径大于 10cm 的空间目标大约有 19000 个,而在轨工作的卫星、飞船、空间站等空间目标仅占 7% 左右[3]。当空间碎片密度高于一定临界点时,其相互碰撞将会引起连锁反应,卫星、飞船等航天器都难以生存下来,地球轨道将完全丧失功能,这种效应称为凯斯勒效应[4]。这就迫切需要对所有的空间目标进行监视,尽量减少空间碎片的产生,以避免灾难的发生。

空间目标监视系统(Space Surveillance System,SSS)的最主要功能就是对直径大于一定阈值的空间目标进行编目并预报其运行轨道,为人造航天器提供规避和碰撞预警,如国际空间站为了避开空间碎片的撞击已经进行了 10 多次变轨[5]。空间目标监视系统的另一个功能是增加空间态势感知能力,而空间态势感知能力是对所运行的空间力量进行全面掌控的能力,是实现空间控制的基础[6]。2002 年,美国国防部提出了控制空间的三大能力,即空间态势感知能力、防御性空间对抗能力和进攻性空间对抗能力。2008 年 2 月 20 日,美军用“伊利湖”号巡洋舰上的 SM - 3 导弹命中了其失控间谍卫星的燃料箱[7];2011 年 4 月 15 日,美军利用空间跟踪与监视系统(Space Tracking and Surveillance Sysfem,STSS)的两颗监视卫星为标准 3 导弹提供了目标导弹从发射到拦截的立体运行轨迹,成功引导标准 3 导弹在夏威夷以西的太平洋上空拦截到目标[8],这两次空间试验展示了美国强悍的空间态势感知能力。

空间目标监视是国家空间态势获取的重要途径,是对所有在轨空间目标进行搜索跟踪、测轨编目、识别评估以增加己方空间态势感知能力的大型综合系统。当前,空间目标监视技术主要有三个发展方向:①为获取更好监视效果和缩短重复监视时间间隔,空间目标监视由地基向天基发展;②为获取更好的观测视野和相对安全的生存空间,天基监视平台由低轨向高轨发展;③为加强观测几何条件和获得更加稳定的跟踪效果,天基监视平台由单星向分布式卫星发展。

目前已经运行的空间目标监视系统多采用地基光电系统、相控阵雷达作为主要监测手段,以美国的空间目标监视网(Space Surveillance Network,SSN)和俄罗斯的空间监视系统最为典型。但是地基空间目标监视系统设备庞大、配置复杂,易受大气环境和地球曲率的影响,并且其可观测性、可跟踪区域以及几何特征感知等方面都存在难以克服的局限性;特别是就我国国情而言,不能像美国的SSN那样可以进行全球布站,这就进一步限制了地基空间目标监视系统的跟踪定轨性能。而天基空间目标监视不管从测控覆盖率到多目标测控能力,还是从设备复杂程度到运营成本都具有较大的优势,可以克服地基空间目标监视系统的缺陷,做到既可与地基系统互为补充又可自成体系。此外,天基观测平台可以根据任务需要进行变轨跟踪,极大地增加了空间态势感知能力;并且,微小卫星技术的发展也为天基分布式目标监视的实现提供了支持,降低了天基监视的门槛。利用天基观测平台实现对空间目标的跟踪定轨将是未来发展的趋势。

在天基观测平台上获取目标观测信息的方式主要包括两大类:一类采用有源、主动工作方式;另一类采用无源被动工作方式。有源主动工作方式通常采用相控阵雷达,具有搜索范围广、测量精度高等优点;但作用距离有限(通常最大作用距离为3000~6000km)且隐蔽性差,天基平台载荷限制也对雷达发射机效率和可靠性等提出较高的要求[9]。相对于有源主动工作方式,采用无源、被动工作方式:由于探测器不主动辐射信号,具有很好的隐蔽性,可以方便快速大量部署;信号只需单程传播,功率衰减小,作用距离远。因此,研究空间目标的天基无源监视跟踪技术具有重要的现实意义。

但与有源雷达相比,采用无源工作方式能够获取的目标观测信息较为有限,获取形式分为两种:一种是基于光电传感器的被动测角系统,如天基光学监视中采用光电传感器探测空间目标反射的太阳光线辐射,或采用红外传感器敏感空间目标角度信息,实现对空间目标的探测、捕获与跟踪[10];另一种是针对空间电磁波信号的被动跟踪系统,通过获取空间目标本身的辐射信号或经空间目标反射的其他照射源信号(如通信、导航信号等)进行数据处理,以实现对空间目标的被动定轨与跟踪。其中,采用光电传感器的无源工作方式,只能获得目标的角度测量信息,但测量精度较高,其指向精度可达10~15μrad[11];而针对空间电磁波信号的无源工作方式,通常可以获得目标的角度、频率及其变化率等测量信息,其参数估计精度与具体采用的信号处理算法和器件工艺水平有关,但这种方式的角度测量精度一般难以达到光电传感器的测量精度水平。角度观测信息在天基无源监视跟踪系统中是最基本的测量信息,仅测角法、测角与测频率联合观测法及基于运动学原理的定位法,从某种角度而言都是测角跟踪方法的延展[12]。

本书将天基空间目标监视系统及相关关键技术发展现状分解为两个方面:一是空间目标监视系统发展及现状;二是空间目标跟踪定轨相关关键技术进展。

1.2 天基空间目标监视系统发展及现状

1.2.1 美、俄地基空间目标监视系统

当前,美国和俄罗斯两国在空间目标监视领域处于领先地位,都建立了完善的空间目标监视系统[7]。尤其是美国的技术优势十分明显,其系统实现了在功能上空间监视与导弹预警兼顾,在手段上被动与主动互补,在体制布局上地基与天基结合,其总体空间监测能力不断提高,不仅能跟踪识别各类卫星,还可监视弹道导弹及空间碎片。

美国从1959年开始组建地基空间目标监视系统,由分布在全球16个不同地点的30多台(套)无线电探测器、光学探测器、天基探测器以及两个控制中心(一个主控,一个备份)组成,如图1-1所示。

目前,美国的空间目标监视任务主要是由空间探测和跟踪系统(Space Detection and Tracking System,SPADATS)中的观测设备来完成。SPADATS本身包括空军的空间跟踪系统[13]和海军的空间监视(SPASUR)系统[14],以及MSX卫星上的天基光学传感器[15](Space Based Visible,SBV)。按照测控设备类型划为三类:一是光学系统,由分布在全球的四个测站组成,每个测站配置3台望远镜,白天可以观测8星等的空间目标,晚上可观测16星等的空间目标,对于重点目标利用先进的毛伊岛光子跟踪与识别设施(MOTIF)进行确认和精细测量;二是微波/超高频探测、跟踪系统,有“磨石山”(Millstone Hill)深空雷达、“干草堆”(Haystack)宽带成像雷达及AN/FPS-85相控阵雷达;三是甚高频多普勒无线电干涉仪系统,在美国南部组成垂直屏障波束,当空间目标经过屏障时进行观测,每天的观测弧段大约270000个,用来更新18000组轨道参数。

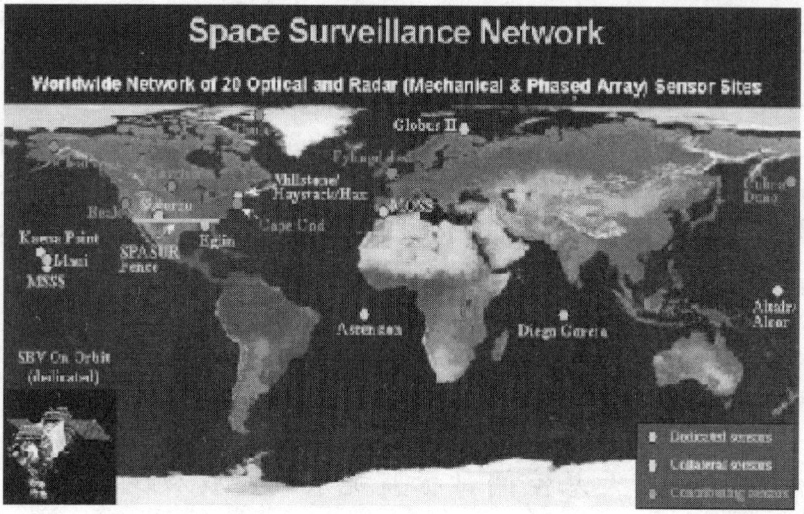

图 1－1　美国空间目标监视网

按照性质和隶属关系不同，可将组成美国空间监视网的各种探测器分为三大类：一是专用空间探测器，属于美国国防部，是专门用于空间监视的探测器，主要包括贝克·纳恩相机和地基光电深空监视系统（GEODSS，1982 年投入使用）等光电探测器，以及“海军空间监视”（NAVSPASUR）系统和 AN/FPS－85 相控阵雷达（1968 年 9 月投入使用）等雷达探测器；二是兼用空间探测器，属于美国国防部，主要任务不是用于空间监视，但可以用来担负空间监视任务的探测器，如弹道导弹预警雷达和情报收集雷达等；三是可用空间探测器，属于其他机构，主要任务不是空间监视，但是在其不执行主要任务时能用来提供空间监视数据。空间监视任务的分工、协调和指挥控制均由北美防空联合司令部（North American Aerospace Defense Command，NORAD）与美国航天司令部共同拥有的夏延山空间控制中心完成，所有探测器获得的信息也都送往该中心进行融合、处理、编目以及分发[16]。这三大类探测器共同组成空间目标监视网，探测距离超过 36000km，可探测并精确跟踪在静止轨道高度上直径大于 30cm 的目标，定位精度可达米级，一般 4～7 天更新一次观测数据。

此外，美国的诺斯罗普·格鲁曼公司已于 2011 年 2 月研制出多波段合成孔径雷达（MB－SAR）[17]，该雷达具有高分辨率、抗杂波干扰、特高频穿透和“轻松翻译”L 频段中全极化图像的能力，它能够在整个 UHF 频段和 L 频段的很大一部分范围内工作，可以应用于大范围空间监视、变频探测[17]。

俄罗斯早在 1969 年就正式建立了空间目标监视系统，包括：“沃罗涅日”－DM 远程导弹预警雷达等组成的雷达探测网、“天窗”系统等组成的光学探测网和空间监视中心(Space Surveillance Center,SSC)。近年来俄罗斯为提高其导弹防御和太空监视能力,在境内部署了“沃罗涅日”-DM雷达和“伏尔加河”雷达等多部新型雷达[18],空间目标监视系统每天能产生5万条左右的观测数据,维持近5000个目标的编目,其中大部分为低轨目标。俄罗斯在利用光电望远镜进行空间目标监视方面水平较高,某些方面甚至已超过美国,其光电观测网“天窗”系统也是俄罗斯战略预警系统不可缺少的辅助支持手段,它不仅可观测在轨卫星,也可同时监视火箭助推器残骸等空间碎片[19]。

1.2.2　天基空间目标监视系统

在地基空间目标监视系统的正常运行以及SBV成功研制的基础上,美国加强了天基空间目标监视系统的研制,主要包括天基空间监视系统(Space-Based Surveillance System,SBSS)、轨道深空成像系统(Orbit Deep Space Imager,ODSI)和天基红外预警系统(Space-Based Infrared Satellite System,SBIRS)。此外,还有一类是进行局部空间监视的微小探测器,具有可以为己方卫星提供战术空间态势感知能力、覆盖可见光与射频谱段的有效载荷,其典型计划是用于评估局部空间的自主纳卫星护卫者(ANGELS)计划和自感知空间态势感知(SASSA)计划。

SBSS是美国为提高对空间目标的监视、跟踪和识别能力,增强对空间战场态势的实时感知能力而研制的。SBSS项目由空军空间和导弹系统中心负责,计划中的SBSS将由3~8颗载有光电传感器的卫星组成星座,设计寿命5年,能够实时跟踪空间目标,预计总成本8.58亿美元,其计划构想如图1-2所示。美国已经于2010年9月25日在范登堡空军基地成功发射第一颗天基监视卫星——SBSS“探路者”(SBSS Block 10 Pathfinder),这也是当前第一颗能够从太空探测并追踪轨道物体的监视卫星[20]。该卫星质量为1301kg,部署在高度630km的轨道上,装载有一个安置在敏捷双轴万向节上的可见光传感器,将允许地面控制人员在目标间快速切换,而不需要重新配置卫星或消耗燃料[20]。该卫星能够在24h内完成对整个地球静止轨道区域内的扫描,快速获取和更新监视目标的轨道位置变化信息,即实现对目标的“轨迹监视”;并且这种对目标的高重访能力还可以减少由于两次观测间隙内目标位置发生变化而引起的观测目标遗漏。

ODSI是美国空军空间和导弹系统中心开展的一项用于空间目标监视的全新项目,由运行在地球同步轨道上的成像卫星组成,卫星成像系统采用望远镜并可在空间机动。ODSI的主要任务是对目标进行描述和分析,提供目标的高分辨率图像,确定深空目标的特征和轨道,并近实时或定期提供相关信息以支持战场空间感知和防御性空间对抗作战。

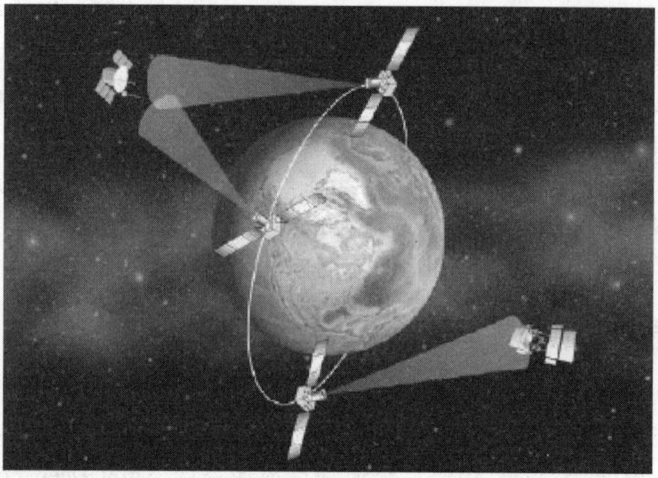

图 1-2　SBSS

SBIRS 是美国 NMD 计划的核心部分[21]，用于执行战略和战区导弹预警、为导弹防御指引目标、提供技术情报和战局分析，总预算 115 亿美元。SBIRS 包括空间段和地面段两部分，空间段由低轨卫星星座（SBIRS-Low）和高轨卫星星座（SBIRS-High）两部分组成。SBIRS-Low 由空间和导弹跟踪系统（SMTS）计划支持；SBIRS-High 中的静止轨道卫星星座沿用国防支援计划（DSP）已有星座，而大椭圆轨道（HEO）卫星星座由战区高度区域防御（THAAD）计划支持[22]。2002 年由于 SBRIS-Low 系统陷入成本、进度和性能方面的问题，美国政府将其转向空间跟踪与监视系统计划[21]，该系统的整个星座利用卫星内部交叉链路连接在一起，实现对以中段弹道目标的接力跟踪。STSS 将提供导弹防御传感器风险降低方案，支持未来导弹防御运行卫星星座方案的研发和部署[23]。STSS 卫星有效载荷包括一个宽视场短波红外捕获探测器、一个窄视场多波谱（中波、中长波、长波红外以及可见光）跟踪探测器和一个数据处理子系统，可实现对弹道导弹助推段、中段和再入段的连续观测。初步估计到 2020 年前后，美国将建立起规模有限的 STSS。2010 年 7 月 19 日，美国导弹防御局利用 STSS 演示验证了卫星探测并跟踪了一个常驻太空项目，还首次使用多个传感器持续跟踪了一颗国家海洋气象卫星[23]。SBIRS-High 系统于 1995 年启动，由 4 颗 GEO 卫星和 4 颗 HEO 卫星组成。该系统每颗卫星都装有 1 台高速扫描型探测器和 1 台注视型探测器，前者用于对地球进行大范围扫描，通过探测导弹发射时喷射的尾焰对各国导弹发射情况进行监视，一旦发现目标，则将信息提供给注视型探测器，后者将画面拉近放大，并紧盯可疑目标以获取详细的目标信息。由于技术难度大、成本高、风险大，SBIRS-High 计划进度已经严重滞后，但是由于 DSP 卫星将于

2015年达到工作寿命,若SBIRS卫星不能就位将会出现预警空白,美国已经抓紧研制和部署SBIRS－High系统。

欧洲的天基空间目标监视系统中具有代表性的是侦察卫星星座、导弹预警卫星和空间态势感知系统。2008年7月22日,欧洲的雷达成像侦察卫星星座合成孔径雷达－放大镜(SAR－LUPE)完成组网,12月4日,德国陆军正式启用这套卫星监视系统,欧洲从此拥有了自己的雷达侦察成像卫星星座,可以全天候、全天时成像,并且拥有更高的分辨率、更快的图像获取与分发能力。俄罗斯的光学成像侦察卫星可以划分为8代:“天顶”系列构成第1代至第3代,“琥珀”系列构成第4代和第5代,“蔷薇辉石”系列构成第6代和7代,“阿拉克斯”系列构成第8代。其中“琥珀”系列是俄罗斯当前光学成像侦察卫星的主要力量[24]。“琥珀－4KS1－涅曼”卫星是电子照相侦察卫星,它克服了携带胶卷数量有限与不能实时提供图像的不足。“阿拉克斯”卫星工作在比一般侦察卫星高得多的轨道上,这虽然会降低分辨率,但是却取得视野更加开阔和对目标驻留时间更长等优点。

法国在2009年2月12日成功发射了两颗质量各为120kg的“螺旋”(Spirale)导弹预警卫星。“螺旋”A卫星定轨于倾角2°、近地点263.4km、远地点35713.3km的大椭圆轨道,“螺旋”B卫星定轨于倾角2°、近地点585.4km、远地点35713.2km的大椭圆轨道。这两颗卫星为法国天基光学预警系统演示卫星,寿命18个月,可以搜集目标的红外图像,尤其可以探测尚处于发射助推段的中程弹道导弹尾焰。“螺旋”计划是欧盟建造自己的天基预警系统的第一步。2009年3月,欧洲防务局启动新一代欧洲军用地球观测卫星项目——多国天基成像系统(MUSIS)计划,该项目由比利时、德国、希腊、法国、意大利和西班牙6个欧盟国家共同发起。MUSIS项目旨在建立一个多国天基成像系统,以确保法国“太阳神”Ⅱ系统、德国SARLUPE系统、意大利CosmoSkymed系统能够一直使用到2017年以后。2010年4月,欧洲防御局(EDA)宣布着手建立军民两用太空监视系统,增强太空态势感知能力和空间碎片监视能力,可以将欧洲低轨军用卫星碰撞的可能性降低90%[25]。

1.2.3 美国空间目标监视系统编目更新与维护

NORAD的空间目标编目更新与维护采用多站联测、中心统一处理数据的模式。1996年,Schumacher介绍了空间编目系统维护的基础[26]:①空军的空间控制中心(Space Control Center, SCC)和海军的备用空间控制中心(Alternate Space Control Center, ASCC)组成的中心机构负责数据库的完善和更新;②对于空间监视而言,由于绝大多数(至少95%)的编目物体不会机动、不会突然解体或者采用隐身技术,跟踪网络对在轨运动几十分钟的响应时间已能够满足进行复杂计算的需要;③目前的编目数量意味着目标的空间分布密度很低,可以防止目标频繁混乱,确保每个探测器的观测数据与单一物体关联。而在数据关联方面,美国采用探测器级别加中心级别的运作模式,编目维护的步骤为[27]:①确认探测器级别的数据关联;②对未关联或错误关联的数据在已知卫星中进行识别;③更新数据库的轨道根数,对剩下的无关联目标(Uncorrelated Target, UCT)产生轨道根数和关联数据,并公布更新的轨道根数。轨道根数的自动更新一般采用最小二乘法进行微分改进(Differential Correction, DC),约 98.5% 的轨道根数可以在无人干预的情况下自动更新。而"电子篱笆"的数据处理与其他常规监视设备不同[28]:物体穿过篱笆束时,接收站按 55Hz 的频率采样原始数据,实时传给海军空间司令部,计算信号峰值时刻的方向余弦,并与数据库中预先计算值关联;每次轨道根数更新时会预报未来 36h 穿越篱笆束的信息,通常 97% 的篱笆观测值可以与已知卫星关联,因此"电子篱笆"对于 UCT 的分析尤为重要。

空间目标的编目信息一般用双行轨道根数(Two - line Elements,TLE)形式表示[29],其轨道计算和预测模型算法则用相应的简化普适摄动模型(Simplified General Perturbations 4,SGP4)来实现。SGP4 模型考虑包括地球非球形 $J_2/J_3/J_4$ 项摄动、大气阻力摄动(采用静态非自旋的球形对称的大气模型)以及日月引力摄动等多种主要摄动因素影响,并在轨道计算精度和效率上有较好的折中,是目前国际上使用最为广泛的空间目标轨道数据[30]。目前, SGP、SGP4 轨道计算与预报模型算法由 Goddard 空间飞行中心(Goddard Space Flight Center,GSFC)发布,但是 TLE 生成算法仍被保留[29],使其在应用时效性和广泛性上受到限制。为此,一些学者对于 TLE 生成算法进行了研究,Byoung 提出利用空间目标的瞬时密切轨道数据,经过时间和坐标转换拟合出该目标的 TLE 主要参数,但是只研究了单点拟合方法[31];Oliver 等以空间目标的星载 GPS 数据作为观测输入,采用基于卡尔曼滤波的有摄运动微分方程数值方法,由目标运动状态实时生成该目标基于 SGP4 模型的 TLE 参数,但是未考虑轨道奇点问题[32]。李骏在对 TLE 格式和相应 SGP4 模型分析的基础上,针对空间目标监视应用中运动状态未知的非合作目标,利用天基光学仅测角数据实现对 TLE 的拟合估计,可对目标编目根数进行实时维护更新,但采用的是数值方法且未给出偏导数表达式。

1.2.4 空间目标抵近观测和跟飞编队应用

空间目标抵近观测是指跟踪航天器需采取一定的相对轨道特性对空间目标伴随飞行,形成跟飞编队构形,并满足自主测量所需的各种约束。跟飞编队一般指跟踪航天器沿航迹处于目标航天器后方的编队构形。此构形使得目标航天器处于跟踪航天器的飞行前方,便于进行目标运动信息测量和跟踪控制,是空间交会对接、在轨服务、空间作战等应用常采用的一种伴飞模式。

“轨道快车”技术可以极大增强卫星的机动侦察和躲避反卫星武器的能力。“轨道快车”计划研制的两颗卫星中,Astro 卫星是交会对接的跟踪卫星。首先,Astro 卫星能够机动灵活地在轨道上运行,躲避反卫星武器的攻击而进行被动防御;其次,可以在 Astro 卫星上安装空间监视装置、攻击告警装置和针对威胁的对抗装置。部署在主卫星周围进行伴飞,当发现有针对卫星的攻击行为时,可以针对攻击进行诱骗、阻挡或拦截等主动防御。作为空间攻击武器平台,Astro 卫星具体应用于以下几个方面:

(1) 天基微波干扰器。装上微波干扰器的 Astro 卫星对目标卫星进行跟飞或绕飞,可以选择最有利的位置和时间,截获敌方空间信息链路数据与测控信号,并对其进行欺骗干扰。由于离目标近,因此所需的微波发射功率不需太大。

(2) 天基化学物质喷洒器。在 Astro 卫星上配置化学物质喷洒器,必要时通过轨道机动接近到目标附近,然后喷洒化学物质,从而污染目标星上的仪器。喷洒物质会形成一个污染区,在污染区的目标卫星都将受到破坏,所以对轨道接近能力和逼近绕飞能力要求不高,对末制导也没有严格精度要求。

(3) 天基激光器。带有激光发射器的 Astro 卫星可以机动到目标卫星附近,而激光发射功率与有效攻击距离的平方成反比,因此可以解决激光器发射功率的问题。此类武器需要卫星具有较高的姿态机动和指向控制精度。

以上空间编队应用,有些并不是典型的跟飞编队构形,但作为基础性技术,跟飞编队飞行技术都为这些应用的有效开展创造了条件。

1.2.5 国内空间目标监视研究现状

我国的空间目标监视研究起步较晚,远落后于美国和俄罗斯,但近期也取得了较大的发展。在雷达探测方面,随着精密跟踪雷达、相控阵雷达的相继建成,将填补我国雷达探测低轨目标的空白:国防科学技术大学 ATR 实验室利用单脉冲雷达在国内首次成功实现对重要空间目标的二维雷达成像;国家“863”计划支持的空间目标高分辨探测相控阵雷达也进入样机实验阶段[33]。在光电探测方面,中国科学院成都光电技术研究所利用“自适应光学”成像技术成功完成了在可见光和红外波段对目标进行高分辨率成像观测实验;2007 年 3 月上海天文台研发的“实时 VLBI 系统对月球卫星 SMART-1 快速测轨系统”获得成功,这是国内甚至世界上首次将 VLBI 技术用于航天工程。

我国现已启动了“空间碎片研究行动计划”,2009 年 9 月中国科学院空间目标与碎片观测重点实验室在南京紫金山天文台正式成立。该实验室将建成中国空间监视领域一个不可替代的观测研究系统，为中国在空间领域建立一套安全预警系统，以化解空间碎片带来的威胁。该实验室将实时跟踪目前已发现的空间碎片，同时拉网搜索尚未编目的空间碎片，对航天器发射和轨道运行进行预警技术研究，进而开展风险评估。

1.3 空间目标跟踪定轨相关关键技术进展

空间目标跟踪定轨技术是天基空间目标监视系统应用的基础，因为不论是新发射卫星识别，还是陨落报告、预警导引，或碰撞规避，都需要高精度的轨道确定和轨道预报作为前提条件。改善空间目标的定轨精度、完善轨道动力学模型和提高测控设备的观测精度一直是当前国际上航天器精密轨道确定领域的研究热点。但是受认知能力限制，空间目标的状态模型无法精确构建，各测控设备观测数据的误差形式也不尽相同，因而采用数学处理手段依然是目前提高定轨精度的主要方式。

空间目标的天基跟踪定轨可分为对己方卫星的合作式测控定轨和对空间非合作目标的跟踪定轨。合作式测控定轨观测手段多样且测量信息丰富，如利用美国天基测控网或 GPS 等星载导航设备，定轨精度可达厘米量级[34]。然而在空间目标监视应用中，多为他方航天器、空间碎片等非合作目标，能够获得的观测信息极为有限，特别是在无源跟踪定轨方式下一般仅能获得目标的角度测量信息，这对空间目标的天基跟踪定轨提出了更高的要求。本书基于空间非合作目标天基仅测角跟踪定轨过程，从初轨确定、非线性跟踪滤波、联合定轨和基于抗差估计的跟踪滤波等方面进行研究。

1.3.1 空间目标的初轨确定技术

初轨确定是利用短弧段的观测数据，采用比较简单的动力学模型（一般用二体模型）快速计算出目标在轨运行的初始轨道。初定轨结果，一是作为轨道改进的初值，二是为实时入轨监视提供快速准确的入轨参数，以判断航天器是否按设计轨道入轨。而作为精密定轨的初值，较高精度的初始轨道可以节省定轨时间，提高定轨精度。初轨确定一般基于非线性二体动力学模型的线性近似，可由简单迭代计算完成；而针对测角数据的初定轨方法就实质而言可以归纳为拉普拉斯方法和高斯方法两类，其中拉普拉斯方法显得更加简洁有效。当前，初轨确定已不再局限于简单的三次测角数据定轨，而是尽量利用多观测站多种类型观测数据进行定轨[35]，并充分利用测量数据统计特性提高初轨精度，如广义拉普拉斯方法、参考矢量法以及基于抗差估计的稳健迭代方法等。但是单星仅测角观测下拉普拉斯方法初定轨存在本质的病态性[36],并且在迭代计算中需要设定合理初值,初值选择不当很容易造成迭代不收敛或收敛至平凡解,因此关于选择合理初值或改善初值条件开展的研究工作也较多。

与地基观测不同,天基监视受载荷性能、卫星平台轨道周期以及系统工作模式制约,单次测量任务内对目标可能仅获得数十秒至数十分钟弧段的观测数据,相对目标轨道周期属于短弧测量[37]。由于短弧测量所能反映的目标运动特性或轨道特征有限,特别是对于新发现目标,在单个较短观测弧段内较难有效确定初轨[37]。潘晓刚等利用国内双星定位系统和雷达高度计组成的天基测控系统对航天器进行初定轨,并设计了基于级数的初轨计算法与单星遍历切割平面初定轨算法[38,39]。甘庆波基于天基空间监测系统的技术背景,用已知轨道的天基观测平台对不明空间目标进行方向观测,在定轨精度要求不太高的要求下,研究了单颗跟踪卫星的天基初定轨问题,并提出了基于此观测模型的中低轨空间目标的初轨计算方法。Vitarius 从开普勒运动定律推导出空间目标斜距的确定方法,不必已知地球引力常数、中心体质量和时间标记,以五个观测数据为一组进行初定轨,不过该方法对测量噪声较为敏感。李骏针对 SBV 对 GEO 目标的短弧段初定轨问题,通过对短弧段测量方程系数矩阵和初轨误差的推导分析,研究了短弧段初轨计算病态性和误差特性,提出了基于三角网细分迭代搜索的约束域初定轨方法。刘磊基于分布式卫星对空间目标的测角数据进行初定轨,具体研究卫星星座对空间目标的测向初定轨模型、观测误差的影响,对比分析了星座测向初定轨相对于单星测向初定轨的优势。

1.3.2 空间目标的非线性跟踪滤波

1795 年,高斯为解决天体运动轨道的预报而提出的最小二乘法(Least Square,LS),可以说是状态估计和参数估计理论的基础。LS 的数学模型和计算方法简单,对于严格正态分布数据具有一致最优无偏且方差最小特性,广泛应用于航天器精密轨道确定等研究领域[40]。20 世纪 60 年代初,Kalman 和 Bucy 为解决线性最小方差估计公式难以实际应用计算的问题,提出最优线性滤波递推算法,即卡尔曼滤波;不久,该状态递推估计算法又被推广到非线性系统,形成扩展卡尔曼滤波(Extended Kalman Filter,EKF)。与最小二乘批处理方法相比,卡尔曼滤波对观测数据进行序贯处理,无需存储数据或仅需存储一次观测数据,可应用于实时或准实时的空间目标跟踪定轨[41]。由于卡尔曼滤波算法适用于计算机递推计算,在工程中得到广泛应用,如卫星测控定轨与跟踪、卫星自主导航、空间交会导引等,特别是实时性要求较高的星上自主定轨。

单个观测平台对空间非合作目标进行无源跟踪定轨,由于无法直接获得空间目标的测距信息，一般无法进行瞬时轨道确定（即使能够初步定轨，轨道误差也会较大），而必须采用多次角度测量值等信息进行拟合估计，其本质是典型的非线性估计问题，这就需要寻求一种比较理想的跟踪滤波算法。此外，空间目标的跟踪精度、收敛特性以及稳定性除与跟踪定轨模型密切相关外，所采用的跟踪滤波算法也是影响跟踪性能的关键因素[42]。因此，非线性跟踪滤波算法是天基无源跟踪定轨技术研究中的重要内容，也是分布式卫星对空间目标的无源跟踪定轨技术的理论基础。

EKF 通过一阶泰勒级数展开将非线性问题用线性方法近似处理，当系统非线性较弱且噪声特性符合高斯假设近似成立时，通常可以获得较好的估计性能。但是对于天基仅测角跟踪定轨，由于没有空间目标的距离测量信息，其可观测性较弱且系统模型较为复杂，EKF 的一阶线性化截断误差会带来不稳定性，容易导致滤波性能恶化[43]。此外，EKF 的性能严重依赖于初始状态的选择，且状态协方差阵易出现病态，也会导致跟踪滤波不稳定[43]。1982 年 Aidala 提出了适用于仅测角跟踪的伪线性滤波（Pseudo Linear Filtering，PLF）跟踪算法，该算法虽然稳定性较 EKF 方法好，但估值是有偏的[44]。1983 年 Aidala 又提出了基于修正极坐标（Modified Polar Coordinates，MPC）的二维仅测角定位滤波算法，选择合适的坐标系建立目标的跟踪模型，在滤波中可对状态变量中的可观测项和不可观测项进行自动解耦，避免了病态协方差阵的产生[45]；为将二维仅测角跟踪问题推广至三维情况，相应转换坐标系也采用了修正球坐标系（Modified Spherical Coordinates，MSC）。

除上述函数近似法外，采样近似法是对最优非线性滤波器逼近的另一类方法。采样近似法所近似的对象是系统状态量的条件概率密度函数，主要有无迹卡尔曼滤波[46]（Unscented KF，UKF）和粒子滤波[47]（Particle Filtering，PF）。UKF 通过选择有限确定样本点来逼近系统状态的条件概率密度函数，所选择样本点可以完全捕获到状态量的均值和协方差，在高斯噪声假设下适用于任何非线性系统[48]。样本点通过非线性函数传递后，其非线性分布统计量的计算精度至少可以达到二阶泰勒展开的估计精度，且不需要计算雅可比矩阵和海赛矩阵，估计精度也高于 EKF，得到较为广泛的应用。PF 又称为序贯蒙特卡洛滤波（Sequential Monte Carlo，SMC），它是基于贝叶斯采样估计的顺序重要采样（SIS）滤波思想，通过若干带权值的随机采样点（粒子）来逼近系统状态的条件概率密度函数，能够有效进行非线性非高斯系统的估计[49]。理论上讲，只要跟踪足够数量的粒子，PF 就可获得对实际条件分布任意精度的逼近效果；但是若要得到高精度估计需要较多的粒子个数，从而带来较大的计算量，难以满足实时处理要求，从而制约了其在很多实时处理领域的应用[50]。

1.3.3 空间目标的联合定轨技术

联合定轨的概念比较宽泛,按照建模与实现方法可以划分为利用观测数据消除误差源影响的联合定轨、基于模型(动力学模型或运动学模型)的联合定轨和基于多观测数据融合的联合定轨[36]。

利用观测数据消除误差源影响的联合定轨是指通过冗余测量数据抑制单一数据系统偏差的处理方法,其主要目的是至少消除或减小一种误差源的影响,以提高观测数据的精度,是联合定轨体制中最底层的联合形式,其最典型的例子是GPS双频观测数据的应用[51],可以消除电离层的影响。Doll对TDRSS的用户卫星Landsat-4和Topex/Poseidon进行了精密定轨研究[52],其核心思想是利用偏差校准分析技术,通过对BRTS(Bi-lateration Ranging Transponder System)至TDRSS卫星和TDRSS至用户卫星测距数据的分析来得出定轨误差源,并且可以实现TDRSS的"真实"轨道和用户星轨道的同步确定。Zhu等利用"一步法"对GRACE双星进行了GPS和SLR的联合定轨试验,结果表明观测层上的联合定轨能增强系统的稳健性,提高定轨精度[53]。赵齐乐等利用星载及地面数据联合求解CHAMP卫星和GPS卫星轨道时,在不固定整周模糊度的条件下,GPS卫星定轨精度可以提高20%[54]。

基于模型(动力学模型或运动学模型)的联合定轨主要指联合利用空间目标的动力学信息和运动学信息以抑制或补偿单一类型状态模型误差的定轨方法[55],这种思想在简化动力学中得以表现。此外,王正明研究了卫星摄动误差的节省参数建模,赵德勇研究了多模型的最优融合加权处理和用户卫星、观测卫星(观测站)的联合定轨模型[55]等,都也是基于模型联合定轨的一种应用。可以看出,利用观测数据消除误差源影响的联合定轨提高了观测数据的精度,而基于模型的联合定轨的目的在于消除或减小模型误差的影响,两者都是从数据或模型的特征层面进行联合,从而在定轨过程中消除或减小某一类误差源的影响[55]。

与上述两类联合定轨不同,基于多观测数据融合的联合定轨并不消除或抑制某类误差,而是信息层的一种融合处理,例如冗余信息下的集中式和分散式实时自主定轨等,较为简单的一种方法是多站多测元的联合,如综合利用SLR、DORIS等测控数据对卫星进行定轨,将测控数据在轨道确定正规方程中联合,使得轨道确定协方差小于单一测元,所采用的多站加权技术是提高定轨精度的关键因素之一[56]。由于不同的轨道测量具有不同的特征,如何将信息融合技术用于基于多源信息的轨道确定系统,处理来自各个轨道测量信息,并将多个观测信息进行优化配置和性能互补,消除它们之间可能存在的矛盾,降低不确定性,从而获得更为可靠的定轨结果是基于多观测数据融合的联合定轨的主要目的。

多星联合定轨是基于多观测数据融合的联合定轨的另一种应用,对同一类测控系统的多颗卫星的观测资料构建多星定轨方程,进行整网轨道确定,从而提高系统的稳健性[57]。蔡艳芳等研究了基于多传感器信息融合技术的 SINS/基于地日月信息的定位系统(ESMPS)/星跟踪器(ST)组合导航系统实现航天器高精度自主导航定位[58],并提出自适应联邦滤波器,通过引入基于地、日、月信息的定位系统和星跟踪器信息,对捷联惯导系统进行实时估计与校正,抑制其误差累积。李丹等提出基于星敏感器、红外地平仪、磁强计等的多信息联邦自适应 UKF 组合导航方案,该方案将多个导航传感器提供的信息在联邦滤波器中融合,并采用自适应 UKF 算法构建联邦滤波器的子滤波器,以使系统模型具有一定的自适应性,并可以充分利用导航信息,提高导航精度[59]。

1.3.4 抗差估计理论在跟踪定轨中的应用现状

抗差估计又称为稳健估计,在自动控制理论中也称为鲁棒估计,它是指在粗差不可避免的情况下,选择适当的估计方法使参数估值尽可能减免粗差的影响,得出正常模式下的最佳估值[60]。由于事先无法准确知道观测数据中有效观测信息和错误信息所占比例以及它们具体包含在哪些观测中,抗差估计的主要目标是获得较可靠的、具有实际意义的估值。

抗差估计理论是一门年轻的分支学科,早在 19 世纪初就有人提出减免粗差干扰的估计方法,但是直到 20 世纪五六十年代,随着计算机的发展,这方面的研究才得以深入。Robustness 的概念最早由 E. P. Box 引入,但完整的抗差估计理论是由 Huber 和 Hampel 创建。Hampel 等认为"从较广的非正式角度,可以说稳健统计是一种知识体,它关系到统计学中与理想假设的偏离,其中一部分形成稳健理论"[61]。Huber 引入 M 估计并证明了其一致性和渐近正态性等性质,随后 M 估计得到了许多学者深入的研究。经过众多数理统计学家几十年的研究,抗差估计理论现已形成体系,在理论和应用方面都逐步深入发展,特别是一维参数抗差估计已经基本完善,而多维参数抗估计理论也逐渐丰富。国内抗差估计研究基本与国外同时起步,我国陈希孺、周江文、杨元喜、徐天河等学者对抗差估计理论的发展做出了较大贡献,其研究成果有一定的深度和广度,如抗差估计的 IGG 方案的提出[62],将权函数分为正常段采用最小二乘估计、可疑段采用 L_1 范数解、粗差段采用淘汰法三段。

抗差估计的概念包括两类:一是进行模型检验和粗差探测技术的研究[63];二是抗差估计的应用研究。在应用领域,测量界早已开展了抗差估计的应用研究,并发表了许多有影响的论著;而抗差估计在航天器轨道确定的应用研究并不多,有待讨论的理论和实际问题还较多。对于观测数据中异常值的影响,杨元喜院士提出了一种Sage滤波和自适应抗差相结合的滤波方法有效控制了几何观测异常和动力学模型噪声异常对航天器轨道参数估计的影响[64]；文援兰、秦显平等将抗差估计发展并应用到航天器精密轨道确定领域中，为抗差估计的实际应用提供了强有力的技术支持。抗差估计的另一种应用是避免法矩阵奇异造成定轨误差，Patrick利用奇异值分解研究法矩阵近似奇异情况下的轨道确定[65]。应用抗差估计理论开展空间目标的跟踪定轨研究，有助于进一步提高定轨的精度，不但可以丰富抗差估计理论，而且可以为高精度、高可靠性的空间目标跟踪定轨提供新方法，具有理论意义和应用价值。

参 考 文 献

[1] Foster B L. Orbit Determination for a Microsatellite Rendezvous with a Non - cooperative Target[D]. Air Force Inst. of Tech. Wright - patterson AFB Master's Thesis, 2003.

[2] Dyjak C P, Harrison D C. Space - Based Visible Surveillance Experiment[J]. SPIE Surveillance Technologies, 1991, 1479:42 - 56.

[3] Klinkrad, Heiner. Space Debris - Models and Risk Analysis[M]. New - York: Springer, 2006.

[4] Meshishnek M J. Overview of the Space Debris Environment[R]. Space and Missile Systems Center Air Force Materiel Command, 1995:1 - 28.

[5] 佛显超,范宏深. 空间跟踪与监视系统探测能力分析[J]. 探测与控制学报, 2009, 31(增刊): 49 - 53.

[6] 苏宪程,于小红,刘震鑫. 美国空间态势感知发展分析[J]. 装备指挥技术学院学报, 2010, 21(2): 42 - 46.

[7] 尤政,赵岳生. 国外太空态势感知系统发展与展望[J]. 中国航天, 2009 (9):40 - 44.

[8] 美2颗太空监视卫星成功引导标准3拦截中程导弹[EB/OL]. 凤凰网军事快讯,2011 - 04 - 16.

[9] 马志昊. 天基空间监视雷达星座设计与任务规划研究[D]. 长沙:国防科学技术大学, 2007.

[10] 乔凯,王治乐,从明煜. 空间目标天基与地基监视系统对比分析[J]. 光学技术, 2006 (5): 744 - 746.

[11] 李强. 单星对卫星目标的被动定轨与跟踪关键技术研究[D]. 长沙:国防科学技术大学, 2007.

[12] Becker K. Three - Dimensional Target Motion Analysis Using Angles and Frequency Measurements [J]. IEEE Transactions on Aerospace and Electronic Systems, 2005, 41(1):284 - 301.

[13] Walter. Space Surveillance Network Optical Augmentation[R]. Air Force Space Battlelab, 1999.

[14] Air Force Space Battlelab. Space Surveillance Network Optical Augmentation[R]. 1999.

[15] Sharma J, Wiseman A J, Zollinger G. Improving Space Surveillance with Space - Based Visible Sensor [J]. Lincoln Laboratory Journal, 2001, 13(2):223 - 236.

[16] 总装备部航天装备总体研究发展中心. 国外空间监视系统现状及发展(二)[J]. 军事航天参考, 2008,3.

[17] 美研制出多波段合成孔径雷达[EB/OL]. 英国《简氏防务周刊》网站,2011 - 02 - 18.

[18] Voronezh—Type Radar Site Put on Combat Duty in Southern Russia[EB/OL]. 俄罗斯RIA Novosti通讯

社,2008 - 02 - 26.

[19] 俄罗斯将建独立太空系统监视全球导弹发射[EB/OL]. 中国工程技术信息网防务快讯, 2008 - 02 - 04.

[20] 侯丹. 美国空军成功发射首颗天基太空监视系统卫星(SBSS)[R]. 国防科技信息网,2010 - 09 - 28.

[21] 浦甲伦,崔乃刚,郭继峰. 天基红外预警卫星系统及其探测能力分析[J]. 现代防御技术, 2008, 36: 68 - 72.

[22] 王延春,张迪. 对美国天基红外系统的研究分析[J]. 电子技术, 2008, 45:57,58.

[23] 美 STSS 验证卫星展示探测并追踪卫星的能力[EB/OL]. 今日航天网快讯,2010 - 09 - 14.

[24] 侯丹. 俄罗斯军用卫星(二):光学侦察卫星[R]. 中国航天工程咨询中心,2009 - 10 - 08.

[25] 欧洲将增强空间碎片监视能力 以降低卫星碰撞概率[EB/OL]. 美国航天新闻网站快讯,2010 - 04 - 21.

[26] Schumacher P. Prospects for Improving the Space Catalog[C]. AIAA Space Programs and Technologies Conference, September, Huntsville, AL, AIAA 96 - 4290,1996:24 - 26.

[27] United States General Accounting Office. Space Surveillance[R]. Report to National Security and International Affairs Division, B - 275848, 1997,1.

[28] 袁振涛,胡卫东,郁文贤. "电子篱笆"型空间监视雷达测向数据关联算法[J]. 宇航学报, 2009, 30(5):1972 - 1978.

[29] Hoots F R, Roehrich R L. Models for Propagation of NORAD Element Sets - project Space - track Report No. 3[R]. Aerospace Defense Command, United States Air Force, Dec 1980.

[30] Victor P O. Covariance Estimation and Autocorrelation of NORAD Two - line Element Sets[D]. Air Force Institute of Technology Air University, Degree of Mater of Science, 2006.

[31] Byoung S L. NORAD TLE Conversion from Osculating Orbital Elements[J]. Journal of the Astronautical Sciences, 2002, 19(4):395 - 402.

[32] Oliver M, Eberhard G. Real - time Estimation of SGP4 Orbital Elements From GPS Navigation Data[C]. International Symposium Space Flight Dynamics. Biarritz, France, 2000, 6:6 - 30.

[33] 胡坤娇,罗健. 我国空间监视地基雷达系统分析[J]. 雷达科学与技术, 2008, 6(2):87 - 101.

[34] Jayant S, Curt - von B. Toward Operational Space - Based Space Surveillance[J]. Lincoln Laboratory Journal, 2002, 13(2):309 - 334.

[35] 张玉祥. 人造卫星测轨方法[M]. 北京:国防工业出版社, 2007.

[36] 潘晓刚. 空间目标定轨的模型与参数估计方法研究及应用[D]. 长沙:国防科学技术大学, 2009.

[37] 李骏,安玮,周一宇. SBV 对 GEO 短弧初轨确定误差分析[J]. 航天控制, 2008, 26(4):21 - 25.

[38] 潘晓刚,赵德勇,王炯琦,等. 利用双星定位系统和雷达高度计的航天器初轨确定算法[J]. 导弹与航天运载技术, 2006 (3):7 - 12.

[39] 潘晓刚,李济生,段晓君,等. 天基空间目标监视与跟踪系统轨道确定技术研究[J]. 自然科学进展, 2008, 80(11):1226 - 1239.

[40] 张金槐. 线性模型参数估计及其改进[M]. 长沙:国防科学技术大学出版社, 1999.

[41] 占荣辉. 基于空频域信息的单站被动目标跟踪算法研究[D]. 长沙:国防科学技术大学, 2007.

[42] 李骏. 空间目标天基光学监视跟踪关键技术研究[D]. 长沙:国防科学技术大学, 2009.

[43] 杨争斌. 对机动目标的单站无源定位跟踪关键技术研究[D]. 长沙:国防科学技术大学, 2007.

[44] Aidala V J, Nardona S C. Biased Estimation Properties of the Pseudolinear Tracking Filter[J]. IEEE

Transactions on Aerospace and Electronic Systems, 1982, 18(4):432 -441.

[45] Aidala V J, Hammel S E. Utilization of Modified Polar Coordinates for Bearings - only Tracking[J]. IEEE Transaction on Automatic Control, 1983, 28(3):283 -294.

[46] 潘泉,杨峰,叶亮,等. 一类非线性滤波器——UKF综述[J]. 控制与决策, 2005, 20(5):481 -489.

[47] Gordon N J, Salmon D J, Smith A F M. Novel Approach to Nonlinear/Non - Gaussian Bayesian State Estimation[J]. IEEE Proceedings - Radar & Signal Processing, 1993, 140(2):107 -113.

[48] Julier S J, Uhlmann J K. Unscented Filtering and Nonlinear Estimation[J]. Proceedings of the IEEE, 2004, 92(3):401 -422.

[49] Kotecha J H, Djuric P M. Gaussian Particle Filtering[J]. IEEE Transactions on Signal Processing, 2003, 51(10):2592 -2601.

[50] Abdallah F, Gning A, Bonnifait P. Box Particle Filtering for Nonlinear State Estimation Using Interval Analysis[J]. Automatica, 2008, 44:807 -815.

[51] 李慧茹,李志刚. 通过卫星双向双频观测对电离层时延的测定[J]. 时间频率学报, 2005, 28(1):29 -36.

[52] Doll C E, Oza D H, Lorah J M, et al. Accurate Orbit Determination Strategies for Topex/Poseidon Using TDRSS[R]. AIAA -95 -3243 - CP: 647 -655.

[53] Zhu S, Reigber C, Massmann F H. Combination of Multi - satellite Techniques at the Observation Level [C]. Proceedings of the IERS workshop on Combiation Research and Global Geophysical Fluids, Germany, 2002:84 -86.

[54] 赵齐乐,刘经南,葛茂荣,等. 用PANDA对GPS和CHAMP卫星精密定轨[J]. 大地测量与地球动力学, 2005, 25(2):114 -122.

[55] 赵德勇. 卫星联合定轨的参数化信息融合技术及应用[D]. 长沙:国防科学技术大学, 2007.

[56] 何友,关欣,王国宏. 多传感器信息融合研究进展与展望[J]. 宇航学报, 2005, 26(4):524 -530.

[57] Rim H J, Schutz B E. Geoscience Laser Altimeter System Precision Orbit Determiantion[R]. The University of Texas, 2002, 57 -65.

[58] 蔡艳芳,方群,等. 基于信息融合的SINS/ESMPS/ST组合导航系统研究[J]. 弹箭与制导学报, 2006, 26(2):25 -32.

[59] 李丹,刘建业,熊智,等. 应用联邦自适应UKF的卫星多传感器数据融合[J]. 应用科学学报, 2009, 27(4):359 -364.

[60] 杨元喜. 抗差估计理论及其在大地测量中的应用[D]. 武汉:中国科学院测量与地球物理研究所, 1991.

[61] Hampel F R, Ronchetti E M. The Approach Based on Influence Function[M]. Robust Statistics, 1986.

[62] 杨元喜. 自适应动态导航定位[M]. 北京:测绘出版社, 2006.

[63] Hannah M J. Error Detection and Correction in Digital Terrain Models[J]. Photogrammetric Engineering and Remote Sensing, 1981, 47:63 -69.

[64] Yang Y X, Wen Y L. Synthetically Adaptive Robust Filtering for Satellite Orbit Determination[J]. Science in China Ser D Earth Sciences, 2004, 47(7):585 -592.

[65] Patrick M. Least Squares Solutions in Statistical Orbit Determination Using Singular Value Decomposition [R]. Naval Postgraduate School. California,1999:1 -3.

第2章 基于测角信息的天基监视跟踪系统

2.1 天基无源跟踪系统信息处理

2.1.1 天基光学监视系统的信息处理

天基光学监视系统的信息处理是指对天基光电传感器获取空间目标的观测图像序列进行处理，从观测图像序列中提取空间目标和背景恒星的位置、亮度等信息，并对空间目标进行跟踪定轨、编目维护及关联识别[1]。按照天基光学监视信息处理节点可以将信息处理过程初步划分为目标检测处理、目标特征提取与关联识别、跟踪定轨与编目维护，其信息处理流程如图2-1所示。

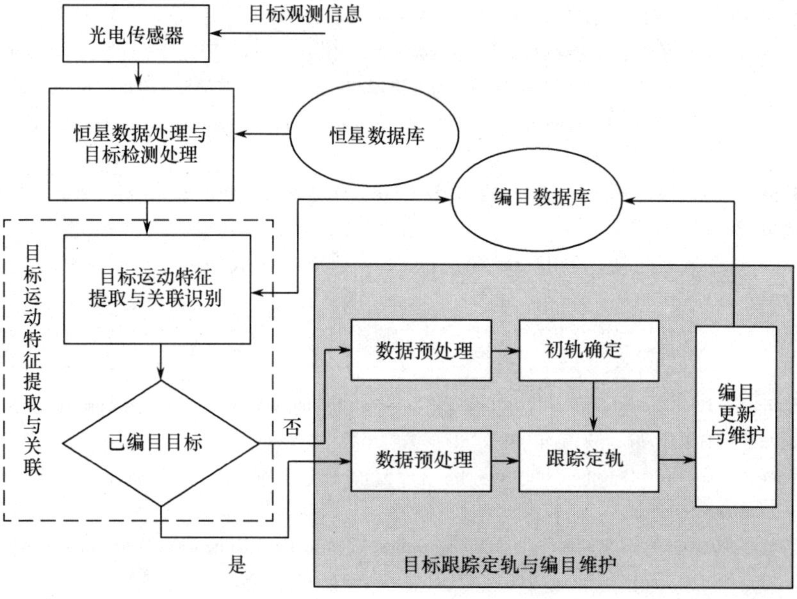

图2-1 天基光学监视系统的信息处理流程

天基光学监视系统的信息处理具体过程为[1]：光电传感器根据观测任务需

要获取空间目标的观测图像序列(可见光图像或红外敏感图像),检测目标运动痕迹并提取一定数量背景恒星,将其像平面位置和亮度信息下传;进行观测图像去噪,对提取恒星进行质心化处理,与恒星数据库比较匹配,确定传感器精确指向和目标条痕端点位置,并标定空间目标亮度;利用空间目标的像平面轨迹和亮度等信息与编目数据库中目标信息进行关联识别;对目标轨迹信息(即目标的角度测量信息)进行数据预处理,对于新发现目标先进行初轨确定,获得目标初始轨道后进行跟踪定轨,对于已编目目标则可以直接进行跟踪定轨;获取空间目标在轨运行参数后对编目数据库中目标轨道根数信息进行维护更新。

2.1.2 非合作辐射源目标探测系统的信息处理

非合作辐射源目标探测系统的信息处理是指对相控阵天线获取空间目标的辐射信号进行处理,由正交解调接收机将空间目标的回波(辐射)信号进行空间滤波和杂波干扰抑制,然后进行回波信号检测与参数估计,最终完成对空间目标的跟踪定轨、编目维护及辐射源优选[2]。按照非合作辐射源目标探测系统信息处理节点将信息处理过程初步划分为目标回波信号处理、回波信号检测与参数估计、跟踪定轨与编目维护及辐射源优选,其信息处理流程如图 2－2 所示。

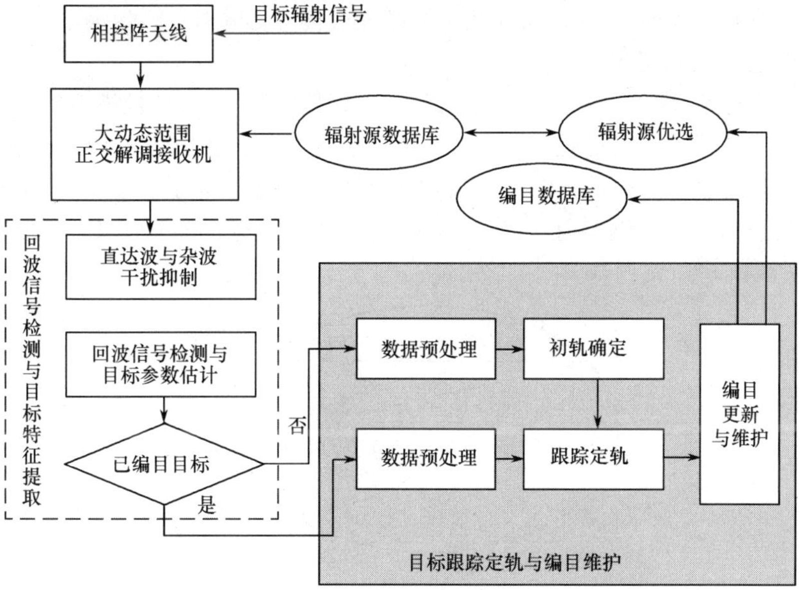

图 2－2　非合作辐射源目标探测系统的信息处理流程

非合作辐射源目标探测系统的信息处理具体过程为[3]:相控阵天线根据观

测任务需要对获取的空间目标本身辐射信号或经空间目标反射的其他照射源信号(如通信、导航信号等)进行滤波处理;由正交解调接收机将空间目标的回波(辐射)信号进行杂波干扰抑制以保留目标微弱散射回波信号信息,然后针对辐射源信号特点进行微弱回波信号检测,获取空间目标的角度测量信息、回波双基地相对时延及多普勒频移,并进行数据预处理;对于新发现目标先进行初轨确定,获得初始轨道后进行跟踪定轨,对于已编目目标则可以直接进行跟踪定轨;获取目标在轨运行参数后对编目数据库中目标轨道根数信息进行维护更新;完成对空间目标检测概率、虚警概率及定位精度等性能评估,以实现辐射源优选。

2.2 空间非合作目标天基可探测性分析

2.2.1 天基光电传感器的可见性

在天基光学监视系统跟踪模式下,空间目标可见性条件除受地球等天体遮挡影响外,还要满足光电传感器的成像条件。其监视范围受两种因素影响,一种是空间几何因素,另一种是光学因素。其中光学因素较复杂,涉及目标辐射强度及考虑背景亮度等因素,两者交集为天基光电传感器的可见性区域。

1. 空间几何可见

对于近地空间环境,空间几何可见因素即地球遮挡约束,是指地球遮挡住观测平台对空间目标观测视线的情况。地球遮挡不仅会影响光电传感器观测,对于其他观测设备也有阻碍作用,虽然可以采用卫星中继等手段解决,但是会大大影响观测精度[4]。地球遮挡约束下观测平台对目标的空间几何可见情况如图2-3所示。

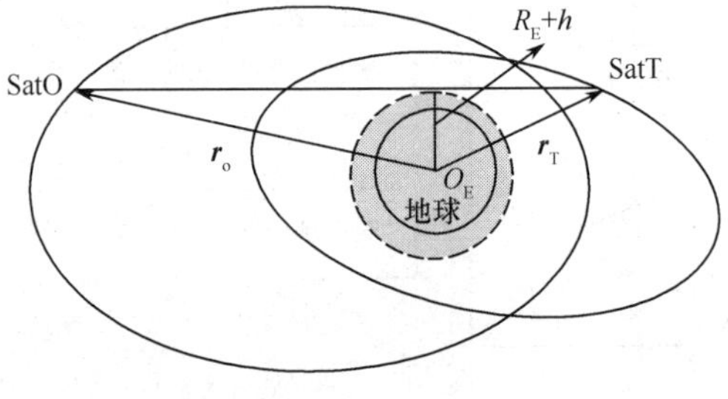

图2-3 地球遮挡约束下观测平台对目标可见性

计算地球遮挡约束需要同时考虑观测平台 SatO 和目标 SatT 的运行轨道,$\boldsymbol{r}_O$、$\boldsymbol{r}_T$ 分别为历元 t_k 下观测平台和空间目标在地心赤道惯性坐标系下的位置矢

量,取地球赤道半径为 R_E,地球稠密大气层高度为 h,则观测平台对目标的观测视线被地球遮挡条件为[5]

$$B=\sqrt{\boldsymbol{r}_T\cdot\boldsymbol{r}_T-(R_E+h)^2}+\sqrt{\boldsymbol{r}_O\cdot\boldsymbol{r}_O-(R_E+h)^2}-|\boldsymbol{r}_T-\boldsymbol{r}_O|\leqslant 0 \quad (2-1)$$

欲求地球遮挡约束下的历元 t_k,需要把 B 表示为 t_k 的函数 $B(t_k)$,并分析求解 $B(t_k)=0$。已知二体理论下,空间目标的轨道根数为 a、e、i、Ω、ω、$f(M)$,则 $\boldsymbol{r}_T$ 可以表示为[6]

$$\boldsymbol{r}_T=r_T\cos f\cdot\boldsymbol{P}+r_T\sin f\cdot\boldsymbol{Q} \quad (2-2)$$

式中

$$\boldsymbol{P}=\begin{pmatrix}\cos\omega\cos\Omega-\sin\omega\cos i\sin\Omega\\ \cos\omega\sin\Omega+\sin\omega\cos i\cos\Omega\\ \sin\omega\sin i\end{pmatrix},\boldsymbol{Q}=\begin{pmatrix}-\sin\omega\cos\Omega-\cos\omega\cos i\sin\Omega\\ -\sin\omega\sin\Omega+\cos\omega\cos i\cos\Omega\\ \cos\omega\sin i\end{pmatrix}$$

而 f 可以由 M 近似表示为[7]

$$f=M+\left(2e-\frac{e^3}{4}\right)\sin M+\left(\frac{5e^2}{4}-\frac{11e^4}{24}\right)\sin(2M)+\frac{13e^3}{12}\sin(3M)+\frac{103e^4}{96}\sin(4M) \quad (2-3)$$

式中

$$M=n(t-\tau)$$

其中:n 为平均角速度;τ 为过近地点时刻。

从而由式(2-1)~式(2-3)可计算地球遮挡约束函数 $B(t_k)$。采用牛顿迭代法求解 $B(t_k)=0$,从初始历元 t_0 快速得到地球遮挡历元 t_k,然后判断 $B(t_k+\Delta t)$ 的符号。若 $B(t_k+\Delta t)>0$,则历元 t_k 为地球遮挡结束时刻,否则为遮挡开始时刻;若在设定迭代次数内无收敛解,说明历元 t_0 附近没有地球遮挡,重新选择初始历元 t_0 进行迭代求解。牛顿迭代法要用到 $B(t_k)$ 对历元 t_k 的导数,其表达式为[8]

$$\frac{\partial B}{\partial t_k}=\frac{r_T}{\sqrt{r_T^2-(R_E+h)^2}}\frac{\partial r_T}{\partial t_k}+\frac{r_O}{\sqrt{r_O^2-(R_E+h)^2}}\frac{\partial r_O}{\partial t_k}-\left(\frac{\partial\boldsymbol{r}_T}{\partial t_k}-\frac{\partial\boldsymbol{r}_O}{\partial t_k}\right)\frac{\boldsymbol{r}_T-\boldsymbol{r}_O}{|\boldsymbol{r}_T-\boldsymbol{r}_O|} \quad (2-4)$$

式中

$$\frac{\partial r_T}{\partial t_k}=\frac{r_Te\sin f}{1+e\cos f}\frac{\partial f}{\partial t_k},\frac{\partial\boldsymbol{r}_T}{\partial t_k}=\left(\cos f\frac{\partial r_T}{\partial t_k}-r_T\sin f\frac{\partial f}{\partial t_k}\right)\boldsymbol{P}+\left(\sin f\frac{\partial r_T}{\partial t_k}+r_T\cos f\frac{\partial f}{\partial t_k}\right)\boldsymbol{Q}$$

$$\frac{\partial f}{\partial t_k}=n\cdot\left[1+\left(2e-\frac{e^3}{4}\right)\cos M+\left(\frac{5e^2}{2}-\frac{11e^4}{12}\right)\cos(2M)+\frac{13e^3}{4}\cos(3M)+\frac{103e^4}{24}\cos(4M)\right]$$

2. 光学可见

光学可见定义为空间目标在光学设备观测视场内,目标状态所能满足天基光学设备的成像条件(主要是空间目标的光照强度和天光背景)。首先判断能否满足基本的光照条件,然后根据空间目标的辐射照度进行判断能否成像。为便于说明,图2-4给出了太阳与地球空间几何关系示意图(图中A为太阳直射区,B为斜射区,C为地影区)。则天基光学设备无法观测空间目标的情况为[9]:①空间目标在地影区内(可以红外成像);②空间目标在光学设备视场内,但背景是太阳,由于背景过亮无法识别目标;③空间目标在光学设备视场内,但背景是太阳直射的地球,由于背景过亮无法识别目标。

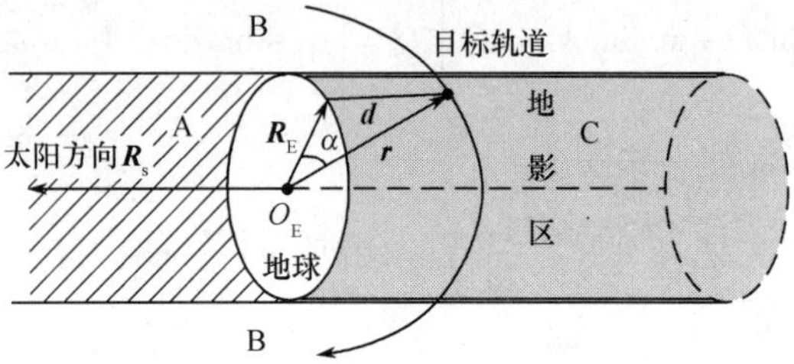

图2-4　太阳与地球空间几何关系

按照空间几何可见和光学可见两种判别方法,分别计算出空间几何可见区域和光学可见区域,则两者交集为天基光学设备可观测空间目标的区域[1,10]。

2.2.2　非合作辐射源目标探测系统的可探测性

非合作辐射源目标探测系统通过获取空间目标本身辐射信号或经空间目标反射的其他照射源信号(如通信、导航信号等)实现对空间目标的被动跟踪定轨。对于获取空间目标本身辐射信号的工作方式,目标辐射信号的探测和有效提取是实现空间目标被动跟踪的基本前提。若观测平台探测的空间目标辐射信号被地球遮挡或者目标辐射信号受到强大的干扰而无法有效提取,都会导致无法跟踪空间目标[11]。而对于获取目标反射的其他照射源信号(如通信、导航信号等)的工作方式,实现目标被动跟踪的基本前提除目标反射信号的探测和有效提取,还要考虑直达波抑制问题,因为直达波将对信号的有效提取造成严重的干扰[12]。

非合作辐射源目标探测系统适合于采用宽带相干接收检测体制[3],接收检测系统由回波通道和参考通道组成,回波通道用于接收空间目标散射回波信号,参考通道用于直接接收通信、导航信号作为回波信号匹配处理的模板。然而实际上:参考通道除直接接收通信、导航信号外,还可能包含多径杂波干扰信号;回波通道除接收空间目标散射回波信号外，还可能包含直达波干扰信号及多径杂波干扰信号等。这里仅粗略介绍非合作辐射源目标探测系统的可探测性条件，具体的可探测性分析方法见文献[13]。

2.3　空间目标天基仅测角跟踪模型

2.3.1　坐标系定义及转换

1. J2000.0 地心赤道惯性坐标系

为建立统一惯性坐标系，通常选择某一时刻作为标准历元，以此历元的平天极、平赤道面和平春分点为基础建立协议惯性坐标系[14]。第 16 届国际大地测量协会和国际天文联合会决定，以历元 2000 年 1 月 1 日 12 时的平天极、平赤道面和平春分点为基础定义的协议惯性系称为 J2000.0 地心赤道惯性坐标系[14]。为研究分析方便，一般以 J2000.0 地心赤道惯性坐标系作为参考地心惯性（Earth Centered Inertial，ECI）坐标系。

2. 卫星轨道坐标系

卫星轨道坐标系的坐标原点 o 为卫星的质心，基本平面为观测卫星的轨道面，ox 轴在基本平面内沿地心距矢量方向，oy 轴在基本平面内与 ox 轴垂直并指向卫星运动方向，oz 轴垂直于基本面并与 ox 轴、oy 轴构成右手坐标系。卫星轨道坐标系的定义如图 2－5 所示（图中 α 为卫星的赤经，δ 为卫星的赤纬，$O-XYZ$ 为 ECI 坐标系）。由于空间目标定轨误差通常按照目标在轨运动的径向（Radius）、迹向（Transverse）和法向（Normal）表示，因此也可以将卫星轨道坐标系称为 RTN 坐标系[7]。该坐标系以当地垂直线（Local Vertical）和当地水平线（Local Horizontal）为基准，所以又称 LVLH 坐标系。

对空间目标观测通常是基于观测设备进行的，由于观测设备中心往往并不在卫星质心上，需要测站坐标系与卫星轨道坐标系的转换。为简化研究，本书定义观测卫星的测站坐标系与轨道坐标系重合。

3. 真赤道平春分点坐标系

美国航空航天局 Goddard 空间飞行中心维护并更新的空间目标轨道信息由 TLE 表示，而 TLE 所使用的坐标系为真赤道平春分点[3]（True Equator Mean Equinox，TEME）坐标系。TEME 坐标系与参考时刻的真赤道及平春分点一致，其 x 轴指向平春分点，z 轴与地球瞬时自转轴平行。当轨道参考时刻为协调历元（Coordinate Epoch）时，称为 TEME of Epoch；轨道参考时刻为轨道历元时，称为 TEME of Date[1]。

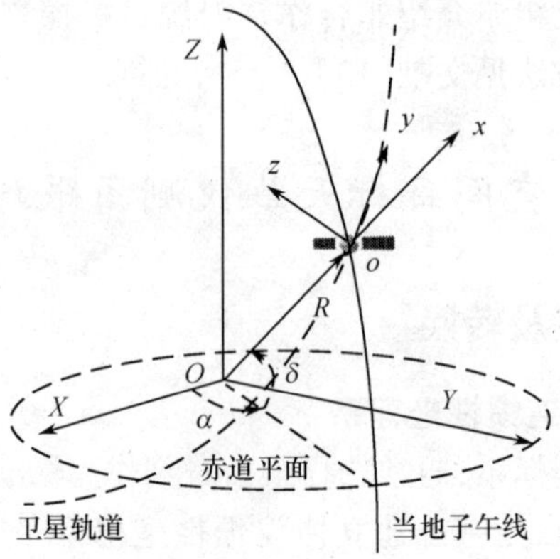

图 2－5　轨道坐标系与 ECI 坐标系的关系

4. 轨道坐标系与 ECI 坐标系的转换关系

设 $\boldsymbol{\rho}$、$\dot{\boldsymbol{\rho}}$ 分别为空间目标在观测卫星的轨道坐标系中的位置、速度矢量，则从 ECI 坐标系到观测卫星轨道坐标系的位置矢量坐标转换公式为[7]

$$\boldsymbol{\rho} = G_0^{\mathrm{T}}(\boldsymbol{r}_{\mathrm{T}} - \boldsymbol{r}_0) \tag{2-5}$$

式中：$\boldsymbol{r}_{\mathrm{T}}$、$\boldsymbol{r}_0$ 分别为空间目标和观测卫星在 ECI 坐标系下的位置矢量；

$$\boldsymbol{G}_1 = \boldsymbol{r}_0/|\boldsymbol{r}_0|;\boldsymbol{G}_3 = (\boldsymbol{r}_0 \times \dot{\boldsymbol{r}}_0)/|\boldsymbol{r}_0 \times \dot{\boldsymbol{r}}_0|;\boldsymbol{G}_2 = \boldsymbol{G}_3 \times \boldsymbol{G}_1;$$

$\boldsymbol{G}_0$ 为以三个列矢量 $\boldsymbol{G}_1$、$\boldsymbol{G}_2$、$\boldsymbol{G}_3$ 组成的坐标旋转矩阵。

利用矢量微分法则[15]将式(2－5)对时间求导，可得 ECI 坐标系到观测卫星轨道坐标系的速度矢量坐标转换公式为

$$\dot{\rho} = \dot{\boldsymbol{G}}_0^{\mathrm{T}}(\boldsymbol{r}_{\mathrm{T}} - \boldsymbol{r}_0) + \boldsymbol{G}_0^{\mathrm{T}}(\dot{\boldsymbol{r}}_{\mathrm{T}} - \dot{\boldsymbol{r}}_0) \tag{2-6}$$

式中：$\dot{\boldsymbol{r}}_{\mathrm{T}}$、$\dot{\boldsymbol{r}}_0$ 分别为空间目标和观测卫星在 ECI 坐标系下的速度矢量；

$$\dot{\boldsymbol{G}}_1 = \dot{\boldsymbol{r}}_0/|\boldsymbol{r}_0| - \boldsymbol{r}_0(\boldsymbol{r}_0 \cdot \dot{\boldsymbol{r}}_0)/|\boldsymbol{r}_0|^3;\dot{\boldsymbol{G}}_3 = \boldsymbol{h}_0/|\boldsymbol{h}_0| - \boldsymbol{h}_0(\boldsymbol{h}_0 \cdot \dot{h}_0)/|\boldsymbol{h}_0|^3;$$

$$\dot{\boldsymbol{G}}_2 = \dot{\boldsymbol{G}}_3 \times \boldsymbol{G}_1 + \boldsymbol{G}_3 \times \dot{\boldsymbol{G}}_1;$$

$\boldsymbol{h}_0 = \boldsymbol{r}_0 \times \dot{\boldsymbol{r}}_0$ 为面积速度矢量，在二体问题下 $\boldsymbol{h}_0$ 为常矢量，有 $\dot{\boldsymbol{h}}_0 = 0$；

$\dot{\boldsymbol{G}}_0$ 为以三个列矢量 $\dot{\boldsymbol{G}}_1$、$\dot{\boldsymbol{G}}_2$、$\dot{\boldsymbol{G}}_3$ 组成的坐标旋转矩阵。

5. TEME 坐标系与 ECI 坐标系的转换关系

空间目标编目数据库中的 TLE 一般使用 TEME 坐标系，而当前人造地球卫星工作中轨道计算或数值积分通常采用的是历元平赤道平春分点地心坐标系（Mean Equator Mean Equinox，MEME），如 ECI 坐标系。则 ECI 坐标系与 TEME 坐标系之间的转换关系为[16]

$$\boldsymbol{r}_{\text{TEME}} = \boldsymbol{R}_z(\mu + \Delta\mu) \cdot \boldsymbol{N} \cdot \boldsymbol{P} \cdot \boldsymbol{r}_{\text{ECI}}$$
$$\dot{\boldsymbol{r}}_{\text{TEME}} = \boldsymbol{R}_z(\mu + \Delta\mu) \cdot \boldsymbol{N} \cdot \boldsymbol{P} \cdot \dot{\boldsymbol{r}}_{\text{ECI}} \tag{2-7}$$

式中：$\boldsymbol{r}_{\text{ECI}}$、$\dot{\boldsymbol{r}}_{\text{ECI}}$分别为在 ECI 坐标系下的位置、速度矢量；$\boldsymbol{r}_{\text{TEME}}$、$\dot{\boldsymbol{r}}_{\text{TEME}}$分别为在 TEME 坐标系下的位置、速度矢量；$\boldsymbol{R}_z(\alpha)$为绕 z 轴旋转 α 角度的坐标旋转矩阵；μ、$\Delta\mu$ 分别为赤经岁差和赤经章动；$\boldsymbol{P} = \boldsymbol{R}_z(-z_A)\boldsymbol{R}_y(\theta_A)\boldsymbol{R}_z(-\zeta_A)$为岁差矩阵，$z_A$、$\theta_A$、$\zeta_A$为三个赤道岁差参数；$\boldsymbol{N} = \boldsymbol{R}_x(-\varepsilon)\boldsymbol{R}_z(-\Delta\psi)\boldsymbol{R}_x(\bar{\varepsilon})$为章动矩阵，$\varepsilon$、$\bar{\varepsilon}$、$\Delta\psi$ 分别为真黄赤交角、平黄赤交角、黄经章动。

2.3.2　空间目标运动描述

1. 二体问题运动方程

根据理论力学可知，若将地球视为一个密度均匀分布的正球体，则它对空间目标的吸引可以等效于一个质点，则地球与目标构成一个二体系统。目标运动方程为

$$\ddot{\boldsymbol{r}} = \boldsymbol{F}/m = -(\mu \cdot \boldsymbol{r})/r^3 \tag{2-8}$$

式中：μ 为地球引力常数，根据第 16 届国际大地测量协会和国际天文联合会推荐，$\mu = 3.986005 \times 10^{14} \text{m}^3/\text{s}^2$[17]。

由上式可知，二体运动方程为三元二阶微分方程，其解需确定 6 个积分常数（可定义为 a、e、i、Ω、ω、f）描述目标在 ECI 坐标系内的运动，称为轨道根数[18]。

2. 轨道摄动

由于地球非球形，且目标在轨运动受到各种外力作用，因此空间目标轨道不再是一个完全确定的椭圆轨道，其轨道根数也是时变的。这些作用力相对地心引力为小量，称为摄动力。空间目标所受摄动力主要包括地球非球形摄动、大气阻力摄动、N 体摄动、太阳光压摄动等。其运动方程可表示为[6]

$$\ddot{\boldsymbol{r}} = -(\mu \cdot \boldsymbol{r})/r^3 + \boldsymbol{F}_\varepsilon \tag{2-9}$$

式中：$\boldsymbol{F}_\varepsilon$为各种摄动力作用产生的摄动加速度，实际应用中需根据计算精度考虑相应摄动力影响。

表 2－1 给出了空间目标在不同轨道高度上受到主要轨道摄动的量级水平[1]（设地球中心引力为 1）。由表 2－1 可知，地球非球形引力摄动为主要摄动项，尤其是对于中低轨道目标，在其所受地球非球形引力摄动中，J_2项带谐项摄动的量级约为 10^{-3}，而其他项摄动的量级几乎都不大于 10^{-6}。因此，为提高中低轨道目标的跟踪精度，J_2 项摄动是首先需要考虑的摄动影响因素[19]。

表 2－1　空间目标受到摄动力及量级比较

摄动力	近地轨道(轨道高度约为 300km)	中高轨道(轨道高度约为 1500km)	地球同步轨道(轨道高度约为 35786km)
地球非球形引力	10^{-3}	10^{-3}	10^{-7}
大气阻力	0.5×10^{-5}	10^{-9}	0
太阳引力	0.3×10^{-7}	0.5×10^{-7}	0.2×10^{-6}
月球引力	0.6×10^{-7}	0.1×10^{-6}	0.5×10^{-6}
太阳光压	0.2×10^{-8}	10^{-9}	10^{-9}

2.3.3 天基仅测角跟踪的观测方程

天基仅测角跟踪中，观测平台获得空间目标的测角信息(方位角、俯仰角，或赤经、赤纬)，而赤经 β 和赤纬 ε 可以由 ECI 坐标系下目标位置矢量 $\boldsymbol{r}=[x,y,z]^{\mathrm{T}}$ 和平台位置矢量 $\boldsymbol{R}=[X,Y,Z]^{\mathrm{T}}$ 确定[7]：

$$\begin{cases}\beta=\arctan\dfrac{y-Y}{x-X}\\[2ex]\varepsilon=\arctan\dfrac{z-Z}{\sqrt{(x-X)^2+(y-Y)^2}}\end{cases}\tag{2-10}$$

则观测矢量 $\boldsymbol{Y}=[\beta,\varepsilon]^{\mathrm{T}}$ 可以表示为状态矢量 $\boldsymbol{X}=[\boldsymbol{r}^{\mathrm{T}},\boldsymbol{R}^{\mathrm{T}}]^{\mathrm{T}}$ 的非线性函数：

$$\boldsymbol{Y}=\boldsymbol{H}(\boldsymbol{X})+\boldsymbol{\eta}\tag{2-11}$$

式中：$\boldsymbol{\eta}=[\eta_\beta,\eta_\varepsilon]^{\mathrm{T}}$ 为测量噪声矢量。

实际应用中，天基观测平台只能获得目标的角度观测量，设其在视线方向测量误差为 σ^2，则测量噪声协方差矩阵可定义为[20]

$$\Sigma=E[\boldsymbol{\eta}^{\mathrm{T}}\boldsymbol{\eta}]=\mathrm{diag}[\sigma^2/\cos^2(\beta),\sigma^2]\tag{2-12}$$

2.4 观测数据预处理方法

天基观测设备得到的观测数据中含有各种测量误差，必须对其进行加工和修正处理，并运用必要的统计或估计方法以减少或修正不同的测量误差，以提高定轨精度[21]。观测数据预处理工作主要是在轨道计算前对观测设备修正后的数据进行处理[22]，包括：物理量纲复原；观测数据跳变消除；数据异常值处理；观测噪声平滑；等等。有效的数据预处理方法可以降低观测数据处理的计算量，提高空间目标的跟踪定轨精度。

2.4.1　物理量纲复原

观测数据的物理量纲复原又称观测信息复原，是将传输到卫星或航天指控中心的观测数据，按照规定的格式读取所记录的原始测量数据，并按照对应的转换关系计算所需要的物理量。

2.4.2　测角数据跳变消除

空间目标的角度测量数据受到坐标象限影响，在 0°附近会产生 360°的跳变，使得测角数据发生突变而不连续，也称为测角跨零跳。测角数据的跳变会破坏对角度的平滑，造成错误的平滑结果，为消除此跳点对整个数据处理的影响，需做有效处理。其处理方法是：找到跳变点，在后一点测量数据开始加上或减去 360°的修正。可以利用差分法识别跳变点，如果第 i 个数据点的差分值（$\Delta_i = x_i - x_{i-1}$）的绝对值超过一定值（如 340°），则可断定第 i 个数据点为跳变点。然后根据跳变点个数和差分值的符号确定加上还是减去 360°。如果只有一个跳变点，设跳变点在第 i 个数据上，则跳变点及其后面的数据应该按照下式处理[23]：

$$x_j = x_j - 360°\mathrm{sgn}(\Delta_i) \quad (j = i, i+1, i+2, \cdots) \tag{2-13}$$

如果观测弧段较长，可能会有两个或更多的跳变点，则需要按照跳变点个数依次重复上述处理。设共有 k 个跳变点，对应的数据点序号依次为 $i_1, i_2, \cdots, i_k$，则第 m 个跳变点后的数据应该按照下式处理[23]：

$$x_j = x_j - 360° \sum_{p=1}^{m} \mathrm{sgn}(\Delta_{i_p}) \quad \left(j = \begin{cases} i_m, i_m + 1, \cdots, i_{m+1}, m < k \\ i_m, i_m + 1, \cdots, m = k \end{cases} \right) \tag{2-14}$$

2.4.3　观测数据异常值处理

观测数据中的异常值是因为各种突发干扰（如设备故障、人为工作失误等影响）使得观测值明显偏大或偏小。偏差量远超过精度范围的观测数据称为异常值，也称粗差、野值或跳点[24]。异常值将对观测结果产生不利影响，必须采用一定手段进行判别、剔除，或者用合理、可信的数据替代。观测数据的异常值可能是单点，也可能连续出现，有时甚至整段出现[24]。

异常值识别或检验最常见的实用方法是外推法和差分法[22]。外推法原理[25]是以连续正常的观测数据为依据，应用最小二乘估计和时间多项式函数外推后一时刻观测数据的估计值，并与该时刻的实际测量值做差，再判断实测数据

是否超过设定阈值 δ。若差值超过阈值 δ,则认为该观测数据是可疑异常值,否则为正常值。实际应用中,通常取前4点或6点连续正常的观测数据,采用一阶多项式线性外推后一时刻的观测数据估值,来判别实测数据是否为异常值。设连续4个观测数据记为 $x_{i-4}, x_{i-3}, x_{i-2}, x_{i-1}$,则由最小二乘估计线性外推得到第 i 个时刻的观测数据估值 $\hat{x}_i$[26]:

$$\hat{x}_i = x_{i-1} + 0.5(x_{i-2} - x_{i-4}) \tag{2-15}$$

在获取第 i 个时刻实测数据 x_i 后,若 $|\hat{x}_i - x_i| \leqslant \delta$ 成立,则认为 x_i 为正常值;否则,认为 x_i 为异常值,应将其剔除,并用拟合后的估值代替它。一般地,δ 取为 3σ 或 5σ(σ 为相应观测量误差的均方差)。

除上述外推法外,还有利用观测数据的差分序列来判断观测数据是否为异常值的差分法。这两种方法均用于识别异常值,识别后可以利用该时刻以前的多个观测点借助二阶多项式外推得到该时刻的估计值,或利用数字滤波和多项式平滑等方法估计异常值[26]。

2.4.4 观测噪声平滑

在一定观测条件下进行多次重复观测或在时间序列上测量时,存在绝对值和符号以不可预测方式变化,但是总体上又服从一定统计特性的误差,称为随机误差噪声。随机噪声可以根据大量测量和分析得到其统计特性,对于部分相关随机噪声,可以用自回归模型进行预测,得到随机噪声在时间序列上的变化规律[25]。

天基仅测角跟踪定轨中,观测随机噪声对于定轨结果具有一定影响,尤其是对利用短弧段观测数据定轨影响较大,甚至导致定轨失败。因此,必须消除或者抑制观测随机噪声的影响,一般通过数据平滑来消除或削弱随机噪声。数据平滑方法一般可以归纳为参数估计平滑方法和无参数估计平滑方法两类[25],前者如曲线拟合平滑方法,后者如滑动平均、数字滤波等。曲线拟合是平滑处理方法中较为简便的方法,其基本思想是以某种确定函数或多项式去拟合测量数据,以削弱测量数据中不规则的随机噪声。

与随机误差噪声相反,测量数据中量值和符号保持常值,或者按照一定规律变化的误差,称为系统误差噪声。按照误差变化的特性,系统误差可以分为常值误差、线性漂移误差、周期性误差和复杂规律变化误差[25]。由于系统误差有一定的变化规律,甚至可以用函数来表示,事后数据处理中可以预先进行修正。然而,由于人们认识有限、修正模型的逼真度有限等原因,修正后的系统误差仍占有一定的分量,有时仍会影响测量结果的精度。因此,还要应用统计估计的方法,对系统误差的“残差”进一步估计和校准。

参考文献

[1] 李骏. 空间目标天基光学监视跟踪关键技术研究[D]. 长沙:国防科学技术大学, 2009.
[2] Shiyou X, Zengping C. Feasibility Analysis of DBS Signal for Air/space Surveillance[C]. Proceedings of 2006 CIE International Conference on Radar, Shanghai, China, October, 2006, session A4: 1347-1350.
[3] 王雄才. 基于数字卫星信号的无源雷达关键技术研究[D]. 南京:南京理工大学, 2004.
[4] 谭莹. 天基空间目标探测技术探讨[J]. 空间电子技术, 2006 (3):5-9.
[5] 张科科,周峰,傅丹鹰. 天基空间目标监视可见光遥感器研究[J]. 航天返回与遥感, 2005, 26(4): 10-14.
[6] 刘林. 航天器轨道理论[M]. 北京:国防工业出版社, 2000.
[7] 张玉祥. 人造卫星测轨方法[M]. 北京:国防工业出版社, 2007.
[8] 刘林. 天体力学方法[M]. 南京:南京大学出版社, 1998.
[9] 周一宇,李骏,安玮. 天基光学空间目标监视信息处理技术分析[J]. 光电工程, 2008, 35(4): 43-48.
[10] 潘晓刚. 空间目标定轨的模型与参数估计方法研究及应用[D]. 长沙:国防科学技术大学, 2009.
[11] 王宁. 利用非合作信号无源雷达技术的研究[D]. 南京:南京理工大学, 2008.
[12] 朱庆明,吴曼青. 一种新型无源探测与跟踪雷达系统——“沉默哨兵”[J]. 现代电子, 2000, 70(1):1-4.
[13] 王森根,王俊. 基于外辐射源的分布式无源雷达成像算法[J]. 西安电子科技大学学报(自然科学版), 2006, 33(6):907-910.
[14] 李济生. 人造地球卫星精密轨道确定[M]. 北京:解放军出版社, 1995.
[15] 叶其孝,沈永欢. 实用数学手册[M]. 2版. 北京:科学出版社, 2006.
[16] Dwight E A. Computing NORAD Mean Orbital Elements from A State Vector[D]. Air Force Institute of Technology, Wright-Patterson Air Force Base, Ohio, 1994.
[17] 刘林,胡松杰,王歆. 航天动力学引论[M]. 南京:南京大学出版社, 2006.
[18] 夏南银,张守信,穆鸿飞. 航天测控系统[M]. 北京:国防工业出版社, 2002.
[19] 刘林. 人造地球卫星轨道力学[M]. 北京:高等教育出版社, 1992.
[20] 李强. 单星对卫星目标的被动定轨与跟踪关键技术研究[D]. 长沙:国防科学技术大学, 2007.
[21] 刘磊. 基于天基监视的空间目标测向初轨确定研究[D]. 长沙:国防科学技术大学, 2009.
[22] 刘利生,吴斌,杨萍. 航天器精确定轨与自校准技术[M]. 北京:国防工业出版社, 2005.
[23] 魏克让. 空间数据的误差处理[M]. 北京:科学出版社, 2003.
[24] 苗赢,孙兆伟. 星载GPS测量数据预处理方法研究[J]. 航空学报, 2010, 31(3):602-607.
[25] 张守信. 外弹道测量与卫星轨道测量基础[M]. 北京:国防工业出版社, 1992.
[26] 吉桐伯. 地平式光测跟星系统天顶盲区及跟踪算法研究[D]. 长春:中国科学院长春光学精密机械与物理研究所, 2004.

第3章 基于天基测角信息的初轨确定方法

天基无源监视跟踪系统的信息处理流程中，对于未能与编目目标成功关联的新发现目标需要进行初轨确定。目标的初轨确定一般基于非线性二体动力学模型，由简单的迭代计算完成，以拉普拉斯法最为经典。但是利用短弧测角数据进行初定轨无法克服轨道半长轴难以定准的困难，存在本质病态性。本章从短弧观测几何条件入手，揭示短弧测角条件下的初定轨可观测性，证明了利用编队卫星观测空间目标，可以极大地改善观测几何条件；并在拉普拉斯改进方法基础上，提出利用连续同伦算法求解天基仅测角观测条件方程组，实现了单星观测与双星立体观测两种天基跟踪方式下的仅测角初轨确定。

3.1 天基仅测角短弧初定轨的迭代初值选取

3.1.1 天基仅测角初定轨的平凡解

设已知 m 个历元 t_i 的天基观测平台在 ECI 坐标系的位置矢量 $\boldsymbol{R}_i(X_i, Y_i, Z_i)$ 及其指向空间目标的单位视线矢量 $\rho_i^*(a_i, b_i, c_i)(i=1,2,\cdots,m)$，则观测方程为

$$\boldsymbol{r}_i = \rho_i \boldsymbol{\rho}_i^* + \boldsymbol{R}_i \tag{3-1}$$

式中：$\boldsymbol{r}_i(x_i, y_i, z_i)$ 为目标在 ECI 坐标系的位置矢量；ρ_i 为观测平台与空间目标的相对距离。

平凡解可以定义为[1]：当空间目标与观测平台的相对距离 $\rho_i = 0$，即空间目标的轨道与观测平台的轨道重合。分析观测方程(3-1)可知，平凡解与空间目标的真实轨道都是观测方程的解。就迭代初值的选取而言，应该尽量远离观测平台轨道，并在求解过程中及时判断是否出现平凡解，若出现平凡解则重新选取迭代初值。迭代算法的大范围搜索效率与局部搜索能力是相互矛盾的，为了提高初定轨迭代初值选取的准确性，可以适当牺牲算法的搜索效率以提高其局部搜索能力，避免出现在迭代过程中忽略掉接近空间目标轨道的最优值转而得到平凡解的情况[1]。

理论上说，无论采用何种数值方法，平凡解现象在天基仅测角初轨计算中只

能得到抑制，并不能完全消除。需要注意是，进行初轨计算前，要求对观测数据进行预处理，否则极有可能造成初定轨失败[2]。

3.1.2　考虑 J_2 项摄动的简单迭代法

对于近地空间目标，地球非球形 J_2 项摄动为主要摄动，研究考虑 J_2 项摄动的目标运动模型，可以得到充分接近轨道真值的初值 $\boldsymbol{X}_0=[\boldsymbol{r}_0\quad \dot{\boldsymbol{r}}_0]$。考虑 J_2 项摄动的空间目标和观测平台的运动方程分别为[3]

$$\ddot{\boldsymbol{r}}=-\frac{\mu}{r^3}\boldsymbol{r}+\frac{3J_2\cdot\mu\cdot R_{\mathrm{E}}{}^2}{2}\left[\left(\frac{5z^2}{r^7}-\frac{1}{r^5}\right)\boldsymbol{r}-\frac{2z}{r^5}\boldsymbol{k}\right]=[\ddot{r}_{0x}\quad \ddot{r}_{0y}\quad \ddot{r}_{0z}]^{\mathrm{T}} \tag{3-2}$$

$$\ddot{\boldsymbol{R}}_0=-\frac{\mu}{R_0^3}\boldsymbol{R}_0+\frac{3J_2\cdot\mu\cdot R_{\mathrm{E}}^2}{2}\left[\left(\frac{5Z_0^2}{R_0^7}-\frac{1}{R_0^5}\right)\boldsymbol{R}_0-\frac{2Z_0}{R_0^5}\boldsymbol{k}\right]=[\ddot{R}_{0x}\quad \ddot{R}_{0y}\quad \ddot{R}_{0z}]^{\mathrm{T}} \tag{3-3}$$

式中：R_{E} 为地球赤道半径 $R_{\mathrm{E}}=6378.137\mathrm{km}$；$J_2=1.0826269\times10^{-3}$；$\boldsymbol{k}=[0\quad 0\quad 1]^{\mathrm{T}}$。

对于式(3-1)，令下标 $i=0$，它的一阶、二阶导数分别为

$$\dot{\boldsymbol{r}}_0=\dot{\rho}_0\boldsymbol{\rho}_0^*+\rho_0\dot{\boldsymbol{\rho}}_0^*+\dot{\boldsymbol{R}}_0 \tag{3-4}$$

$$\ddot{\boldsymbol{r}}_0=\ddot{\rho}_0\boldsymbol{\rho}_0^*+2\dot{\rho}_0\dot{\boldsymbol{\rho}}_0^*+\rho_0\ddot{\boldsymbol{\rho}}_0^*+\ddot{\boldsymbol{R}}_0 \tag{3-5}$$

将式(3-2)、式(3-3)代入式(3-5)，得

$$\boldsymbol{\rho}_0^*\cdot\ddot{\rho}_0+2\dot{\boldsymbol{\rho}}_0^*\cdot\dot{\rho}_0+\ddot{\boldsymbol{\rho}}_0^*\cdot\rho_0=[\ddot{r}_{0x}\quad \ddot{r}_{0y}\quad \ddot{r}_{0z}]^{\mathrm{T}}-[\ddot{R}_{0x}\quad \ddot{R}_{0y}\quad \ddot{R}_{0z}]^{\mathrm{T}} \tag{3-6}$$

式(3-6)中 ρ_0^*、$\dot{\rho}_0^*$、$\ddot{\rho}_0^*$ 可用4阶曲线拟合 m 个单位测向视线矢量 ρ_i^* 获得，即 $\rho_i^*=\sum_{j=1}^{4}[(t_i-t_0)^j\cdot(e_j/j!)](t_0=0.5(t_1+t_m);i=1,\cdots,m)$

则

$$\rho_0^*=e_0,\dot{\rho}_0^*=e_1,\ddot{\rho}_0^*=e_2$$

对于方程(3-6)，若 $D\neq0$，由线性方程组的克莱姆法则可得[4]

$$\begin{cases}\rho_0=D_3/D\\ \dot{\rho}_0=D_2/D\end{cases} \tag{3-7}$$

式中

$$D=\begin{vmatrix}\rho_{0x}^* & 2\dot{\rho}_{0x}^* & \ddot{\rho}_{0x}^*\\ \rho_{0y}^* & 2\dot{\rho}_{0y}^* & \ddot{\rho}_{0y}^*\\ \rho_{0z}^* & 2\dot{\rho}_{0z}^* & \ddot{\rho}_{0z}^*\end{vmatrix},D_3=\begin{vmatrix}\rho_{0x}^* & 2\dot{\rho}_{0x}^* & \ddot{r}_{0x}-\ddot{R}_{0x}\\ \rho_{0y}^* & 2\dot{\rho}_{0y}^* & \ddot{r}_{0y}-\ddot{R}_{0y}\\ \rho_{0z}^* & 2\dot{\rho}_{0z}^* & \ddot{r}_{0z}-\ddot{R}_{0z}\end{vmatrix},D_2=\begin{vmatrix}\rho_{0x}^* & \ddot{r}_{0x}-\ddot{R}_{0x} & \ddot{\rho}_{0x}^*\\ \rho_{0y}^* & \ddot{r}_{0y}-\ddot{R}_{0y} & \ddot{\rho}_{0y}^*\\ \rho_{0z}^* & \ddot{r}_{0z}-\ddot{R}_{0z} & \ddot{\rho}_{0z}^*\end{vmatrix}$$

联立式(3-1)、式(3-4)和式(3-7),可以利用简单迭代法求解获得误差相对较小的初值 $\boldsymbol{X}_0$。则考虑 J_2 项摄动的简单迭代法的计算步骤如下:

(1) 选取 ρ_0 的初值 ρ_0^0,给定允许误差 $\varepsilon>0$,置 $i=1$。

(2) 由式(3-1)得到 r_0^0,代入式(3-7)第一式计算迭代新值 ρ_0^i:若 $|\rho_0^i|<\varepsilon$,说明得到平凡解,则返回(1),重新选取初值 ρ_0^0;若 $|\rho_0^i-\rho_0^{i-1}|<\varepsilon$,则停止计算,得解 ρ_0^i;若 $|\rho_0^i-\rho_0^{i-1}|\geqslant\varepsilon$,转入(3)。

(3) 置 $i=i+1$,转(2)。

将 ρ_0^i 代入式(3-7)的第二式计算 $\dot{\rho}_0^i$,再将 ρ_0^i,$\dot{\rho}_0^i$ 回代入式(3-1)、式(3-4)可以得到迭代初值 $\boldsymbol{X}_0$。相比于拉普拉斯迭代初值选取方法,该方法迭代过程简单,计算量小,并且在迭代过程中加入平凡解 $\rho\equiv0$ 的判断,可以避免得到平凡解。

值得注意的是,该方法假定了前提条件 $D\neq0$。对于 $D=0$ 的情况,即当观测平台在历元 t_0 位于空间目标的轨道平面内,该初值选取方法无效[5],这种情况应尽量避免。

3.1.3 基于经典高斯法的信赖域方法

1. 基于经典高斯法的初值选取策略

不妨设三次观测的相对距离初值为 ρ_1^0、ρ_2^0、ρ_3^0,根据式(3-1)可得到空间目标的三个位置矢量 $\boldsymbol{r}_1^0$、$\boldsymbol{r}_2^0$、$\boldsymbol{r}_3^0$。由 $\boldsymbol{r}_2^0$、Δt 利用 f、g 级数的近似公式可以计算 f_1、g_1、f_3、g_3:

$$\begin{cases} f_1=\cos(\Delta t_1/r_2^{1.5}),g_1=r_2^{1.5}\cdot\sin(\Delta t_1/r_2^{1.5}) \\ f_3=\cos(\Delta t_3/r_2^{1.5}),g_3=r_2^{1.5}\cdot\sin(\Delta t_3/r_2^{1.5}) \end{cases} \tag{3-8}$$

式中:$\Delta t_1=t_1-t_2$;$\Delta t_3=t_3-t_2$;$r_2=|\boldsymbol{r}_2^0|$。

则 $\boldsymbol{r}_1^0$、$\boldsymbol{r}_2^0$、$\boldsymbol{r}_3^0$ 之间有力学关系:

$$\begin{cases} \boldsymbol{r}_1^0=f_1\cdot\boldsymbol{r}_2^0+g_1\cdot\dot{\boldsymbol{r}}_2^0 \\ \boldsymbol{r}_3^0=f_3\cdot\boldsymbol{r}_2^0+g_3\cdot\dot{\boldsymbol{r}}_2^0 \end{cases} \tag{3-9}$$

在二体运动中,空间目标的轨道通过了地球质心的平面,因此有

$$\boldsymbol{r}_2^0=c_1\cdot\boldsymbol{r}_1^0+c_3\cdot\boldsymbol{r}_3^0 \tag{3-10}$$

将 $\boldsymbol{r}_1^0$、$\boldsymbol{r}_3^0$ 分别叉乘式(3-10)的两端,得

$$\begin{cases} \boldsymbol{r}_3^0\times\boldsymbol{r}_2^0=c_1\cdot(\boldsymbol{r}_3^0\times\boldsymbol{r}_1^0) \\ \boldsymbol{r}_1^0\times\boldsymbol{r}_2^0=c_3\cdot(\boldsymbol{r}_1^0\times\boldsymbol{r}_3^0) \end{cases} \tag{3-11}$$

将式(3－9)代入式(3－11)，整理后可得

$$\begin{cases} c_1 = g_3/(f_1 \cdot g_3 - f_3 \cdot g_1) \\ c_3 = -g_1/(f_1 \cdot g_3 - f_3 \cdot g_1) \end{cases} \tag{3-12}$$

由于空间目标的受摄轨道是一个不完全闭合的平面，该平面在法线方向会有微小的抖动，不过若时间间隔较小，空间目标的三个位置矢量 $\boldsymbol{r}_1^0$、$\boldsymbol{r}_2^0$、$\boldsymbol{r}_3^0$ 会近似在同一平面内，满足关系式 $\boldsymbol{r}_2^0 \approx c_1 \cdot \boldsymbol{r}_1^0 + c_3 \cdot \boldsymbol{r}_3^0$。令

$$\boldsymbol{F}(\rho_1^0, \rho_2^0, \rho_3^0) = [f_1, f_2, f_3]^{\mathrm{T}} = c_1 \cdot \boldsymbol{r}_1^0 + c_3 \cdot \boldsymbol{r}_3^0 - \boldsymbol{r}_2^0$$

则

$$\| \boldsymbol{F} \|_2^2 = f_1^2 + f_2^2 + f_3^2 \approx 0$$

天基测向初定轨迭代初值选取问题可以转化为：迭代求解变量 ρ_1^i、ρ_2^i、ρ_3^i，使得 $\| \boldsymbol{F} \|_2^2$ 达到最小值的多变量优化问题。考虑到信赖域法在一定条件下具有全局收敛性，并且是二阶收敛的[6]，可采用信赖域方法来进行优化求解。求解出 $\boldsymbol{\rho}^0 = [\rho_1^0, \rho_2^0, \rho_3^0]^{\mathrm{T}}$ 后，利用式(3－1)可以计算出 $\boldsymbol{r}_1^0$、$\boldsymbol{r}_2^0$、$\boldsymbol{r}_3^0$，再由插值多项式求数值导数的三点公式[7]：

$$f'(x_2) = \frac{-h_2}{h_1(h_1+h_2)} f(x_1) + \frac{h_2 - h_1}{h_1 h_2} f(x_2) + \frac{h_1}{h_2(h_1+h_2)} f(x_3) \tag{3-13}$$

式中：$h_1 = t_2 - t_1$；$h_2 = t_3 - t_2$。

则有

$$\dot{\boldsymbol{r}}_2^0 = \frac{-h_2}{h_1(h_1+h_2)} \boldsymbol{r}_1^0 + \frac{h_2 - h_1}{h_1 h_2} \boldsymbol{r}_2^0 + \frac{h_1}{h_2(h_1+h_2)} \boldsymbol{r}_3^0$$

若为等间隔观测($h_1 = h_2 = h$)，则有 $\dot{\boldsymbol{r}}_2^0 = (-\boldsymbol{r}_1^0 + \boldsymbol{r}_3^0)/(2h)$

从而得到初定轨的迭代初值 $\boldsymbol{X}_0 = [\boldsymbol{r}_2, \dot{\boldsymbol{r}}_2]^{\mathrm{T}}$。

2. 信赖域算法及应用

考虑无约束问题：

$$\min_{x \in \mathbf{R}^n} f(\boldsymbol{x}), f: \mathbf{R}^n \to \mathbf{R} \tag{3-14}$$

求函数 $f(x)$ 的极小点可以归结为信赖域子问题：

$$\begin{cases} \min \varphi_k(\boldsymbol{d}) = f(\boldsymbol{x}^{(k)}) + \nabla f(\boldsymbol{x}^{(k)})^{\mathrm{T}} \boldsymbol{d} + \dfrac{1}{2} \boldsymbol{d}^{\mathrm{T}} \ \nabla^2 f(\boldsymbol{x}^{(k)}) \boldsymbol{d} \\ \text{s. t.} \quad D(r_k) = \{ \boldsymbol{d} \ \ \| \boldsymbol{d} \|_2 \leqslant r_k, r_k > 0 \} \end{cases} \tag{3-15}$$

式中：$\nabla f(\boldsymbol{x}^{(k)})$为$f(\boldsymbol{x}^{(k)})$在点$\boldsymbol{x}^{(k)}$处的一阶导数或梯度；$\nabla^2 f(\boldsymbol{x}^{(k)})$为$f(\boldsymbol{x}^{(k)})$在点$\boldsymbol{x}^{(k)}$处的二阶导数或海赛矩阵；$\boldsymbol{d}=\boldsymbol{x}-\boldsymbol{x}^{(k)}$；$D(r_k)$为信赖域；$r_k$信赖域半径；$\|\boldsymbol{d}\|_2$为矢量$\boldsymbol{d}$的2－范数，$\|\boldsymbol{d}\|_2=\sqrt{\boldsymbol{d}^{\mathrm{T}}\boldsymbol{d}}$。

这是一个二次规划问题，约束为一个非线性不等式，其最优解为$\boldsymbol{d}^{(k)}$。求出最优解$\boldsymbol{d}^{(k)}$后，$\boldsymbol{x}^{(k+1)}=\boldsymbol{x}^{(k)}+\boldsymbol{d}^{(k)}$能否作为式(3－14)的近似解，还要依据$\varphi_k(\boldsymbol{d})$是否成功逼近$f(\boldsymbol{x})$进行确定。定义：

$$\lambda_k=(f(\boldsymbol{x}^{(k)})-f(\boldsymbol{x}^{(k)}+\boldsymbol{d}^{(k)}))/(f(\boldsymbol{x}^{(k)})-\varphi_k(\boldsymbol{d}^{(k)}))$$

若λ_k太小，则逼近不成功，仍取$\boldsymbol{x}^{(k+1)}=\boldsymbol{x}^{(k)}$；若$\lambda_k$比较大，则逼近成功，取$\boldsymbol{x}^{(k+1)}=\boldsymbol{x}^{(k)}+\boldsymbol{d}^{(k)}$。

应用于基于经典高斯法的初值选取方法，信赖域法的无约束问题(3－14)转换为

$$\min_{\rho^0\in\mathbf{R}^3}\|\boldsymbol{F}(\rho^0)\|_2^2,\ \|\boldsymbol{F}\|_2^2:\mathbf{R}^3\to\mathbf{R},\rho^0=[\rho_1^0,\rho_2^0,\rho_3^0]^{\mathrm{T}} \tag{3-16}$$

式中

$$\boldsymbol{F}(\rho^0)=[f_1,f_2,f_3]^{\mathrm{T}}=c_1\cdot\boldsymbol{r}_1^0+c_3\cdot\boldsymbol{r}_3^0-\boldsymbol{r}_2^0$$

令$f(\boldsymbol{\rho}^0)=\|\boldsymbol{F}(\boldsymbol{\rho}^0)\|_2^2$，则基于经典高斯法的信赖域法计算步骤如下：

(1) 给定初始数据。选取可行点$\boldsymbol{\rho}^{(1)}=[\rho_1^0,\rho_2^0,\rho_3^0]^{\mathrm{T}}$，给定初始信赖域半径$r_1$，允许误差$\varepsilon>0$，参数$0<\mu<\eta<1$，置$k=1$。

(2) 计算$f(\boldsymbol{\rho}^{(k)})$、$\nabla f(\boldsymbol{\rho}^{(k)})$。若$\|\nabla f(\boldsymbol{\rho}^{(k)})\|\leqslant\varepsilon$，则停止计算，得解$\boldsymbol{\rho}^{(k)}$；否则，计算$\nabla^2 f(\boldsymbol{\rho}^{(k)})$，转入(3)。

(3) 求解信赖域子问题(3－15)，得到子问题的最优解$\boldsymbol{d}^{(k)}$，并计算λ_k。如果$\lambda_k\leqslant\mu$，则令$\boldsymbol{\rho}^{(k+1)}=\boldsymbol{\rho}^{(k)}$；如果$\lambda_k>\mu$，则令$\boldsymbol{\rho}^{(k+1)}=\boldsymbol{\rho}^{(k)}+\boldsymbol{d}^{(k)}$。

(4) 更新信赖域半径r_k。如果$\lambda_k\leqslant\mu$，则令$r_{k+1}=0.5r_k$；如果$\mu<\lambda_k\leqslant\eta$，则令$r_{k+1}=r_k$；如果$\lambda_k>\eta$，则令$r_{k+1}=2r_k$。

(5) 置$k=k+1$，转(2)。

迭代求解出最优解$\boldsymbol{\rho}^{(k)}=[\rho_1^k,\rho_2^k,\rho_3^k]^{\mathrm{T}}$后，可以计算出初定轨的迭代初值$\boldsymbol{X}_0=[\boldsymbol{r}_2,\dot{\boldsymbol{r}}_2]^{\mathrm{T}}$。值得注意的是，由于$\dot{r}_2$是基于$\boldsymbol{r}_1^0$、$\boldsymbol{r}_2^0$、$\boldsymbol{r}_3^0$的数值导数公式获得的，如果迭代求解出$\boldsymbol{r}_1^0$、$\boldsymbol{r}_2^0$、$\boldsymbol{r}_3^0$与空间目标真实轨道偏离较大，则$\dot{\boldsymbol{r}}_2$的误差会更大，甚至可以达到位置误差的量级，这将会大大降低初定轨精度。

3.1.4 仿真实验与分析

设观测平台 SatO 和空间目标 SatT1 均在近地轨道运行，SatT2、SatT3 为高轨目标，轨道参考历元为 2011 年 1 月 1 日 12:0:0，其轨道根数见表 3－1。

表 3-1　观测平台和空间目标的轨道根数(迭代初值选取)

编号＼轨道根数	a/km	e	i/(°)	Ω/(°)	ω/(°)	M/(°)
SatO	9000.0	0.02	25.0	150.0	20.0	0
SatT1	8000.0	0.10	50.0	160.0	50.0	0
SatT2	39000.0	0.20	40.0	160.0	50.0	0
SatT3	40000.0	0.01	30.0	160.0	25.0	0

以空间目标与观测平台的参考历元和轨道根数为仿真开始时刻及初始运动状态,由 STK 生成空间目标和观测平台的摄动轨道,作为标称轨道(轨道力学模型考虑 30×30 阶地球引力场、日月摄动、大气阻力和太阳光压)。观测弧段为 2011 年 1 月 1 日 12:0:0 至 12:20:0,观测间隔为 60s,观测平台对空间目标仅角度观测,角度观测随机噪声为 30μrad 或 70μrad。选取 5 个时刻的观测数据,分别采用考虑 J_2 项摄动的简单迭代法(PSIM)和基于高斯法的信赖域算法(GTRM)对空间目标初轨的迭代初值选取进行仿真。设计 3 个仿真场景:Case1,SatO 对近地目标 SatT1 观测;Case2,SatO 对高轨目标 SatT2 观测;Case3,SatO 对高轨目标 SatT3 观测。

1. PSIM 仿真分析

设 PSM 的收敛条件为 $|\rho_0^i - \rho_0^{i-1}| < 1\times10^{-8}$,考虑到随机噪声的不确定性,借鉴蒙特卡洛方法,3 个场景均采用 100 次仿真迭代求解空间目标初轨平均值作为迭代初值,将其与标称轨道的误差取单位权均方根作为 PSIM 的迭代初值误差,见表 3-2。

表 3-2　考虑摄动的 PSIM 的仿真结果

算例	初值 ρ_0^0 可取值范围	观测误差/μrad	Δa/km	Δe	Δi/(°)	$\Delta\Omega$/(°)	$\Delta\omega$/(°)	ΔM/(°)	N
算例 1	$90\sim1\times10^7$	30	12.53	1.75×10^{-3}	0.016	0.024	0.15	0.13	70
	$90\sim1\times10^7$	70	23.14	3.15×10^{-3}	0.033	0.025	0.59	0.77	72
算例 2	$10\sim1\times10^{23}$	30	96.52	7.55×10^{-3}	0.052	0.11	8.53	5.57	23
	$10\sim1\times10^{23}$	70	156.3	9.85×10^{-3}	0.076	0.15	8.59	13.1	24
算例 3	⊗	30	—	—	—	—	—	—	—
	⊗	70	—	—	—	—	—	—	—

注:N 为解算成功的迭代次数;设定初值 ρ_0^0 均取为 10^3 m;“⊗”表示迭代发散或收敛到平凡解

分析表 3-2 可知:Case1,观测平台与空间目标均在低轨运行,且轨道高度相近,空间目标的初轨偏差相对较小,迭代收敛性相对较差(解算成功的迭代次数为72),但是初值ρ_0^0的可取值范围相对较小,说明PSIM法仅具有局部收敛性;Case2,观测平台与空间目标的轨道高度相差较大,其初轨偏差相对较大,不过初值ρ_0^0的可取值范围较大,解算成功的迭代次数也较低,有较好的迭代收敛性;Case3,由于观测平台指向目标的$\boldsymbol{\rho}_i^*$几乎在同一平面内(3个观测历元单位测向视线矢量的混合积近似为0:$\rho_0^* \cdot (\rho_1^* \times \rho_2^*) = -9.7 \times 10^{-14}$),式(3-6)的系数矩阵的条件数相对较大($\geqslant 1 \times 10^9$),说明观测平台对空间目标的可观测性较弱,导致迭代求解不收敛或收敛到平凡解。

另外,对于Case1和Case2,随着测角误差的增大,空间目标的初轨偏差有明显增大,说明PSIM得到的迭代初值对角度测量误差较为敏感,特别是当角度测量误差增大到一定程度(>200μrad),会导致初轨迭代求解失败。图3-1给出了在设定不同初值的情况下,PSIM的迭代求解过程。

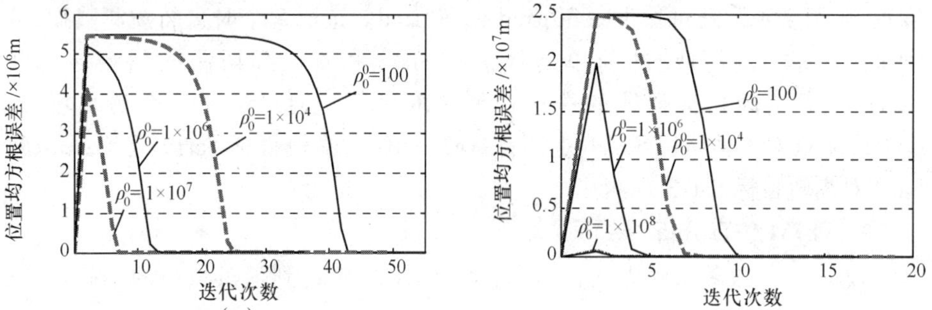

(a) (b)

图3-1 考虑J_2项摄动的简单迭代法的迭代求解过程

(a) Case1; (b) Case2。

由图3-1可知,如果初值设定合适(如在空间目标的真实轨道附近),则迭代收敛相对快速,经过几次迭代便可以收敛到合理解;如果初值选取较为"恶劣"(如与空间目标的真实轨道偏离较大),则迭代收敛较为缓慢,且迭代初期位置误差曲线抖动较大。以上分析说明,简单迭代法不具备全局收敛性,对初值ρ_0^0较为敏感:如果初值ρ_0^0在真值$\bar{\rho}_0$附近,则可以快速收敛到正确解;如果初值ρ_0^0与真值$\bar{\rho}_0$相差较远,则易于收敛到平凡解。

2. GTRM仿真分析

GTRM只需要利用连续3个时刻的观测数据便可进行空间目标初始轨道的初值选取。3个场景均采用100次蒙特卡洛仿真迭代求解空间目标初始轨道平均值作为迭代初值,将其与标称轨道的误差取单位权均方根作为GTRM得到的迭代初值误差,见表3-3。

表 3－3　GTRM 的仿真结果

算例	初值可取值范围	观测误差/μrad	Δa/km	Δe	Δi/(°)	$\Delta\Omega$/(°)	$\Delta\omega$/(°)	ΔM/(°)	N
Case1	$0\sim5\times10^6$	30	27.8	0.01	0.15	0.46	−0.30	2.2	90
	$0\sim5\times10^6$	70	39.5	0.01	0.19	0.55	−0.51	1.5	93
Case2	$0\sim1\times10^6$	30	50.6	0.01	0.07	0.01	−0.41	10.3	75
	$0\sim1\times10^6$	70	80.8	0.01	0.04	0.01	−0.37	10.2	77
Case3	$0\sim3\times10^7$	30	38.2	0.02	0.03	0.026	−0.30	12.5	103
	$0\sim3\times10^7$	70	77.3	0.02	0.04	0.041	−0.41	12.3	105

注：N 为解算成功的迭代次数；3 个观测历元的观测平台与目标的相对距离 ρ_1^0、ρ_2^0、ρ_3^0 初值分别为 1×10^5 m、1.02×10^5 m、1.03×10^5 m

分析表 3－3 可知：对于 Case1 和 Case2，与 PSIM 相比，采用 GTRM 求解得到的空间目标初轨偏差相对较大，初值可取值范围相对缩小。这是由于：GTRM 虽然具有大范围收敛性，但是计算机的数值计算具有截断误差和舍入误差，误差累积导致数值计算不稳定，从而降低了算法的收敛性能，并且解算成功的迭代次数也有相应的增加（分别为 93 和 77）。对于 Case3，采用 GTRM 可以克服 PSIM 由于存在观测平台对空间目标可观测度低导致初轨迭代求解失败的缺点，且迭代求解的初轨偏差和初值可取值范围与 Case2 相差不大，只是解算成功的迭代次数有一定增加（达到 105 次）。

3.2　基于连续同伦算法的天基仅测角初定轨方法

3.2.1　拉普拉斯改进法

设观测平台对空间目标有 m 个时刻的测角数据（赤经 β、赤纬 ε）t_i、β_i、$\varepsilon_i(i=1,2,\cdots,m)$ 和观测平台位置矢量 $\boldsymbol{R}_{0i}=[X_i,Y_i,Z_i]^{\mathrm{T}}$，则历元 t_i 观测平台对空间目标观测视线的方向余弦 $\rho_i^*(a_i,b_i,c_i)$ 为

$$a_i=\cos\varepsilon_i\cos\beta_i,b_i=\cos\varepsilon_i\sin\beta_i,c_i=\sin\varepsilon_i \tag{3-17}$$

则由几何关系 $\boldsymbol{r}_i=\rho_i\boldsymbol{\rho}_i^*+\boldsymbol{R}_i$ 和力学关系 $\boldsymbol{r}_i=f_i\cdot\boldsymbol{r}_0+g_i\cdot\dot{\boldsymbol{r}}_0$ 可得

$$f_i\cdot\boldsymbol{r}_0+g_i\cdot\dot{\boldsymbol{r}}_0=\rho_i\boldsymbol{\rho}_i^*+\boldsymbol{R}_{0i} \tag{3-18}$$

式中

$$f_i=1-a(1-\cos\Delta E_i)/r_0,g_i=\sqrt{a}\cdot r_0\sin\Delta E_i+a(r_0\dot{r}_0)(1-\cos\Delta E_i)$$
$$=\Delta t-(\Delta E_i-\sin\Delta E_i)/n$$

选取3个观测时刻数据，可以得到天基仅测角初定轨的观测方程[8]为

$$f(\boldsymbol{X}_{T0})=\boldsymbol{H}(\boldsymbol{X}_{T0},t_0,t)-\boldsymbol{Y}=0 \tag{3-19}$$

式中：$\boldsymbol{Y}=[c_1X_1-a_1Z_1,c_1Y_1-b_1Z_1,c_2X_2-a_2Z_2,c_2Y_2-b_2Z_2,c_3X_3-a_3Z_3,c_3Y_3-b_3Z_3]^{\mathrm{T}}$

$\boldsymbol{X}_{T0}=[\boldsymbol{r}_0,\dot{\boldsymbol{r}}_0]^{\mathrm{T}}=[x_0,y_0,z_0,\dot{x}_0,\dot{y}_0,\dot{z}_0]^{\mathrm{T}}$，为空间目标在历元 t_0 的状态矢量；

$r_0\dot{r}_0=\boldsymbol{r}_0\cdot\dot{\boldsymbol{r}}_0,r_0=|\boldsymbol{r}_0|$

$$\boldsymbol{H}(\boldsymbol{X}_{T0},t_0,t)=\begin{bmatrix}f_1c_1x_0-f_1a_1z_0+g_1c_1\dot{x}_0-g_1a_1\dot{z}_0\\f_1c_1y_0-f_1b_1z_0+g_1c_1\dot{y}_0-g_1b_1\dot{z}_0\\f_2c_2x_0-f_2a_2z_0+g_2c_2\dot{x}_0-g_2a_2\dot{z}_0\\f_2c_2y_0-f_2b_2z_0+g_2c_2\dot{y}_0-g_2b_2\dot{z}_0\\f_3c_3x_0-f_3a_3z_0+g_3c_3\dot{x}_0-g_3a_3\dot{z}_0\\f_3c_3y_0-f_3b_3z_0+g_3c_3\dot{y}_0-g_3b_3\dot{z}_0\end{bmatrix}$$

拉普拉斯改进法从理论上说是严格的，未做任何近似处理，适用于多次仅角度观测，对观测弧段也没有严格的限制[8]。但是，这种方法也存在明显的弱点[8]：从式（3-19）可以看出，由于条件方程是两两相减的形式，降低了观测精度；从f、g级数的封闭型表达式可以看出，$f\to1,g\to0(t-t_0)$，而$\dot{\boldsymbol{r}}_0$的系数包含的g较难求准，会直接影响a、e的测定精度。此外，f、g级数是二体理论下的表达式，较难进一步描述摄动轨道，将会导致整个轨道发生歪曲，甚至迭代计算发散[9]。

3.2.2 考虑摄动影响的单位矢量法

无摄初轨的单位矢量法[9]具有适用范围广、收敛速度快等显著优点，但是在观测资料精度较高的情况下，仅考虑二体问题是不够的，有必要考虑轨道摄动的影响[10]。本节根据单位矢量法原理，给出考虑摄动的单位矢量法，以进一步提高初轨的精度。

在考虑轨道摄动的情况下，空间目标并不总是在位置、速度矢量$[\boldsymbol{r}_0,\dot{\boldsymbol{r}}_0]$张成的轨道平面内运动，其轨道平面在法向上会发生轻微抖动[11]。为方便表述，记$\boldsymbol{X}_0=[\boldsymbol{r}_0,\dot{\boldsymbol{r}}_0]^{\mathrm{T}}$，$\boldsymbol{X}=[\boldsymbol{r},\dot{\boldsymbol{r}}]^{\mathrm{T}}$，空间目标有摄运动方程可以描述为

$$\frac{\mathrm{d}\boldsymbol{X}(t)}{\mathrm{d}t}=\boldsymbol{F}(\boldsymbol{X}(t)) \tag{3-20}$$

设参考历元t_0的位置$\boldsymbol{r}_0$、速度矢量$\dot{\boldsymbol{r}}_0$与矢量$\boldsymbol{r}_0$、$\dot{\boldsymbol{r}}_0$张成的轨道面法向矢量$\boldsymbol{W}_0(\boldsymbol{W}_0=\boldsymbol{r}_0\times\dot{\boldsymbol{r}}_0)$形成斜坐标系$\boldsymbol{\Phi}$，则任意时刻$t$的位置$\boldsymbol{r}$、速度矢量$\dot{\boldsymbol{r}}$在斜坐标系$\boldsymbol{\Phi}$可以斜分解为[12,13]

$$\boldsymbol{r} = f \cdot \boldsymbol{r}_0 + g \cdot \dot{\boldsymbol{r}}_0 + h \cdot \boldsymbol{W}_0 \tag{3-21}$$

$$\dot{\boldsymbol{r}} = f' \cdot \boldsymbol{r}_0 + g' \cdot \dot{\boldsymbol{r}}_0 + h' \cdot \boldsymbol{W}_0 \tag{3-22}$$

式中：$\boldsymbol{r}_0$、$\dot{\boldsymbol{r}}_0$分别为空间目标在参考历元 t_0 的位置、速度矢量；$\boldsymbol{r}$、$\dot{\boldsymbol{r}}$ 分别为空间目标在历元 t 的位置、速度矢量，由 $\boldsymbol{r}_0$、$\dot{\boldsymbol{r}}_0$进行有摄轨道计算得到。

建立以空间目标为原点的轨道坐标系 $\overline{\Phi}$，以空间目标位置矢量方向（径向）为 $\hat{\boldsymbol{r}}_0$轴，在轨道面内与 $\hat{\boldsymbol{r}}_0$轴垂直的方向（横向）为 $\hat{\boldsymbol{t}}_0$轴，以轨道面的法向为 $\hat{\boldsymbol{w}}_0$轴：

$$\hat{\boldsymbol{r}}_0 = \cos u_0 \cdot \hat{P}_* + \sin u_0 \cdot \hat{Q}_* \tag{3-23}$$

$$\hat{\boldsymbol{t}}_0 = -\sin u_0 \cdot \hat{P}_* + \cos u_0 \cdot \hat{Q}_* \tag{3-24}$$

$$\hat{\boldsymbol{w}}_0 = \hat{\boldsymbol{r}}_0 \times \hat{\boldsymbol{t}}_0 = [\sin\Omega\sin i \quad -\cos\Omega\sin i \quad \cos i]^{\mathrm{T}} \tag{3-25}$$

式中：$u_0 = f_0 + \omega$ 为纬度辐角；$\hat{P}_* = [\cos\Omega \quad \sin\Omega \quad 0]^{\mathrm{T}}$；$\hat{Q}_* = [-\sin\Omega\cos i \quad \cos\Omega\cos i \quad \sin i]^{\mathrm{T}}$。

则历元 t 的位置矢量 $\boldsymbol{r}$、速度矢量 $\dot{\boldsymbol{r}}$ 在轨道坐标系 $\overline{\Phi}$ 中可以分解为

$$\boldsymbol{r} = F \cdot \hat{\boldsymbol{r}}_0 + G \cdot \hat{\boldsymbol{t}}_0 + H \cdot \hat{\boldsymbol{w}}_0 \tag{3-26}$$

$$\dot{\boldsymbol{r}} = F' \cdot \hat{\boldsymbol{r}}_0 + G' \cdot \hat{\boldsymbol{t}}_0 + H' \cdot \hat{\boldsymbol{w}}_0 \tag{3-27}$$

式中：$F = \boldsymbol{r} \cdot \hat{\boldsymbol{r}}_0$；$G = \boldsymbol{r} \cdot \hat{\boldsymbol{t}}_0$；$H = \boldsymbol{r} \cdot \hat{\boldsymbol{w}}_0$；$F' = \dot{\boldsymbol{r}} \cdot \hat{\boldsymbol{r}}_0$；$G' = \dot{\boldsymbol{r}} \cdot \hat{\boldsymbol{t}}_0$；$H' = \dot{\boldsymbol{r}} \cdot \hat{\boldsymbol{w}}_0$。

由式(3－26)可得

$$\begin{aligned}\boldsymbol{r} &= f \cdot r_0 \cdot \hat{\boldsymbol{r}}_0 + g \cdot [(\dot{\boldsymbol{r}}_0 \cdot \hat{\boldsymbol{r}}_0) \cdot \hat{\boldsymbol{r}}_0 + (\dot{\boldsymbol{r}}_0 \cdot \hat{\boldsymbol{r}}_0) \cdot \hat{\boldsymbol{t}}_0] + \boldsymbol{h} \cdot W_0 \cdot \boldsymbol{W}_0 \\ &= [f \cdot r_0 + g \cdot (\dot{\boldsymbol{r}}_0 \cdot \hat{\boldsymbol{r}}_0)] \cdot \hat{\boldsymbol{r}}_0 + g \cdot (\dot{\boldsymbol{r}}_0 \cdot \hat{\boldsymbol{r}}_0) \cdot \hat{\boldsymbol{t}}_0 + \boldsymbol{h} \cdot W_0 \cdot \boldsymbol{W}_0\end{aligned} \tag{3-28}$$

式中：$r_0 = |\boldsymbol{r}_0|$；$W_0 = |\boldsymbol{W}_0|$。

比较式(3－21)和式(3－28)，可得

$$g = G/(\dot{\boldsymbol{r}}_0 \cdot \hat{\boldsymbol{t}}_0),\ f = [F - g \cdot (\dot{\boldsymbol{r}}_0 \cdot \hat{\boldsymbol{r}}_0)]/r_0,\ h = H/W_0 \tag{3-29}$$

同理，比较式(3－22)和式(3－27)，可得

$$g' = G'/(\dot{\boldsymbol{r}}_0 \cdot \hat{\boldsymbol{t}}_0),\ f' = [F' - g' \cdot (\dot{\boldsymbol{r}}_0 \cdot \hat{\boldsymbol{r}}_0)]/r_0,\ h' = H'/W_0 \tag{3-30}$$

考虑摄动的单位矢量法把初轨计算和轨道改进有机地结合起来，充分考虑了轨道摄动的影响，避免了复杂的 f、g 级数表达式推导。该方法既可用于短弧初轨计算又可用于长弧段的轨道改进，既适用于大偏心率轨道也适用于近圆轨道。

选取 3 个观测历元数据，可以得到采用考虑摄动的单位矢量法的观测条件方程组：

$$f(\boldsymbol{X}_{T0}) = \boldsymbol{H}(\boldsymbol{X}_{T0}, t_0, t) - \boldsymbol{Y} = 0 \tag{3-31}$$

式中

$$
\boldsymbol{H}(\boldsymbol{X}_{T0},t_0,t)=\begin{bmatrix}
f_1c_1x_0-f_1a_1z_0+g_1c_1\dot{x}_0-g_1a_1\dot{z}_0+h_1c_1W_{0x}-h_1a_1W_{0z}\\
f_1c_1y_0-f_1b_1z_0+g_1c_1\dot{y}_0-g_1b_1\dot{z}_0+h_1c_1W_{0y}-h_1b_1W_{0z}\\
f_2c_2x_0-f_2a_2z_0+g_2c_2\dot{x}_0-g_2a_2\dot{z}_0+h_2c_2W_{0x}-h_2a_2W_{0z}\\
f_2c_2y_0-f_2b_2z_0+g_2c_2\dot{y}_0-g_2b_2\dot{z}_0+h_2c_2W_{0y}-h_2b_2W_{0z}\\
f_3c_3x_0-f_3a_3z_0+g_3c_3\dot{x}_0-g_3a_3\dot{z}_0+h_3c_3W_{0x}-h_3a_3W_{0z}\\
f_3c_3y_0-f_3b_3z_0+g_3c_3\dot{y}_0-g_3b_3\dot{z}_0+h_3c_3W_{0y}-h_3b_3W_{0z}
\end{bmatrix}
$$

$$
\boldsymbol{W}_0=[W_{0x},W_{0y},W_{0z}]^{\mathrm{T}}=[y_0\dot{z}_0-z_0\dot{y}_0,z_0\dot{x}_0-x_0\dot{z}_0,x_0\dot{y}_0-y_0\dot{x}_0]^{\mathrm{T}}
$$

3.2.3 连续同伦算法基本理论

同伦方法[14]是20世纪70年代逐步发展起来的一种数学方法,同伦本身是拓扑学中的一个概念,同伦算法是一种大范围求解非线性方程组的整体算法,1976年Kellogg和Yorke利用微分拓扑工具解决了同伦算法的全局收敛性问题,并给出了Brouwer不动点定理的构造性证明[15]。连续同伦算法可以解算一般非线性方程组平衡状态(光滑映射的零点),其基本思想是从构造一个容易求解方程组的解出发,通过路径跟踪求得复杂非线性方程组的解。该算法具有全局收敛性,对初值要求较为宽松,可以克服传统求解方法对初值选取较为敏感、数值计算稳定性差等缺点[16]。利用连续同伦算法求解拉普拉斯非线性观测方程组可以实现空间目标的初轨确定。

连续同伦算法的主要思想是:借助线性同伦 H(也是借助线性同伦 H 的零点集 $H^{-1}(0)$),从平凡映射 g 在 $\{0\}\times\mathbf{R}^n$ 上的零点集 $\{0\}\times g^{-1}(0)$ 出发,沿着连通分支跟踪到目标映射 f 在 $\{1\}\times\mathbf{R}^n$ 上的零点集 $\{1\}\times f^{-1}(0)$,把零点计算问题转化为微分方程初值问题。由此可知,要得到目标方程组的解,应使解曲线与 $t=1$ 超平面有交点,初始方程组 g 是可以自由构造的,而构造合适的初始方程组有利于同伦算法收敛。从线性同伦 H 可知,f 和 $(\boldsymbol{x}-\boldsymbol{x}_0)$ 基本上没有联系,当 $f(\boldsymbol{x})$ 形式较为复杂时,难以保证 $H^{-1}(0)$ 从 $[0,\boldsymbol{x}_0]^{\mathrm{T}}$ 出发的解曲线会与 $\{1\}\times\mathbf{R}^n$ 相交。根据连续同伦算法思想和求解过程,采用"相似"准则设计辅助映射的方法,即辅助映射与目标映射 f 同类型,从而构造牛顿同伦方程组,取 $g(\boldsymbol{x})=f(\boldsymbol{x})-f(\boldsymbol{x}_0)$,则同伦方程变为[17]

$$
H(t,\boldsymbol{x})=f(\boldsymbol{x})+(t-1)f(\boldsymbol{x}_0) \tag{3-32}
$$

下面给出牛顿同伦方程的解存在性定理:

定理 3.1[18] 设 $f:\mathbf{R}^n\to\mathbf{R}^n$ 连续可导,且 $f'(\boldsymbol{x})$ 非奇异,$\forall\beta>0$ 有 $\|f'(\boldsymbol{x})^{-1}\leqslant\beta\|$,则对 $\forall\boldsymbol{x}_0\in\mathbf{R}^n$,存在唯一映射 $\boldsymbol{x}:[0,1]\to\mathbf{R}^n$ 使得 $\|f'(\boldsymbol{x})^{-1}\leqslant\beta\|$ 成立,且满足

$$\begin{cases} \boldsymbol{x}'(t) = -f'(\boldsymbol{x})^{-1}f(\boldsymbol{x}_0) \\ \boldsymbol{x}(t) = \boldsymbol{x}_0 \end{cases} \tag{3-33}$$

这个定理表明：在一般条件下，对于同伦 $H(t,\boldsymbol{x})=0$ 的解曲线存在且唯一。

3.2.4 基于同伦路径跟踪算法的观测条件方程组求解

对于仅测角观测方程(3-19)，构造牛顿同伦方程组：

$$H(t,\boldsymbol{x}) = f(\boldsymbol{x}) + (t-1)f(\boldsymbol{x}_0) = 0 \tag{3-34}$$

若映射 $\boldsymbol{x}:[0,1]\rightarrow\mathbf{R}^n$ 连续可导，且 H 对 $\boldsymbol{x}$、t 有连续的偏导数 $\partial_x H$ 和 $\partial_t H$，不妨定义 $\phi(t)=H(t,\boldsymbol{x}(t))$，且 ϕ 在 $[0,1]$ 上连续可导：

$$\phi'(t) = \partial_x H(t,\boldsymbol{x}(t))\boldsymbol{x}'(t) + \partial_t H(t,\boldsymbol{x}(t)) \ (\forall t\in[0,1]) \tag{3-35}$$

因为 $\boldsymbol{x}(t)$ 满足 $H(t,\boldsymbol{x}(t))=0$，故 $\forall t\in[0,1]$，有 $\phi'(t)=0$，于是 $\boldsymbol{x}(t)$ 满足微分方程组：

$$\partial_x H(t,\boldsymbol{x}(t))\boldsymbol{x}'(t) = -\partial_t H(t,\boldsymbol{x}(t)) \ (\forall t\in[0,1]) \tag{3-36}$$

反之，若 $\boldsymbol{x}(t)$ 是式(3-36)的解，并且有 $H(0,\boldsymbol{x}(0))=0$，即 $\phi(0)=0$，则根据中值定理[19]可得

$$\| H(t,\boldsymbol{x}(t)) \| = \| \phi(t) - \phi(0) \| \leqslant \sup_{0\leqslant s\leqslant t} \| \phi'(s) \| = 0 \tag{3-37}$$

由式(3-37)可知 $H(t,\boldsymbol{x}(t))=0$，即微分方程(3-36)在已知初始条件 $H(0,\boldsymbol{x}(0))=0$ 时的解为 $\boldsymbol{x}=\boldsymbol{x}(t)$，此即同伦方程组 $H(t,\boldsymbol{x}(t))=0$ 的一个解。因而可得：若 $\partial_x H(t,\boldsymbol{x}(t))$ 在 $[0,1]\times\mathbf{R}^n$ 上非奇异且 $H(0,\boldsymbol{x}(0))=0$，则同伦方程组 $H(t,\boldsymbol{x}(t))=0$ 的解 $\boldsymbol{x}=\boldsymbol{x}(t)$ 等价于求解微分方程组：

$$\begin{cases} \boldsymbol{x}'(t) = -\partial_x H^{-1}(t,\boldsymbol{x}(t)) \cdot \partial_t H(t,\boldsymbol{x}(t)) = -f'(\boldsymbol{x}(t))^{-1} \cdot f(\boldsymbol{x}_0) \\ \boldsymbol{x}(0) = \boldsymbol{x}_0 \end{cases} \tag{3-38}$$

可以采用欧拉预估牛顿校正法[20]求解微分方程组(3-38)：

(1) 从一条同伦路径的起始点 $(t_0,\boldsymbol{x}_0)$ 开始进行路径跟踪，先给同伦参数 $\boldsymbol{x}(t)$ 以小的增量，用欧拉法预估出同伦路径的下一个近似点 $(t_1,\tilde{\boldsymbol{x}}_1)$，即

$$\tilde{\boldsymbol{x}}_1 = \boldsymbol{x}_0 + \frac{\mathrm{d}\boldsymbol{x}}{\mathrm{d}t}\cdot(t_1-t_0) = \boldsymbol{x}_0 - f'(\boldsymbol{x}(t))^{-1}\cdot f(\boldsymbol{x}_0)\cdot(t_1-t_0) \tag{3-39}$$

(2) 用牛顿校正法对近似点 $(t_1,\tilde{\boldsymbol{x}}_1)$ 进行迭代校正得到精确点 $(t_1,\boldsymbol{x}_1)$，即

$$\boldsymbol{x}_1 = \tilde{\boldsymbol{x}}_1 - \partial_x H^{-1}(t,\boldsymbol{x}(t))H(t_1,\tilde{\boldsymbol{x}}_1) = \tilde{\boldsymbol{x}}_1 - f'(\boldsymbol{x}(t))^{-1}\cdot H(t_1,\tilde{\boldsymbol{x}}_1) \tag{3-40}$$

(3) 以 $(t_1,\boldsymbol{x}_1)$ 为起点进行下一轮的预估校正，直到 $t=1$ 为止。

需要指出，同伦路径算法存在不足：①跟踪步长经过若干次改变后，可能会

逐渐变小，导致跟踪速度下降，甚至计算失败。应该使步长在曲线平坦时，采用较大步长提高跟踪速度，在曲线起伏大时，采用较小步长以避免由于累计误差较大使所跟踪曲线滑向另一条，即所谓的路径跳跃，导致计算失败。②牛顿迭代终止判据简单，易出现由于判断失误使计算零点与真实零点相差较远而偏离跟踪路径，导致计算失败。针对这些不足，下面提出基于弧长参数的同伦路径跟踪改进算法。

3.2.5 基于弧长参数的同伦路径跟踪改进算法

由连续同伦算法可知，“0”是 $f(\boldsymbol{x})$ 的正则值，对于牛顿同伦方程组(3-34)，“0”同时是 H、∂H 的正则值，则 $H^{-1}(0)$ 是一维光滑流形。记 $H^{-1}(0)$ 中从点 $(0,\boldsymbol{x}_0)$ 出发的曲线为 $\boldsymbol{\lambda}(s)=(t(s),\boldsymbol{x}(s))$，$s$ 为弧长参数 $(0\leqslant s\leqslant s_0)$，$\boldsymbol{\lambda}(0)=(t(0),\boldsymbol{x}(0))=(0,\boldsymbol{x}_0)$。则微分方程组(3-38)转化为

$$\begin{cases}\partial_x H(t(s),\boldsymbol{x}(s))\cdot\dfrac{\partial\boldsymbol{x}(s)}{\partial s}+\partial_t H(t(s),\boldsymbol{x}(s))\cdot\dfrac{\partial t(s)}{\partial s}=0\\(t(0),\boldsymbol{x}(0))=(0,\boldsymbol{x}_0)\end{cases}\tag{3-41}$$

求解仅测角观测方程组就是从点 $(0,\boldsymbol{x}_0)$ 出发寻找上述微分方程初值问题的跟踪曲线 $\boldsymbol{\lambda}(s)$ 与超平面 $t=1$ 的交点。

1. 跟踪曲线的切矢量计算

矢量 $\boldsymbol{\lambda}(\boldsymbol{s})=(t(s),\boldsymbol{x}(s))\in\mathbf{R}^{n+1}$ 代表连续空间的一点，设同伦跟踪 $k(k\geqslant 1)$ 步后，$\lambda^k=\lambda(s_k)$ 为同伦路径曲线附近的一点，其中 s_k 是起始点到 $\boldsymbol{\lambda}^k$ 的弧长，则曲线在 s_k 处的单位切矢量 $\boldsymbol{v}^k$ 满足

$$\begin{cases}\dfrac{\partial H(\boldsymbol{\lambda}^k)}{\partial\boldsymbol{\lambda}}\cdot\boldsymbol{v}^k=\dfrac{\partial H(\boldsymbol{\lambda}^k)}{\partial\boldsymbol{\lambda}}\cdot\dfrac{\partial\boldsymbol{\lambda}^{\mathrm{T}}(s_k)}{\partial s}=0\\\|v^k\|_2=1\end{cases}\tag{3-42}$$

为使切矢量指向路径曲线弧长增加的方向，引入方向一致性准则：步长充分小时，s_k 处的切矢量 $\boldsymbol{v}^k$ 与 s_{k-1} 处的切矢量 $\boldsymbol{v}^{k-1}$ 的夹角小于90°。式(3-42)求解较为困难，以下给出单位切矢量 $\boldsymbol{v}^k$ 的数值解法[15]：

(1) 起始切矢量，当 $k=1$ 时，有

$$\left[\frac{\partial H(\boldsymbol{\lambda}^k)}{\partial\boldsymbol{\lambda}}\boldsymbol{e}^j\right]^{\mathrm{T}}\cdot v^k=\boldsymbol{e}^{n+1}\tag{3-43}$$

式中：$\boldsymbol{e}^j\in\mathbf{R}^{(n+1)\times 1}(1\leqslant j\leqslant n+1)$ 为第 j 列标准基矢量，第 j 个分量为1，其余皆为0。

如果 $(\boldsymbol{e}^j)^{\mathrm{T}}\cdot v^k\neq 0$，则方程(3-43)的解为单位切矢量 $\boldsymbol{v}^k=\boldsymbol{v}^k/\|v^k\|_2$。

(2) 当 $k>1$ 时，有

$$\left[\frac{\partial H(\lambda^k)}{\partial \lambda} \quad \boldsymbol{v}^{k-1}\right]^{\mathrm{T}} \cdot \boldsymbol{v}^k = e^{n+1} \tag{3-44}$$

如果$(\boldsymbol{v}^{k-1})^{\mathrm{T}} \cdot \boldsymbol{v}^k \neq 0$，则方程(3-44)的解为单位切矢量$\boldsymbol{v}^k = v^k / \| v^k \|_2$。此外，基于弧长参数的同伦路径跟踪法会遇到：①如果步长较大，在同伦曲线拐弯处($\dot{t}(s)=0$)就可能迷失方向；②当零点曲线相互之间靠的较近时，跟踪曲线可能会滑向另一条，从而导致计算失败。而通过控制单位切矢量$\boldsymbol{v}^k$可以解决上述问题。这里引入同伦曲线局部曲率 K 的定义[15]：

$$K = \lim_{\Delta s \to 0} \left| \frac{\Delta\theta}{\Delta s} \right| \tag{3-45}$$

式中：ΔS 为曲线上相邻两点间的弧长，$\Delta s \approx \| \boldsymbol{\lambda}(t(s_k), \boldsymbol{x}(s_k)) - \boldsymbol{\lambda}(t(s_{k-1}), \boldsymbol{x}(s_{k-1})) \|_2$；$\Delta\theta$ 为相邻两点的单位切矢量 v^k 与 v^{k-1} 所夹锐角，$\Delta\theta = \arccos \dfrac{(v^{k-1})^{\mathrm{T}} \cdot v^k}{\| v^{k-1} \|_2 \cdot \| v^k \|_2}$。

可以根据局部曲率 K 控制曲线步长：如果曲线局部曲率小于设定下限值，则步长增加 1 倍；如果曲线局部曲率大于设定上限值，则步长减小 1/2；若局部曲率在上、下限内，则保持原值。

2. 牛顿迭代终止判据

同伦路径跟踪算法的牛顿迭代终止判据为$\| H(\boldsymbol{\lambda}) \| < \delta$，而实际上，此判据有时并不合适，例如，迭代曲线仅仅与同伦曲线非常接近但不是真实零点，从而会导致判断失误。设z^*是 H 的一个零点，有$z = z^* + \Delta z$，$\| \Delta z \| < \delta$，则由中值定理可知

$$\| H(z) - H(z^*) \| \leqslant \max_{0 \leqslant \alpha \leqslant 1} \| \partial H(z + \alpha(z - z^*)) / \partial \boldsymbol{\lambda} \| \cdot \| z - z^* \| \tag{3-46}$$

则牛顿迭代终止判据为

$$\| H(\boldsymbol{\lambda}^k) \| \leqslant \beta \cdot \| \partial H(\boldsymbol{\lambda}^k) / \partial \boldsymbol{\lambda} \| \tag{3-47}$$

同时，由于牛顿迭代是局部收敛，若迭代点 $\boldsymbol{\lambda}^k$ 在收敛域内，牛顿迭代得到$\boldsymbol{\lambda}^{k+1}$应满足

$$\| H(\boldsymbol{\lambda}^k) \| > 10 \cdot \| H(\boldsymbol{\lambda}^{k+1}) \| \tag{3-48}$$

则牛顿迭代终止判据还需要配合步长控制以保证牛顿迭代值正确：对于每次牛顿迭代得到 $\boldsymbol{\lambda}^k$，判断式(3-48)是否成立。若不成立，进一步判断$\| \boldsymbol{\lambda}^{k+1} - \boldsymbol{\lambda}^k \|$是否在计算精度范围，不满足则将步长减半，重新计算 $\boldsymbol{\lambda}^k$，经过若干次减小步长以使$\boldsymbol{\lambda}^k$进入局部收敛域，再进行牛顿迭代终止判断。

3. 基于弧长参数的同伦路径预估－校正算法

基于同伦路径跟踪改进算法的仅测角观测方程组求解步骤如下：

(1) 已知观测平台对空间目标的3次观测时刻 τ_1、τ_2、τ_3,对应轨道为 $\boldsymbol{X}_{01}$、$\boldsymbol{X}_{02}$、$\boldsymbol{X}_{03}$,相应的角度测量数据为 β_1、ε_1、β_2、ε_2、β_3、ε_3。计算空间目标轨道的迭代初值 $\boldsymbol{X}_{T1}^0$,选择轨道动力学模型进行轨道数值积分(若为二体模型则采用改进拉普拉斯法,若为考虑摄动模型则采用有摄单位矢量法)。设定同伦路径步长及步长上下限 h_λ、h_{max}、h_{min},局部曲率上下限 K_{max}、K_{min} 和收敛精度 δ,轨道边界 X_{bound}。令 $t=0$,$t_{old}=t$,$\boldsymbol{X}_{old}(s_0)=\boldsymbol{X}_{T1}^0$,则有 $\lambda(t(s_0),\boldsymbol{X}_{old}(s_0))$。

(2) 取 $t(s_k)=\min(1,t(s_{k-1})+h)$,以 $\lambda(t(s_k),\boldsymbol{X}_{old}(s_k))$ 为起点,采用合适的摄动法积分空间目标轨道 $\boldsymbol{X}_{T1}$、$\boldsymbol{X}_{T2}$、$\boldsymbol{X}_{T3}$,若轨道动力学模型为二体模型则计算 f_1、g_1、f_2、g_2、f_3、g_3,若轨道动力学模型为考虑摄动模型则计算 f_1、g_1、h_1、f_2、g_2、h_2、f_3、g_3、h_3,将其与观测平台轨道及测角数据构成观测方程组(3-19)或方程组(3-31),并转化为牛顿同伦方程 $H(\lambda(t(s_k),\boldsymbol{X}_{old}(s_k)))$。

(3) 计算同伦路径曲线在 s_k 处的单位切矢量 v^k,进行欧拉预估:$\lambda(t(s_{k+1}),\tilde{\boldsymbol{X}}_{new}(s_{k+1}))=\lambda(t(s_k),\boldsymbol{X}_{old}(s_k))+v^k\cdot h_\lambda$。如果 $\|\tilde{\boldsymbol{X}}_{new}(s_{k+1})\|>X_{bound}$,则停止计算,重新选取轨道初值 $\boldsymbol{X}_{T1}^0$,转入(1);否则转入(4)。

(4) 进行牛顿校正:$\lambda^{k+1}=\lambda(t(s_{k+1}),\boldsymbol{X}_{new}(s_{k+1}))=\lambda(t(s_{k+1}),\tilde{\boldsymbol{X}}_{new}(s_{k+1}))+\Delta\lambda^{k+1}$。如果 $\|H(\lambda^{k+1})\|\leqslant\delta\cdot\|\partial H(\lambda^{k+1})/\partial\lambda\|$,$\|H(\lambda^k)\|>10\cdot\|H(\lambda^{k+1})\|$,转入(5);如果 $\|H(\lambda^{k+1})\|>\delta\cdot\|\partial H(\lambda^{k+1})/\partial\lambda\|$,$\|H(\lambda^k)\|>10\cdot\|H(\lambda^{k+1})\|$,令 $\tilde{\boldsymbol{X}}_{new}=\boldsymbol{X}_{new}$,重复(4);如果 $\|H(\lambda^{k+1})\|>\delta\cdot\|\partial H(\lambda^{k+1})/\partial\lambda\|$,$\|H(\lambda^k)\|\leqslant10\cdot\|H(\lambda^{k+1})\|$,令 $h_\lambda=h_\lambda/2$,重新计算(3)。

(5) 计算曲线局部曲率 K,根据其调整步长:如果 $K<K_{min}$,$h_\lambda=h_\lambda\times2$,$K>K_{max}$,$h_\lambda=h_\lambda/2$;令 $h_\lambda=\min(h_\lambda,h_{max})$,如果 $h_\lambda<h_{min}$,则停止计算,转入(1),重新选取轨道初值 $\boldsymbol{X}_{T1}^0$,否则转入(6)。

(6) 存储路径点:$t_{old}(s_{k+1})=t(s_{k+1})$,$\boldsymbol{X}_{old}(s_{k+1})=\boldsymbol{X}_{new}(s_{k+1})$,令 $k=k+1$。如果 $|t-1|<\delta$,则得到空间目标初始轨道 $\boldsymbol{X}_{T1}=\boldsymbol{X}_{new}$ 并输出,停止计算;否则,转向(2)。

3.2.6 双星立体观测下空间目标的初轨确定方法

1. 双星观测条件下基于同伦路径跟踪的初定轨方法

设有 m 个时刻观测双星对空间目标的测角数据:t_i、β_{1i}、ε_{1i}、β_{2i}、ε_{2i}($i=0,1,2,\cdots,m-1$)和观测双星位置矢量 $\boldsymbol{R}_{O1i}=[X_{1i},Y_{1i},Z_{1i}]^T$,$\boldsymbol{R}_{O2i}=[X_{2i},Y_{2i},Z_{2i}]^T$,则 t_i 时刻观测双星分别对空间目标观测视线的方向余弦 $\boldsymbol{\rho}_{1i}^*(a_{1i},b_{1i},c_{1i})$、$\boldsymbol{\rho}_{2i}^*(a_{2i},$

b_{2i}, c_{2i})为

$$\begin{cases} a_{1i} = \cos\varepsilon_{1i}\cos\beta_{1i}, b_{1i} = \cos\varepsilon_{1i}\sin\beta_{1i}, c_{1i} = \sin\varepsilon_{1i} \\ a_{2i} = \cos\varepsilon_{2i}\cos\beta_{2i}, b_{2i} = \cos\varepsilon_{2i}\sin\beta_{2i}, c_{2i} = \sin\varepsilon_{2i} \end{cases} \tag{3-49}$$

则由几何关系 $\boldsymbol{r}_i = \rho_i \rho_i^* + \boldsymbol{R}_i$ 和考虑摄动的单位矢量法的力学关系 $\boldsymbol{r}_i = f_i \cdot \boldsymbol{r}_0 + g_i \cdot \dot{\boldsymbol{r}}_0 + h_i \cdot \boldsymbol{W}_0$ 可得

$$\begin{cases} f_i \cdot \boldsymbol{r}_0 + g_i \cdot \dot{\boldsymbol{r}}_0 + h_i \cdot \boldsymbol{W}_0 = \rho_{1i}\boldsymbol{\rho}_{1i}^* + \boldsymbol{R}_{O1i} \\ f_i \cdot \boldsymbol{r}_0 + g_i \cdot \dot{\boldsymbol{r}}_0 + h_i \cdot \boldsymbol{W}_0 = \rho_{2i}\boldsymbol{\rho}_{2i}^* + \boldsymbol{R}_{O2i} \end{cases} \tag{3-50}$$

选取3个观测时刻数据(包括初始轨道 $\boldsymbol{r}_0$、$\dot{\boldsymbol{r}}_0$ 对应的观测时刻 t_0),根据式(3-50)可以得到双星观测条件下的天基仅测角观测方程组:

$$f(\boldsymbol{X}_{T0}) = \boldsymbol{H}(\boldsymbol{X}_{T0}) - \boldsymbol{Y} - \xi = 0 \tag{3-51}$$

双星观测方程组(3-51)有12个独立的方程,只有6个未知参数(空间目标在 t_0 时刻的状态矢量 $\boldsymbol{X}_{T0}$),为冗余方程组。为提高初定轨精度和有效性,考虑到有摄轨道计算 f_1、g_1、h_1、f_2、g_2、h_2 存在偏差,不妨将偏差修正值 $\Delta\boldsymbol{L} = [\Delta f_1, \Delta g_1, \Delta h_1, \Delta f_2, \Delta g_2, \Delta h_2]^{\mathrm{T}}$ 作为未知待估参数与状态矢量 $\boldsymbol{X}_{T0}$ 一起进行迭代求解。令 $\boldsymbol{X}_0 = [\boldsymbol{X}_{T0}^{\mathrm{T}}, \Delta\boldsymbol{L}^{\mathrm{T}}]^{\mathrm{T}}$,则双星观测条件方程组(3-51)可以写为

$$f(\boldsymbol{X}_0) = \boldsymbol{H}(\boldsymbol{X}_0) - \boldsymbol{Y} = 0 \tag{3-52}$$

方程组(3-52)有12个独立方程和12个未知参数 X_0,可以得到方程组的解。构造牛顿同伦方程组:

$$H(t, X_0) = f(X_0) + (t-1) f(X_0^0) = 0 \tag{3-53}$$

从而可以利用基于同伦路径跟踪改进算法对双星观测条件下的天基仅测角观测方程组进行求解。

2. 双星编队对空间目标交会测量模型

双星编队对空间目标交会测量示意图如图3-2所示。

如图3-2所示,以双星编队的主星SatO1(点 O)为坐标系原点建立空间目标SatT(点 T)交会测量坐标系,X 轴为双星编队的辅星SatO2(点 S)与SatO1的连线,Y 轴在编队轨道平面内过坐标原点垂直于 X 轴,Z 轴满足右手法则。设空间目标 T 在 XY 平面的投影为点 P,主星SatO1测得空间目标 T 的方位角 β_1 和俯仰角 ε_1,辅星SatO2测得空间目标 T 的方位角 β_2 和俯仰角 ε_2。主星SatO1在ECI坐标系的位置矢量 $\boldsymbol{R}_{O1} = [X_1, Y_1, Z_1]^{\mathrm{T}}$,辅星SatO2在ECI坐标系的位置矢量 $\boldsymbol{R}_{O2} = [X_2, Y_2, Z_2]^{\mathrm{T}}$,空间目标SatT在ECI坐标系的位置矢量 $\boldsymbol{r}_{\mathrm{T}} = [x_1, y_1, z_1]^{\mathrm{T}}$。

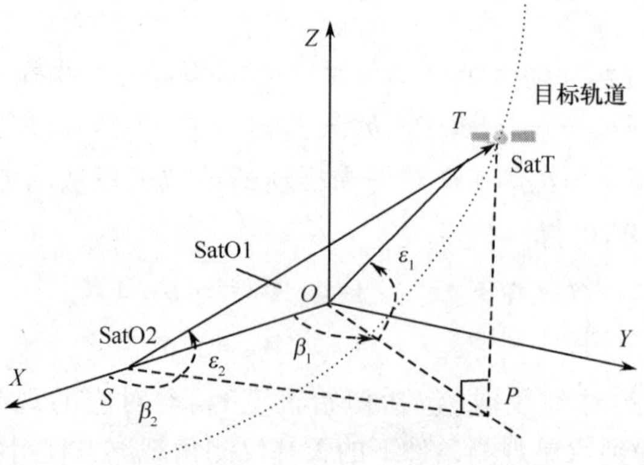

图 3-2　空间目标交会测量原理示意图

则主星 SatO1 与辅星 SatO2 的距离为

$$|OS| = \sqrt{(X_1 - X_2)^2 + (Y_1 - Y_2)^2 + (Z_1 - Z_2)^2}$$

主星 SatO1 与空间目标 SatT 的距离为

$$|OT| = \sqrt{(X_1 - x_1)^2 + (Y_1 - y_1)^2 + (Z_1 - z_1)^2}$$

从而$|OP| = |OT| \cdot \cos\varepsilon_1$。在$\triangle OSP$中,根据正弦定理有

$$|OP|/\sin(\pi - \beta_2) = |OS|/\sin(\beta_1 + \beta_2)$$

可得

$$|OT| = \frac{|OS| \cdot \sin\beta_2}{\sin(\beta_1 + \beta_2)\cos\varepsilon_1} \tag{3-54}$$

令$|OS| = L$, $|OT| = R_T$,空间目标在交会测量坐标系中的坐标为

$$x_T = R_T\cos\varepsilon_1\cos\beta_1, y_T = R_T\cos\varepsilon_1\sin\beta_1, z_T = R_T\sin\varepsilon_1$$

由此可知,空间目标的定位精度直接取决于主辅星的基线长度和角度测量精度,而定位精度和测量精度的关系可以通过下述误差传播分析得到[21]。

设主辅星的基线长度L的测量中误差为m_L,角度测量值ε_1、β_1、β_2的测量中误差分别为m_{ε_1}、m_{β_1}、m_{β_2},对式(3-54)先取对数再取全微分,得

$$\frac{dR_T}{R_T} = \frac{dL}{L} + \tan\varepsilon_1 \cdot d\varepsilon_1 + [\cot\beta_2 - \cot(\beta_1 + \beta_2)]d\beta_2 - \cot(\beta_1 + \beta_2)d\beta_1 \tag{3-55}$$

应用协方差传播律[21],空间目标相对位置长度R_T的中误差m_{R_T}的平方为

$$m_{R_T}^2 = R_T^2 \cdot \{m_L^2/L^2 + \tan^2\varepsilon_1 \cdot m_{\varepsilon_1}^2 + [\cot\beta_2 - \cot(\beta_1 + \beta_2)]^2 m_{\beta_2}^2 - \cot^2(\beta_1 + \beta_2)m_{\beta_1}^2\} \tag{3-56}$$

而空间目标相对位置误差为

$$m_{\mathrm{T}}=\sqrt{m_{R_{\mathrm{T}}}^{2}+R_{\mathrm{T}}^{2}\cdot m_{\varepsilon_1}^{2}+R_{\mathrm{T}}^{2}\cos\varepsilon_1\cdot m_{\beta_1}^{2}} \tag{3-57}$$

3. 基于同伦最小二乘估计的双星观测初定轨方法

观测条件方程组中引入双星编队对空间目标交会测量方程构造“立体测距值”，增加一定的“约束”，可以改善其收敛特性，同时避免方程组两数相减产生的精度损失问题，提高初定轨精度和解算成功率。式(3-54)可以写成

$$\begin{aligned}&(X_1-x_1)^2+(Y_1-y_1)^2+(Z_1-z_1)^2\\&=\frac{[(X_1-X_2)^2+(Y_1-Y_2)^2+(Z_1-Z_2)^2]\cdot\sin^2\beta_2}{\sin^2(\beta_1+\beta_2)\cos^2\varepsilon_1}\end{aligned} \tag{3-58}$$

从而构造“立体测距值”R_{T}，作为任一观测历元 t_i 的第 3 个“冗余”方程，与拉普拉斯观测方程一起组成观测条件方程组。选取 m 个观测时刻角度测量数据，可以得到双星观测条件下仅测角初定轨的观测条件方程组：

$$\boldsymbol{Y}=\boldsymbol{F}(\boldsymbol{X}_{\mathrm{T0}}) \tag{3-59}$$

式中：

$\boldsymbol{X}_{\mathrm{T0}}=[\boldsymbol{r}_0,\dot{\boldsymbol{r}}_0]^{\mathrm{T}}=[x_0,y_0,z_0,\dot{x}_0,\dot{y}_0,\dot{z}_0]^{\mathrm{T}}$ 为空间目标在历元 t_0 的状态矢量；

$$\boldsymbol{Y}_{5m\times1}=\begin{bmatrix}c_{11}X_{11}-a_{11}Z_{11}\\c_{11}Y_{11}-b_{11}Z_{11}\\c_{21}X_{21}-a_{21}Z_{21}\\c_{21}Y_{21}-b_{21}Z_{21}\\L_1^2\cdot\sin^2\beta_{21}/\sin^2(\beta_{11}+\beta_{21})\cos^2\varepsilon_{11}\\\cdots\\c_{1m}X_{1m}-a_{1m}Z_{1m}\\c_{1m}Y_{1m}-b_{1m}Z_{1m}\\c_{2m}X_{2m}-a_{2m}Z_{2m}\\c_{2m}Y_{2m}-b_{2m}Z_{2m}\\L_m^2\cdot\sin^2\beta_{2m}/\sin^2(\beta_{1m}+\beta_{2m})\cos^2\varepsilon_{1m}\end{bmatrix}$$

$$L_1^2=[(X_{11}-X_{21})^2+(Y_{11}-Y_{21})^2+(Z_{11}-Z_{21})^2]$$

$$L_m^2=[(X_{1m}-X_{2m})^2+(Y_{1m}-Y_{2m})^2+(Z_{1m}-Z_{2m})^2]$$

$$
\boldsymbol{F}(\boldsymbol{X}_{\text{T0}})=\begin{bmatrix}
f_1c_{11}x_0-f_1a_{11}z_0+g_1c_{11}\dot{x}_0-g_1a_{11}\dot{z}_0+h_1c_{11}W_{0x}-h_1a_{11}W_{0z}\\
f_1c_{11}y_0-f_1b_{11}z_0+g_1c_{11}\dot{y}_0-g_1b_{11}\dot{z}_0+h_1c_{11}W_{0y}-h_1b_{11}W_{0z}\\
f_1c_{21}x_0-f_1a_{21}z_0+g_1c_{21}\dot{x}_0-g_1a_{21}\dot{z}_0+h_1c_{21}W_{0x}-h_1a_{21}W_{0z}\\
f_1c_{21}y_0-f_1b_{21}z_0+g_1c_{21}\dot{y}_0-g_1b_{21}\dot{z}_0+h_1c_{21}W_{0y}-h_1b_{21}W_{0z}\\
(f_1x_0+g_1\dot{x}_0+h_1W_{0x}-X_{11})^2+(f_1y_0+g_1\dot{y}_0+h_1W_{0y}-Y_{11})^2+\\
(f_1z_0+g_1\dot{z}_0+h_1W_{0z}-Z_{11})^2\\
\cdots\\
f_mc_{1m}x_0-f_ma_{1m}z_0+g_mc_{1m}\dot{x}_0-g_ma_{1m}\dot{z}_0+h_mc_{1m}W_{0x}-h_ma_{1m}W_{0z}\\
f_mc_{1m}y_0-f_mb_{1m}z_0+g_mc_{1m}\dot{y}_0-g_mb_{1m}\dot{z}_0+h_mc_{1m}W_{0y}-h_mb_{1m}W_{0z}\\
f_mc_{2m}x_0-f_ma_{2m}z_0+g_mc_{2m}\dot{x}_0-g_ma_{2m}\dot{z}_0+h_mc_{2m}W_{0x}-h_ma_{2m}W_{0z}\\
f_mc_{2m}y_0-f_mb_{2m}z_0+g_mc_{2m}\dot{y}_0-g_mb_{2m}\dot{z}_0+h_mc_{2m}W_{0y}-h_mb_{2m}W_{0z}\\
(f_mx_0+g_m\dot{x}_0+h_mW_{0x}-X_{1m})^2+(f_my_0+g_m\dot{y}_0+h_mW_{0y}-Y_{1m})^2+\\
(f_mz_0+g_m\dot{z}_0+h_mW_{0z}-Z_{1m})^2
\end{bmatrix}
$$

$$\boldsymbol{W}_0=[W_{0x},W_{0y},W_{0z}]^{\text{T}}=[y_0\dot{z}_0-z_0\dot{y}_0,z_0\dot{x}_0-x_0\dot{z}_0,x_0\dot{y}_0-y_0\dot{x}_0]^{\text{T}}$$

若初始轨道的状态矢量 $\boldsymbol{X}_{\text{T0}}^*=[x_0^*,y_0^*,z_0^*,\dot{x}_0^*,\dot{y}_0^*,\dot{z}_0^*]^{\text{T}}$ 与实际轨道足够接近,则有

$$\boldsymbol{Y}=\boldsymbol{F}(\boldsymbol{X}_{\text{T0}}^*)+\xi \tag{3-60}$$

式中:ξ 为观测误差。

按照非线性最小二乘原理得

$$J(\boldsymbol{X}_{\text{T0}}^*)=\xi^{\text{T}}\boldsymbol{W}\xi=(\boldsymbol{F}(\boldsymbol{X}_{\text{T0}}^*)-\boldsymbol{Y})^{\text{T}}\boldsymbol{W}(\boldsymbol{F}(\boldsymbol{X}_{\text{T0}}^*)-\boldsymbol{Y})=\min \tag{3-61}$$

式中:$\boldsymbol{W}$ 为权系数矩阵。

将 $J(\boldsymbol{X}_{\text{T0}}^*)$ 对 $\boldsymbol{X}_{\text{T0}}^*$ 求一阶导数,并令其等于0,可得[22]

$$\frac{\partial\xi^{\text{T}}\boldsymbol{W}\xi}{\partial\boldsymbol{X}_{\text{T0}}^*}=2\left(\frac{\partial\boldsymbol{F}(\boldsymbol{X}_{\text{T0}}^*)}{\partial\boldsymbol{X}_{\text{T0}}^*}\right)^{\text{T}}\boldsymbol{W}(\boldsymbol{F}(\boldsymbol{X}_{\text{T0}}^*)-\boldsymbol{Y})=0 \tag{3-62}$$

则有非线性方程组:

$$f(\boldsymbol{X}_{\text{T0}}^*)=\left(\frac{\partial\boldsymbol{F}(\boldsymbol{X}_{\text{T0}}^*)}{\partial\boldsymbol{X}_{\text{T0}}^*}\right)^{\text{T}}\boldsymbol{W}(\boldsymbol{F}(\boldsymbol{X}_{\text{T0}}^*)-\boldsymbol{Y})=0 \tag{3-63}$$

由于方程个数与待求解矢量 $\boldsymbol{X}_{\text{T0}}^*$ 维数一致,可以构造牛顿同伦方程组:

$$H(t,\boldsymbol{X}_{\text{T0}}^*)=f(\boldsymbol{X}_{\text{T0}}^*)+(t-1)f(\boldsymbol{X}_{\text{T0}}^0)=0 \tag{3-64}$$

式中:$\boldsymbol{X}_{\text{T0}}^0$ 为 $\boldsymbol{X}_{\text{T0}}^*$ 的迭代初值。

从而可以采用基于弧长参数的同伦路径算法求解观测条件方程组(3-59)。

3.2.7　仿真算例与分析

1. 单星观测下天基仅测角初定轨仿真算例

仿真设定观测平台 SatO 和空间目标 SatT1、SatT2、SatT3 的参考历元和轨道根数仍采用表 3 - 1 给出的参数。

利用 STK 仿真生成观测平台和空间目标的轨道数据作为标称轨道(轨道动力学模型考虑 30×30 阶地球引力场、日月摄动、大气阻力和太阳光压),考虑地球遮挡及观测太阳相角限制,观测弧段为 2011 年 1 月 1 日 12:0:0～24:0:0,由 STK 的 Access 模块可获得观测弧段内观测平台 SatO 对空间目标 SatT1、SatT2、SatT3 的可见情况,见表 3 - 4。

表 3 - 4　观测平台对空间目标的可见时长

目标	可见弧段数	最大可见时长/h	最小可见时长/h	可见总时长/h	平均可见时长/h
SatT1	2	7.0	1.0	8.0	4.0
SatT2	9	2.04	1.35	16.92	1.88
SatT3	10	1.93	0.27	16.74	1.67

根据不同空间目标的可见时段情况,均选择 0.2h 的连续观测时段,观测间隔为 120s,选取 3 个观测点数据。设计 3 个场景:Case1,SatO 对 SatT1 观测;Case2,SatO 对 SatT2 观测;Case3,SatO 对 SatT3 观测。设 SatT1 的初始误差为位置各向 20km 和速度各向 10m/s,SatT2、SatT3 的初始误差均为位置各向 50km 和速度各向 20m/s,视线测量随机误差分别取 30μrad、70μrad,采用考虑摄动的单位矢量法,分别进行 100 次蒙特卡洛初定轨仿真。

设同伦路径步长及上、下限分别为 $h_\lambda = 0.05$,$h_{max} = 0.1$,$h_{min} = 0.0001$,局部曲率上、下限为 $K_{max} = 0.5$,$K_{min} = 0.05$ 和收敛精度 $\delta = 7 \times 10^{-3}$,轨道边界 $X_{bound} = 100\text{km}$,最大迭代次数为 500 次。仿真结果见表 3 - 5。

表 3 - 5　基于同伦路径跟踪算法的初定轨结果

算例	数据类型	观测误差/μrad	a/km	e	i/(°)	Ω/(°)	ω/(°)	M/(°)	K/%	N
Case1	迭代初值	—	7989.613	0.0999	50.275	159.91	49.732	0.30	—	—
	终值 1	30	8003.616	0.1004	49.999	159.99	50.023	0.02	98	13
	终值 2	70	8007.823	0.1008	50.005	160.0	50.002	0.01	98	13
Case2	迭代初值	—	38972.459	0.2003	40.261	160.13	50.351	359.5	—	—
	终值 1	30	38981.186	0.1997	39.996	159.99	50.086	0.01	98	15
	终值 2	70	39032.003	0.2006	40.014	160.0	49.730	0.12	98	15

（续）

算例	数据类型	观测误差/μrad	a/km	e	i/(°)	Ω/(°)	ω/(°)	M/(°)	K/%	N
Case3	迭代初值	—	39943.752	0.0090	30.094	159.99	30.935	354.0	—	—
	终值 1	30	40004.242	0.0102	29.997	159.99	22.890	2.11	95	22
	终值 2	70	39967.922	0.0101	30.014	160.01	46.303	348.0	95	23
注：K 为算法的解算成功率；N 为解算成功的平均迭代次数										

将空间目标初定轨结果与标称轨道比较可知：SatT1、SatT2 的初定轨精度较好，解算成功率较高；而 SatT3 初定轨精度相对较差，解算成功率相对较低，这是由于 SatO 对 SatT3 的观测几何构形相对较差，可观测性评价因子（GOP）较小。

为了分析迭代初值对同伦路径跟踪改进算法的迭代速度和收敛情况的影响，以 Case1 和 Case2 为例，图 3－3 给出了该算法在设定不同迭代初值的情况下（空间目标的初始速度误差各向为 10m/s，视线测量误差取 30μrad），初定轨迭代求解过程。

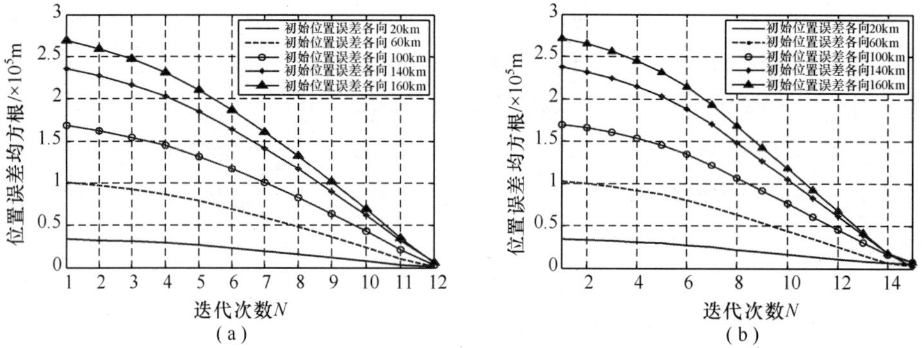

图 3－3　同伦路径跟踪改进算法的迭代求解过程
（a）Case1；（b）Case2。

由图（3－3）可知，对于空间目标 SatT1 和 SatT2，同伦路径跟踪改进算法对迭代初值的选取没有太严格限制，均能较好的收敛，解算成功率高，求解速度也相对较快。说明该算法具有大范围收敛性，可以克服传统迭代法仅局部收敛的弱点，具有较高的计算精度和可靠性。

2. 双星观测下天基仅测角初定轨仿真算例

设双星编队 SatO1、SatO2 与空间目标 SatT1、SatT3 的轨道根数见表 3－1，轨道历元为 2011 年 1 月 1 日 12:0:0。

由 STK 的 Access 模块可获得观测弧段内双星编队 SatO1、SatO2 对空间目标 SatT1、SatT3 的可见情况，见表 3－6。

表3-6　观测平台对空间目标的可见时段

观测场景	可见弧段数	最大可见时长/h	最小可见时长/h	可见总时长/h	平均可见时长/h
SatO1 观测 SatT1	2	3.855	1.622	5.477	2.738
SatO2 观测 SatT1	3	4.300	0.666	6.498	2.166
SatO1 观测 SatT3	5	1.848	1.680	8.402	1.680
SatO2 观测 SatT3	5	1.937	1.072	8.788	1.758

1）基于同伦路径跟踪的双星观测初定轨算例

根据不同空间目标的可见时段情况，均选择0.2h的连续观测时段，观测间隔为120s，选取3个观测点数据。设计两个仿真场景：Case1，双星编队SatO1、SatO2同时对SatT1观测；Case2，双星编队SatO1、SatO2同时对SatT3观测。设SatT1的初始误差为位置各向20km和速度各向20m/s，SatT3的初始误差为位置各向50km和速度各向20m/s，f_1、g_1、h_1、f_2、g_2、h_2的偏差修正值 $\Delta\boldsymbol{L}=[10^{-4},10^{-4},10^{-7},10^{-4},10^{-4},10^{-7}]^{\mathrm{T}}$，视线测量随机误差分别取30μrad、70μrad，采用考虑摄动的单位矢量法，分别进行100次蒙特卡洛初定轨仿真。设同伦路径步长及上、下限分别为 $h_\lambda=0.03$，$h_{\max}=0.05$，$h_{\min}=0.0001$，局部曲率上、下限为 $K_{\max}=0.5$，$K_{\min}=0.05$ 和收敛精度 $\delta=3\times10^{-2}$，轨道边界 $X_{\text{bound}}=100\text{km}$，最大迭代次数为500次。仿真结果见表3-7。

表3-7　基于同伦路径跟踪的双星观测初定轨结果

算例	数据类型	观测误差/μrad	a/km	e	i/(°)	Ω/(°)	ω/(°)	M/(°)	K/%	N
Case1	迭代初值	—	7981.164	0.0989	50.213	159.80	49.514	0.675	—	—
	终值1	30	8001.453	0.1002	50.021	160.02	50.065	359.92	100	152
	—	—	偏差修正值的估值 $\Delta\boldsymbol{L}=[0\quad 0.02\quad 0\quad 0\quad 0.0577\quad 0]^{\mathrm{T}}$							
	终值2	70	8001.797	0.1002	50.017	160.02	50.154	359.82	99	152
		—	偏差修正值的估值 $\Delta\boldsymbol{L}=[0\quad -0.0552\quad 0\quad 0\quad 0.2976\quad 0]^{\mathrm{T}}$							
Case2	迭代初值	—	39880.72	0.0082	30.169	159.91	36.599	348.45	—	—
	终值1	30	39961.10	0.0091	30.123	160.11	32.889	352.01	97	182
	—	—	偏差修正值的估值 $\Delta\boldsymbol{L}=[0\quad 0.0508\quad 0\quad 0.0001\quad 0.1429\quad 0]^{\mathrm{T}}$							
	终值2	70	39970.46	0.0092	30.124	160.1	32.797	352.11	96	188
	—	—	偏差修正值的估值 $\Delta\boldsymbol{L}=[-0.0002\quad -0.1656\quad 0\quad -0.0001\quad -0.0076\quad 0]^{\mathrm{T}}$							

注：K为算法的解算成功率；N为解算成功的迭代次数

由表3-7可知，相对于单星观测初定轨，双星观测初定轨方法有效修正了

f_1、g_1、h_1、f_2、g_2、h_2的偏差，使仿真结果更接近于空间目标的标称轨道，并且解算成功率有一定提高，不过解算成功的迭代次数也有所增加。这是因为双星观测虽然改善了对空间目标的观测几何构形，使得条件观测方程组的收敛特性有所改进，定轨精度和解算成功率有一定的提高；但是由于双星观测的条件方程组维数相对较大，且引入了f_1、g_1、h_1、f_2、g_2、h_2的偏差修正值 $\boldsymbol{\Delta L}$ 作为待求量，解算成功的迭代次数和计算量会相应的增加。

为了分析迭代初值对双星观测初定轨方法的迭代收敛的影响，图 3-4 给出了该算法在设定不同迭代初值的情况下（初始速度误差各向为 20m/s，视线测量误差取 30μrad），初定轨的迭代求解过程。

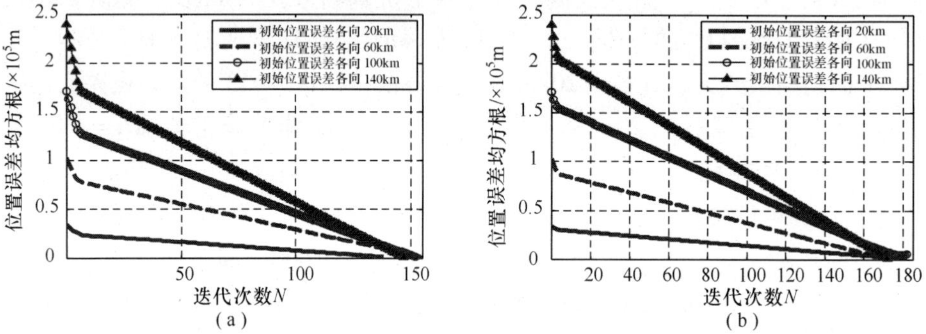

图 3-4　基于同伦路径跟踪的双星观测初定轨迭代求解过程

（a）Casel；（b）Case2。

由图 3-4 可知，对于空间目标 SatT1 和 SatT3，基于同伦路径跟踪的双星观测初定轨对迭代初值的选取没有太严格限制，均能实现较好的迭代收敛，并且求解过程中位置误差均方根下降趋势平缓。

2）基于同伦非线性最小二乘估计的双星观测初定轨算例

对于冗余观测数据下的初定轨问题，可以采用基于牛顿同伦路径跟踪的非线性最小二乘估计方法求解冗余观测条件下的超定非线性方程组。根据不同空间目标的可见时段情况，选择 1h 的连续观测时段，观测间隔为 120s。设目标 SatT1 的初始误差为位置各向 20km 和速度各向 10m/s，目标 SatT3 的初始误差为位置各向 50km 和速度各向 20m/s，视线测量随机误差分别取 30μrad、70μrad，采用考虑摄动的单位矢量法，分别进行 100 次蒙特卡洛初定轨仿真。

设同伦路径步长及上、下限分别为 $h_\lambda = 0.01$，$h_{\max} = 0.05$，$h_{\min} = 0.0001$，局部曲率上、下限为 $K_{\max} = 0.5$，$K_{\min} = 0.05$ 和收敛精度 $\delta = 9 \times 10^{-3}$，轨道边界 $X_{\text{bound}} = 100\text{km}$，最大迭代次数为 500 次，仿真结果见表 3-8。

表3-8　基于同伦非线性最小二乘估计的双星观测初定轨结果

算例	数据类型	观测误差/μrad	a/km	e	i/(°)	Ω/(°)	ω/(°)	M/(°)	K/%	N
Case1	迭代初值	—	7981.875	0.0991	50.210	159.7	49.414	0.670	—	—
	终值1	30	8001.003	0.1001	50.001	160.0	49.905	359.0	100	52
	终值2	70	8005.001	0.1002	50.003	160.0	49.980	0.05	100	52
Case3	迭代初值		39880.70	0.0081	30.189	159.6	36.01	348.5	—	—
	终值1	30	39979.08	0.0098	30.106	160.5	32.899	356.0	100	56
	终值2	70	39970.97	0.0092	30.121	160.5	32.968	352.1	100	56
注:K为算法的解算成功率;N为解算成功的迭代次数										

由表3-8可知,相对于基于同伦路径跟踪的双星观测初定轨方法,基于同伦非线性最小二乘估计的双星观测初定轨方法得到的初定轨精度有进一步提高,其解算成功率可以达到100%,并且解算成功的迭代次数有所减少。这是由于该方法采用了双星对空间目标的冗余观测数据,引入了双星对空间目标交会测量方程作为“立体测距值”以增加“约束”,明显改善了条件观测方程组的收敛特性,同时避免观测条件方程组两数相减产生的精度损失,从而提高了初定轨精度和解算成功率。

参考文献

[1] 刘磊. 基于天基监视的空间目标测向初轨确定研究[D]. 长沙:国防科学技术大学, 2009.

[2] Yoshikawaa M, Kawaguchia J, Yamakawa H. Summary of the Orbit Determination of NOZOMI Spacecraft for All the Mission Period[J]. Acta Astronautica, 2005, 57:510-519.

[3] 刘林,廖新浩. 人卫长弧定轨中的摄动计算问题[J]. 天文学报, 1993, 34(4):411-422.

[4] 程云鹏. 矩阵论[M]. 西安:西北工业大学出版社, 2000.

[5] Moulton F R. An Introduction to Celestial Mechanics[M]. New York: The Macmillan Co., 1914.

[6] Stephen G N, Ariela S. Linear and Nonlinear Programming[M]. New York: The McGraw-Hill Book Companies, Inc., 1996.

[7] 袁亚湘,孙文瑜. 最优化理论与方法[M]. 北京:科学出版社, 1997.

[8] 张玉祥. 人造卫星测轨方法[M]. 北京:国防工业出版社, 2007.

[9] 陆本魁,李剑峰,马静远. 一种有摄初轨计算的单位矢量法[J]. 宇航学报, 1999, 20(1):14-20.

[10] Tapley B D, Schutz B E, Born G H. Statistical Orbit Determination[M]. Burlington: Elsevier Academic Press, 2004.

[11] Yoon J C, Lee B S. Geostationary Orbit Determination for Time Synchronization Using Analytical Dynamic Models[J]. IEEE Trans Aero Elec Sys 2004, 40(4):1132-1146.

[12] 陈务深,陆本魁,马静远. 单位矢量法的数学模型(MMUVM)及其简化形式(PUVMI)的迭代法的收敛性[J]. 天文学报, 2007, 48(3):343-354.

[13] 陈务深,马静远,掌静,等. 基于矢量斜分解系数的近似状态转移矩阵及在轨道确定中的应用[J]. 中国科学(G辑), 2009, 39(11):1164-1670.

[14] Layne T W. Numerical Linear Algebra Aspects of Globally Convergent Homotopy Methods[R]. The University of Michigan Technical, 1986.

[15] 王则柯,高堂安. 同伦方法引论[M]. 重庆:重庆出版社, 1990.

[16] Waybum T L, Seader J D. Homotopy Continuation Methods for Computer-aided process design[J]. Computers & Chemical Engineering, 1987, 11(1):7-25.

[17] 李霞. 非线性方程组的同伦算法及应用[D]. 秦皇岛:燕山大学, 2005.

[18] 李庆扬,莫孜中,祁力群. 非线性方程组的数值解法[M]. 北京:科学出版社, 1987.

[19] 张丽琴,王家映,严德天. 稳定的同伦路径跟踪算法及其应用[J]. 石油地球物理勘探, 2004, 39(5):515-518.

[20] Choi S H. A Robust Path Tracking Algorithm for Homotopy Continuation[J]. Computers & Chemical Engineering, 1996, 20:647-655.

[21] 魏克让. 空间数据的误差处理[M]. 北京:科学出版社, 2003.

[22] 陶本藻,张勤. GPS非线性数据处理的同伦最小二乘模型[J]. 武汉大学学报(信息科学版), 2003, 28(特刊):115-118.

第4章 基于天基仅测角信息的跟踪滤波算法

4.1 天基仅测角跟踪的可观测性与误差特性

由于空间目标在轨运动的状态方程是状态变量的隐函数形式,且系统状态方程和观测方程均为非线性,因此,天基仅测角跟踪的可观测问题应该在非线性领域中研究。但是在非线性领域,主流的系统可观测性分析是基于李代数(Lie Algebra),这种分析方法较为复杂且所得到的结果不直观,而在线性系统理论中,可观测性具有明确、清晰的定义[1,2]。经典的被动跟踪系统可观测分析是将非线性系统转变为线性系统,再直接利用线性系统的可观测理论进行分析,即对可观测矩阵进行相关分析得出可观测条件[3,4]。Aidala 等提出将直角坐标系转换到利于可观性分析的修正极坐标系,将非线性测量方程线性化,进而推导系统可观测条件[5];Goshen 等提出基于线性时变系统的分段定常假设,通过将全局可观测矩阵转换为局部可观测矩阵,从而得到系统可观测条件[6]。上述近似化的处理虽然便于利用线性系统可观测理论,但是局限于系统微分方程的线性化且结构及参数需精确已知,无法深刻解析非线性系统内部结构[7]。

本章依据以微分几何为基础的非线性控制系统可观性理论[8],结合天基仅测角跟踪系统的状态方程和测量方程,提出天基仅测角跟踪系统的可观测性分析方法,并引入跟踪滤波误差下限与系统可观测度,结合仿真结果对影响系统可观测度的因素进行分析。

4.1.1 非线性控制系统可观性定理

对于具有多输出($\boldsymbol{y}=[y_1,\cdots,y_s]^{\mathrm{T}}$)的非线性控制系统[8]:

$$\begin{cases}\dot{\boldsymbol{x}} = \boldsymbol{f}(\boldsymbol{x}) + q_0(\boldsymbol{x},\boldsymbol{u}) + \sum_{i=1}^{p}\theta_i q_i(\boldsymbol{x},\boldsymbol{u}) \\ \boldsymbol{y} = \boldsymbol{H}(\boldsymbol{x}) = [h_1(\boldsymbol{x}),\cdots,h_s(\boldsymbol{x})]^{\mathrm{T}}\end{cases} \quad \boldsymbol{x}\in\mathbf{R}^n,\boldsymbol{u}\in\mathbf{R}^m \tag{4-1}$$

式中:$\boldsymbol{f}$ 为一个光滑矢量场,$\boldsymbol{f}(0)=0$,$q_i(\boldsymbol{x},\boldsymbol{u})$ $(0\leqslant i\leqslant p)$ 是光滑函数,且 $q_i(\boldsymbol{x},0)=0$;$h_1,\cdots,h_s$ 为光滑函数,且 $h_i(0)=0(0\leqslant i\leqslant s)$,$\mathrm{d}h_1,\cdots,\mathrm{d}h_s$ 在 $\mathbf{R}^n$ 中是

线性无关的。

为便于进行可观测性分析，在天基仅测角跟踪系统中，式(4-1)所示的微分方程可定义为状态微分方程，即状态模型，多输出矢量 $\boldsymbol{y}=\boldsymbol{H}(\boldsymbol{x})$ 为测量矢量，即测量模型。

定理 4.1[8]　令 $\boldsymbol{u}=0,\theta_i=0(0\leqslant i\leqslant p)$，非线性系统(4-1)可以简化为

$$\begin{cases}\dot{\boldsymbol{x}}=\boldsymbol{f}(\boldsymbol{x})(\boldsymbol{x}\in\mathbf{R}^n)\\ y_i=h_i(\boldsymbol{x})(0\leqslant i\leqslant s)\end{cases}\tag{4-2}$$

按照如下方式唯一确定可观性指数集[7]：

$$\{k_1,\cdots,k_s\},\quad k_i=\mathrm{card}\{s_j\geqslant i:j\geqslant 0,0\leqslant i\leqslant s\}\tag{4-3}$$

式中

$s_0=\mathrm{rank}\{\mathrm{d}h_i(\boldsymbol{x}):0\leqslant i\leqslant s\}$

$s_k=\mathrm{rank}\{\mathrm{d}h_i(\boldsymbol{x}),\cdots,\mathrm{d}(L_f^k h_i(\boldsymbol{x})):0\leqslant i\leqslant s\}-\mathrm{rank}\{\mathrm{d}h_i(\boldsymbol{x}),\cdots,\mathrm{d}(L_f^{k-1}h_i(\boldsymbol{x})):0\leqslant i\leqslant s\}$

$s_{n-1}=\mathrm{rank}\{\mathrm{d}h_i(\boldsymbol{x}),\cdots,\mathrm{d}(L_f^{n-1}h_i(\boldsymbol{x})):0\leqslant i\leqslant s\}-\mathrm{rank}\{\mathrm{d}h_i(\boldsymbol{x}),\cdots,\mathrm{d}(L_f^{n-2}h_i(\boldsymbol{x})):0\leqslant i\leqslant s\}$

$\mathrm{card}\{s_j\geqslant i:j\geqslant 0,0\leqslant i\leqslant s\}$ 表示满足条件 $s_j\geqslant i$ 的 s_j 个数；

$\mathrm{d}h(\boldsymbol{x})$ 为函数 $h(\boldsymbol{x})$ 对矢量 $\boldsymbol{x}$ 的全微分，$\mathrm{d}h(x)=\dfrac{\partial h}{\partial x_1}\mathrm{d}x_1+\cdots\dfrac{\partial h}{\partial x_n}\mathrm{d}x_n$；

$L_f h$ 为函数 $h(\boldsymbol{x})$ 沿着矢量场 $\boldsymbol{f}$ 的 Lie 导数[8]，$L_f h(t)=\sum\limits_{i=1}^{n}f_i(t)(\partial h/\partial x_i)(t)$，$L_f^k h=L_f(L_f^{k-1}h)$。

如果对于所有 $\boldsymbol{x}\in\mathbf{R}^n$，有

$$\mathrm{rank}\{\mathrm{d}h_i(\boldsymbol{x}),\cdots,\mathrm{d}(L_f^{k_i-1}h_i(\boldsymbol{x})):0\leqslant i\leqslant s\}=n$$

则称非线性系统(4-1)在 $\mathbf{R}^n$ 上是可观的。

4.1.2　一般条件下相对动力学方程

从某种意义上说，单个观测平台对目标仅测角跟踪系统可以视为广义的编队卫星系统。由于轨道摄动的影响，该系统为非惯性运动系统，其拉格朗日函数[9]为

$$L=T-V-V_{\mathrm{I}}\tag{4-4}$$

式中：T 为系统相对动能；V 为系统的相对势能；V_{I} 为广义惯性力的广义势。

对于单个观测平台与目标组成的系统，其自由度为 3，从而系统的运动状态可以用 3 自由度的矢量 $\boldsymbol{\rho}$ 表示。在以观测平台质心为原点的相对运动坐标系 $o-xyz$ 中，系统的相对动能可以表示为[10]

$$T=\frac{1}{2}m(\dot{\rho}+\omega\times\rho)^2 \tag{4-5}$$

式中：$\boldsymbol{\rho}=[x,y,z]^{\mathrm{T}}$，$\dot{\boldsymbol{\rho}}=[\dot{x},\dot{y},\dot{z}]^{\mathrm{T}}$ 分别为空间目标在 $o-xyz$ 坐标系的相对位置、速度矢量；$\boldsymbol{\omega}=[\omega_x,\omega_y,\omega_z]^{\mathrm{T}}$ 为坐标系 $o-xyz$ 相对于 ECI 坐标系 $O-XYZ$ 的角速度矢量。

相对运动坐标系引起的系统广义惯性力由观测平台的加速度矢量 $\boldsymbol{a}_{\mathrm{c}}$ 确定，则系统的广义势和相对势能分别为

$$V_{\mathrm{I}}=m\boldsymbol{\rho}\cdot\boldsymbol{a}_{\mathrm{c}} \tag{4-6}$$

$$V=mV(\boldsymbol{r},\rho,t)-mV(\boldsymbol{r},t) \tag{4-7}$$

式中：$\boldsymbol{r}=[X,Y,Z]^{\mathrm{T}}$ 为观测平台在 ECI 坐标系 $O-XYZ$ 中的位置矢量；$\boldsymbol{V}(\boldsymbol{r},t)$ 为观测平台的势能函数；$\boldsymbol{V}(\boldsymbol{r},\rho,t)$ 为空间目标的势能函数。

则系统的拉格朗日函数可以表示为

$$L=\frac{1}{2}m(\dot{\boldsymbol{\rho}}+\boldsymbol{\omega}\times\boldsymbol{\rho})^2-m\boldsymbol{\rho}\cdot\boldsymbol{a}_{\mathrm{c}}-mV(\boldsymbol{r},\boldsymbol{\rho},t)+mV(\boldsymbol{r},t) \tag{4-8}$$

式中：$\boldsymbol{\omega}=[0,0,n(1+e\cos f)^2\cdot(1-e^2)^{-1.5}]^{\mathrm{T}}$ 为 $o-xyz$ 坐标系相对于 $O-XYZ$ 坐标系的角速度矢量。

由拉格朗日方程可知，观测平台和空间目标的相对动力学方程可表示为[10,11]

$$\frac{\mathrm{d}}{\mathrm{d}t}\left(\frac{\partial L}{\partial\dot{\rho}}\right)-\frac{\partial L}{\partial\boldsymbol{\rho}}=\boldsymbol{F} \tag{4-9}$$

式中：$\boldsymbol{F}=[F_x,F_y,F_z]^{\mathrm{T}}$ 为未知函数表达式的轨道摄动力矢量。

将式(4-8)代入式(4-9)，经过整理，得到相对动力学方程在相对运动坐标系中的标量表达式为

$$\begin{cases}\ddot{x}-\dot{\omega}_z y-2\omega_z\dot{y}-\omega_z^2x+\omega_x\omega_z z=F_x/m-a_{\mathrm{c}x}-\partial V(r,\rho,t)/\partial x\\ \ddot{y}-\dot{\omega}_z x-\dot{\omega}_x z+2\omega_z^2\dot{x}-(\omega_z^2+\omega_x^2)y=F_y/m-a_{\mathrm{c}y}-\partial V(r,\rho,t)/\partial y\\ \ddot{z}+\dot{\omega}_x y+2\omega_x\dot{y}+\omega_x\omega_z x-\omega_x^2z=F_z/m-a_{\mathrm{c}z}-\partial V(r,\rho,t)/\partial z\end{cases} \tag{4-10}$$

式中：$\ddot{\rho}=[\ddot{x},\ddot{y},\ddot{z}]^{\mathrm{T}}$ 为空间目标在相对运动坐标系的相对加速度矢量；

$\dot{\boldsymbol{\omega}}=[\dot{\omega}_x,\dot{\omega}_y,\dot{\omega}_z]^{\mathrm{T}}$ 为 $o-xyz$ 坐标系相对于 $O-XYZ$ 坐标系的角速度变化率矢量。

由于轨道摄动并不影响可观测本质，为便于分析，可以简化相对动力学方程。则在相对运动坐标系 $o-xyz$ 中，二体引力作用下的相对运动方程为[12]

$$\begin{cases}\ddot{x}-\dot{\omega}_z\boldsymbol{y}-2\omega_z\dot{y}-\omega_z^2x+\omega_x\omega_zz=-a_{0x}-\partial V(\boldsymbol{r},\boldsymbol{\rho},t)/\partial x\\ \ddot{y}-\dot{\omega}_z\boldsymbol{x}-\dot{\omega}_xz+2\omega_z^2\dot{x}-(\omega_z^2+\omega_x^2)y=-a_{0y}-\partial V(\boldsymbol{r},\boldsymbol{\rho},t)/\partial y\\ \ddot{z}+\dot{\omega}_x\boldsymbol{y}+2\omega_x\dot{y}+\omega_x\omega_zx-\omega_x^2z=-a_{0z}-\partial V(\boldsymbol{r},\boldsymbol{\rho},t)/\partial z\end{cases}\tag{4-11}$$

式中：$n=\sqrt{\mu/a^3}$为航天器的平均运动角速度，μ 为地球引力常数；a、e、f 分别为卫星轨道长半轴、偏心率、近地点角；$\boldsymbol{a}_0=[a_{0x},a_{0y},a_{0z}]^{\mathrm{T}}$ 为相对运动坐标系 $o-xyz$ 原点的加速度矢量。

式(4-11)适用于观测平台和空间目标为任意椭圆轨道，仅在二体引力作用下非线性相对运动且它们之间距离没有限制[12]。当观测平台轨道为近圆轨道时，方程(4-11)可做适当简化：观测平台的轨道角速度矢量 $\boldsymbol{\omega}=[0,0,n]^{\mathrm{T}}$，相对运动坐标系原点的加速度矢量 $\boldsymbol{a}_0=[-\mu/a^2,0,0]^{\mathrm{T}}$，空间目标的势能函数 $V(\boldsymbol{r},\boldsymbol{\rho},t)=-\mu\cdot[(a+x_1)^2+x_2^2+x_3^2]^{-0.5}$。设系统的状态矢量 $\boldsymbol{x}=[x_1,x_2,x_3,x_4,x_5,x_6]^{\mathrm{T}}$，记 $x_1=x,x_2=y,x_3=z,x_4=\dot{x},x_5=\dot{y},x_6=\dot{z}$，则相对动力学状态空间方程为

$$\begin{cases}\dot{x}_1=x_4,\dot{x}_2=x_5,\dot{x}_3=x_6\\ \dot{x}_4=2nx_5+n^2x_1+\mu a^{-2}-\mu\cdot(a+x_1)[(a+x_1)^2+x_2^2+x_3^2]^{-1.5}\\ \dot{x}_5=-2nx_4+n^2x_2-\mu\cdot x_2[(a+x_1)^2+x_2^2+x_3^2]^{-1.5}\\ \dot{x}_6=-\mu x_3[(a+x_1)^2+x_2^2+x_3^2]^{-1.5}\end{cases}\tag{4-12}$$

4.1.3 单星对空间目标仅测角跟踪可观测性分析

设空间目标在观测卫星的轨道坐标系相对位置矢量 $\boldsymbol{\rho}_k=[x(k),y(k),z(k)]^{\mathrm{T}}$。观测时刻 k，观测平台对空间目标的观测矢量可以定义为

$$\boldsymbol{y}(k)=[\beta_k,\varepsilon_k]^{\mathrm{T}}=\boldsymbol{h}(\boldsymbol{x}(k))\tag{4-13}$$

则单个观测平台对空间目标仅测角观测矢量为

$$y_1=h_1(\boldsymbol{x})=\arctan(x_2/x_1),y_2=h_2(\boldsymbol{x})=\arctan(x_3(x_1x_1+x_2x_2)^{-0.5})$$

为了研究空间目标仅测角跟踪系统的可观测性，将相对动力学状态方程(4-12)做适当简化，设 $x_1\neq0$，根据定理4.1，令

$$f=x_4\frac{\partial}{\partial\boldsymbol{x}_1}+x_5\frac{\partial}{\partial x_2}+x_6\frac{\partial}{\partial x_3}+\left(2nx_5+n^2x_1-\frac{(a+x_1)}{[(a+x_1)^2+x_2^2+x_3^2]^{1.5}}\right)\frac{\partial}{\partial x_4}$$
$$\left(-2nx_4+n^2x_2-\frac{x_2}{[(a+x_1)^2+x_2^2+x_3^2]^{1.5}}\right)\frac{\partial}{\partial x_5}-\frac{x_3}{[(a+x_1)^2+x_2^2+x_3^2]^{1.5}}\frac{\partial}{\partial x_6}\tag{4-14}$$

$$h_1=\arctan(x_2/x_1),h_2=\arctan(x_3(x_1x_1+x_2x_2)^{-0.5})\tag{4-15}$$

计算得到(由于 $d(L_f^2h_1)$,$d(L_f^2h_2)$ 的表达式比较复杂,为避免书写过于冗长,这里没有给出)

$$dh_1 = -x_2(x_1^2+x_2^2)^{-1}dx_1 + x_1(x_1^2+x_2^2)^{-1}dx_2 \tag{4-16}$$

$$\begin{aligned}dh_2 =& -x_1x_3(x_1^2+x_2^2)^{-0.5}(x_1^2+x_2^2+x_3^2)^{-1}dx_1\\&-x_2x_3(x_1^2+x_2^2)^{-0.5}(x_1^2+x_2^2+x_3^2)^{-1}dx_2\\&+(x_1^2+x_2^2)^{0.5}(x_1^2+x_2^2+x_3^2)^{-1}dx_3\end{aligned} \tag{4-17}$$

$$\begin{aligned}d(L_fh_1) =& (2x_1x_2x_4 - x_1^2x_5 + x_2^2x_5)(x_1^2+x_2^2)^{-2}dx_1\\&+(x_2^2x_4 - 2x_1x_2x_5 - x_1^2x_4)(x_1^2+x_2^2)^{-2}dx_2\\&-x_2\cdot(x_1^2+x_2^2)^{-1}dx_4 + x_1(x_1^2+x_2^2)^{-1}dx_5\end{aligned} \tag{4-18}$$

$$\begin{aligned}d(L_fh_2) =& [x_1x_2x_3x_5(3x_1^2+3x_2^2+x_3^2) - x_3x_4(x_2^4 - 2x_1^4 - x_1^2x_2^2 + x_2^2x_3^2)\\&-x_1x_6(x_1^2+x_2^2)(x_1^2+x_2^2-x_3^2)]\\&\cdot(x_1^2+x_2^2)^{-1.5}(x_1^2+x_2^2+x_3^2)^{-2}dx_1 + (x_1^2+x_2^2)^{-1.5}(x_1^2+x_2^2+x_3^2)^{-2}\\&\cdot[x_1x_2x_3x_4(3x_1^2+3x_2^2+x_3^2) - x_3x_5(x_1^4 - 2x_2^4 - x_1^2x_2^2 + x_1^2x_3^2)\\&-x_2x_6(x_1^2+x_2^2)(x_1^2+x_2^2-x_3^2)]dx_2\\&-[(x_1^2+x_2^2-x_3^2)(x_1x_4+x_2x_5) + 2x_3x_6(x_1^2+x_2^2)](x_1^2+\\&x_2^2)^{-0.5}(x_1^2+x_2^2+x_3^2)^{-2}dx_3 - x_1x_3(x_1^2+x_2^2)^{-0.5}\\&\cdot(x_1^2+x_2^2+x_3^2)^{-1}dx_4 - x_2x_3(x_1^2+x_2^2)^{-0.5}(x_1^2+x_2^2+x_3^2)^{-1}dx_5\\&+(x_1^2+x_2^2)^{0.5}(x_1^2+x_2^2+x_3^2)^{-1}dx_6\end{aligned} \tag{4-19}$$

对于 $x_1 \neq 0$,有

$$s_0 = \text{rank}\{dh_1, dh_2\} = 2, s_1 = \text{rank}\{dh_1, d(L_fh_1), dh_2, d(L_fh_2)\} - \text{rank}\{dh_1, dh_2\} = 2$$

$$\begin{aligned}s_2 =& \text{rank}\{dh_1, d(L_fh_1), d(L_f^2h_1), dh_2, d(L_fh_2), d(L_f^2h_2)\}\\&-\text{rank}\{dh_1, d(L_fh_1), dh_2, d(L_fh_2)\} = 2, s_3 = s_4 = 0\end{aligned}$$

则可观性指数为[8] $k_1 = 3$, $k_2 = 3$,由于对于 $x_1 \neq 0$ 的任意状态矢量 $\boldsymbol{x} \in \mathbf{R}^{6\times 1}$,有

$$\text{rank}\{dh_1, d(L_fh_1), d(L_f^2h_1), dh_2, d(L_fh_2), d(L_f^2h_2)\} = 6 \tag{4-20}$$

根据定理4.1可得:仅在二体引力作用下,近圆轨道运行的单个观测平台对空间目标的仅测角跟踪是可观测的。此结论可以推广到考虑轨道摄动的情况。而对于椭圆轨道运行的观测平台,其相对动力学模型为非线性时变系统[13],定理4.1不适用,有待进一步研究其可观测性。

4.1.4 跟踪滤波误差下限与系统可观测度

对于非线性滤波问题,难以得到最优滤波的闭合解析解,一般通过近似的次优滤波算法来描述非线性滤波[14]。由于无法获得闭合解析解,实际应用中可以

通过计算均方误差下限来评估非线性滤波精度[15]。未知参数矢量的无偏估计下限一般用 CRLB 来描述,其定义为 Fisher 信息阵的逆矩阵[16]。

由前面理论分析可知:单星对空间目标的仅测角跟踪是可观测的,但是只能以“是”或“否”的方式定性地给出系统可观测性,而无法反映系统可观测性强弱和测量噪声对跟踪定轨的影响程度,因此有必要进一步分析天基仅测角跟踪系统的可观测度。已有的系统可观测度确定方法主要有计算可观测矩阵条件数法和综合考虑可观测矩阵的特征值与特征矢量法,但是实际应用中不易获得特征值与特征矢量,并且系统可观测度表达式无法反映测量噪声对跟踪定轨的影响[1]。

1. 跟踪滤波误差下限分析

对于不确定性动力学运动,可以采用验后 Cramer - Rao 下限(PCRLB)给出目标状态的递推贝叶斯估计误差的统计平均下限。获取 PCRLB 具有一定的难度,这是因为计算 Fisher 信息阵必须同时考虑测量扰动和状态不确定性的影响[15]。

天基仅测角跟踪系统可以由如下离散非线性模型表示:

$$\boldsymbol{x}_{k+1}=\boldsymbol{f}(\boldsymbol{x}_k)+\boldsymbol{w}_k \tag{4-21}$$

$$\boldsymbol{y}_{k+1}=\boldsymbol{h}(\boldsymbol{x}_{k+1})+\boldsymbol{v}_{k+1} \tag{4-22}$$

式中:$\boldsymbol{x}_k$为 n 维系统状态矢量;$\boldsymbol{y}_k$为 m 维测量矢量;$\boldsymbol{w}_k$为 n 维系统过程噪声矢量;$\boldsymbol{v}_k$为 m 维测量噪声矢量。$\boldsymbol{w}_k$、$\boldsymbol{v}_k$相互独立,均为加性高斯白噪声。

设基于观测矢量 $\boldsymbol{y}_k$,状态矢量 $\boldsymbol{x}_k$的无偏估计 $\hat{\boldsymbol{x}}_k$,其估计误差的 PCRLB 可以定义为系统验后 Fisher 信息阵 $\boldsymbol{J}_k$的倒数[17]:

$$\boldsymbol{P}=E[(\boldsymbol{x}_k-\hat{\boldsymbol{x}}_k)(\boldsymbol{x}_k-\hat{\boldsymbol{x}}_k)^{\mathrm{T}}]\geqslant(\boldsymbol{J}_k)^{-1} \tag{4-23}$$

从而 $\boldsymbol{P}-(\boldsymbol{J}_k)^{-1}$是一个半正定矩阵。若 $\boldsymbol{x}_k$为未知随机矢量,则系统验后 Fisher 信息阵表示为[17]

$$\boldsymbol{J}_k=E\left[-\frac{\partial^2\ln p(\boldsymbol{y}_k,\boldsymbol{x}_k)}{\partial\boldsymbol{x}_k^2}\right] \tag{4-24}$$

式中:$p(\boldsymbol{y}_k,\boldsymbol{x}_k)$为 $\boldsymbol{y}_k$、$\boldsymbol{x}_k$的联合概率密度函数。

由于 $p(\boldsymbol{y}_k,\boldsymbol{x}_k)=p(\boldsymbol{y}_k|\boldsymbol{x}_k)p(\boldsymbol{x}_k)$,Fisher 信息阵可以分解为 $\boldsymbol{J}_k=\boldsymbol{J}_{\mathrm{M}}+\boldsymbol{J}_{\mathrm{P}}$,其中 $\boldsymbol{J}_{\mathrm{M}}$反映的是测量信息,$\boldsymbol{J}_{\mathrm{P}}$反映的是先验信息,其表达式分别为

$$\boldsymbol{J}_{\mathrm{M}}=E\left[-\frac{\partial^2\ln p(\boldsymbol{y}_k|\boldsymbol{x}_k)}{\partial\boldsymbol{x}_k^2}\right] \tag{4-25}$$

$$\boldsymbol{J}_{\mathrm{P}}=E\left[-\frac{\partial^2\ln p(\boldsymbol{x}_k)}{\partial\boldsymbol{x}_k^2}\right] \tag{4-26}$$

状态矢量 $\boldsymbol{x}_k$ 的验后 Fisher 信息阵符合类似 Riccati 递推方程[18]：

$$\boldsymbol{J}_{k+1}=\boldsymbol{D}_k^{22}-\boldsymbol{D}_k^{21}(\boldsymbol{J}_k+\boldsymbol{D}_k^{11})^{-1}\boldsymbol{D}_k^{12} \tag{4-27}$$

式中

$$\boldsymbol{D}_k^{11}=E\{-\partial^2[\ln p(\boldsymbol{x}_{k+1}|\boldsymbol{x}_k)]/\partial\boldsymbol{x}_k^2\}$$

$$\boldsymbol{D}_k^{12}=E\{-\partial^2[\ln p(\boldsymbol{x}_{k+1}|\boldsymbol{x}_k)]/[\partial\boldsymbol{x}_k\partial\boldsymbol{x}_{k+1}]\}=(\boldsymbol{D}_k^{21})^{\mathrm{T}}$$

$$\boldsymbol{D}_k^{22}=E\{-\partial^2[\ln p(\boldsymbol{x}_{k+1}|\boldsymbol{x}_k)]/\partial\boldsymbol{x}_{k+1}^2\}+E\{-\partial^2[\ln p(\boldsymbol{y}_{k+1}|\boldsymbol{x}_{k+1})]/\partial\boldsymbol{x}_{k+1}^2\}$$

对于初始 Fisher 信息阵可以由先验概率密度函数 $p(\boldsymbol{x}_0)$ 计算，即

$$\boldsymbol{J}_0=E\{-\partial^2[\ln p(\boldsymbol{x}_0)]/\partial\boldsymbol{x}_0^2\}$$

若已知噪声 $\boldsymbol{w}_k$、$\boldsymbol{v}_k$ 的统计特性为

$$E[\boldsymbol{w}_k]=0,\mathrm{cov}[\boldsymbol{w}_k\boldsymbol{w}_j^{\mathrm{T}}]=\boldsymbol{Q}_k\delta_{kj},E[\boldsymbol{v}_k]=0,\mathrm{cov}[\boldsymbol{v}_k\boldsymbol{v}_j^{\mathrm{T}}]=\boldsymbol{R}_k\delta_{kj}$$

则有

$$-\ln p(\boldsymbol{x}_{k+1}|\boldsymbol{x}_k)=c_1+0.5[\boldsymbol{x}_{k+1}-\boldsymbol{f}(\boldsymbol{x}_k)]^{\mathrm{T}}\boldsymbol{Q}_k^{-1}[\boldsymbol{x}_{k+1}-\boldsymbol{f}(\boldsymbol{x}_k)] \tag{4-28}$$

$$-\ln p(\boldsymbol{y}_{k+1}|\boldsymbol{x}_{k+1})=c_2+0.5[\boldsymbol{y}_{k+1}-\boldsymbol{h}(\boldsymbol{x}_{k+1})]^{\mathrm{T}}R_{k+1}^{-1}[\boldsymbol{y}_{k+1}-\boldsymbol{h}(\boldsymbol{x}_{k+1})] \tag{4-29}$$

式中：c_1、c_2 为常数项。

验后 Fisher 信息阵的递推方程中的 $\boldsymbol{D}_k^{11}$、$\boldsymbol{D}_k^{12}$、$\boldsymbol{D}_k^{21}$、$\boldsymbol{D}_k^{22}$ 可由下列公式计算[19]：

$$\boldsymbol{D}_k^{11}=E\{[\partial\boldsymbol{f}^{\mathrm{T}}(\boldsymbol{x}_k)/\partial\boldsymbol{x}_k]\boldsymbol{Q}_k^{-1}[\partial\boldsymbol{f}^{\mathrm{T}}(\boldsymbol{x}_k)/\partial\boldsymbol{x}_k]^{\mathrm{T}}\} \tag{4-30}$$

$$\boldsymbol{D}_k^{12}=-E\{[\partial\boldsymbol{f}^{\mathrm{T}}(\boldsymbol{x}_k)/\partial\boldsymbol{x}_k]\boldsymbol{Q}_k^{-1}\}=(\boldsymbol{D}_k^{21})^{\mathrm{T}} \tag{4-31}$$

$$\boldsymbol{D}_k^{22}=\boldsymbol{Q}_k^{-1}+E\{[\partial\boldsymbol{h}^{\mathrm{T}}(\boldsymbol{x}_{k+1})/\partial\boldsymbol{x}_{k+1}]\boldsymbol{R}_{k+1}^{-1}[\partial\boldsymbol{h}^{\mathrm{T}}(\boldsymbol{x}_{k+1})/\partial\boldsymbol{x}_{k+1}]^{\mathrm{T}}\} \tag{4-32}$$

注：在实际应用中，获取状态估计误差的 PCRLB 较为困难的是计算数学期望 $E\{\cdot\}$，一般采用蒙特卡洛积分方法进行求解[19]。

若将非线性系统线性化，可以利用 EKF 算法求解状态估计误差的 PCRLB，以避免计算数学期望 $E\{\cdot\}$[20]。式(4-21)和式(4-22)可以线性化为

$$\boldsymbol{x}_{k+1}=\boldsymbol{F}_k\boldsymbol{x}_k+\boldsymbol{w}_k \tag{4-33}$$

$$\boldsymbol{y}_{k+1}=\boldsymbol{H}_{k+1}\boldsymbol{x}_{k+1}+\boldsymbol{v}_{k+1} \tag{4-34}$$

式中：$\boldsymbol{F}_k=[\partial\boldsymbol{f}(x)/\partial\boldsymbol{x}]_{x=\boldsymbol{x}_k}$，$\boldsymbol{H}_{k+1}=[\partial\boldsymbol{h}(\boldsymbol{x})/\partial\boldsymbol{x}]_{x=\boldsymbol{x}_{k+1}}$。

验后 Fisher 信息阵的递推方程中的 $\boldsymbol{D}_k^{11}$、$\boldsymbol{D}_k^{12}$、$\boldsymbol{D}_k^{21}$、$\boldsymbol{D}_k^{22}$ 可由下列公式计算[21]：

$$\boldsymbol{D}_k^{11}=\boldsymbol{F}_k^{\mathrm{T}}\boldsymbol{Q}_k^{-1}\boldsymbol{F}_k \tag{4-35}$$

$$\boldsymbol{D}_k^{12}=-\boldsymbol{F}_k^{\mathrm{T}}\boldsymbol{Q}_k^{-1}=(\boldsymbol{D}_k^{21})^{\mathrm{T}} \tag{4-36}$$

$$\boldsymbol{D}_k^{22}=\boldsymbol{Q}_k^{-1}+\boldsymbol{H}_{k+1}^{\mathrm{T}}\cdot\boldsymbol{R}_{k+1}^{-1}\cdot\boldsymbol{H}_{k+1} \tag{4-37}$$

则验后 Fisher 信息阵的递推方程为[22]

$$\begin{aligned}\boldsymbol{J}_{k+1}&=\boldsymbol{Q}_k^{-1}+\boldsymbol{H}_{k+1}^{\mathrm{T}}\cdot\boldsymbol{R}_{k+1}^{-1}\cdot\boldsymbol{H}_{k+1}-\boldsymbol{Q}_k^{-1}\boldsymbol{F}_k(\boldsymbol{J}_k+\boldsymbol{F}_k^{\mathrm{T}}\boldsymbol{Q}_k^{-1}\boldsymbol{F}_k)^{-1}\boldsymbol{F}_k^{\mathrm{T}}\boldsymbol{Q}_k^{-1}\\&=(\boldsymbol{Q}_k+\boldsymbol{F}_k\boldsymbol{J}_k^{-1}\boldsymbol{F}_k^{\mathrm{T}})^{-1}+\boldsymbol{H}_{k+1}^{\mathrm{T}}\cdot\boldsymbol{R}_{k+1}^{-1}\cdot\boldsymbol{H}_{k+1}\end{aligned} \tag{4-38}$$

对于初始的验后 Fisher 信息阵，若有先验信息，则 $\boldsymbol{J}_0=\boldsymbol{P}_0^{-1}$；若无先验信息，则 $\boldsymbol{J}_0=0$。

2. 系统可观测度分析

基于 CRLB 理论，引入状态误差超椭球体积来表示非线性系统可观测度[1]。对于式(4-21)和式(4-22)，历元 t_k 的任意给定状态 $\boldsymbol{x}_k$，若存在正整数 N 使得历元 t_k 之前的 N 个观测值 $\boldsymbol{y}_{k-N+1},\cdots,\boldsymbol{y}_{k-1},\boldsymbol{y}_k$ 可以唯一确定 $\boldsymbol{x}_k$，即矩阵

$$\boldsymbol{\Gamma}_{k-N+1,k}=\begin{bmatrix}\boldsymbol{H}_{k-N+1}\boldsymbol{\Phi}_{k-N+1,k}\\ \cdots\\ \boldsymbol{H}_{k-1}\boldsymbol{\Phi}_{k-1,k}\\ \boldsymbol{H}_k\end{bmatrix}\tag{4-39}$$

式中：$\boldsymbol{\Phi}_{j,k}=\partial \boldsymbol{f}_j(\boldsymbol{x}_j)/\partial \boldsymbol{x}_k$，$\boldsymbol{H}_k=[\partial \boldsymbol{h}(\boldsymbol{x})/\partial \boldsymbol{x}]_{\boldsymbol{x}=\boldsymbol{x}_k}$。

若 $\boldsymbol{\Gamma}_{k-N+1,k}$ 可逆，则称该系统在历元 t_k 可观测[20]。

由观测方程 $\boldsymbol{y}_k=\boldsymbol{h}(\boldsymbol{x}_k)$ 可得状态 $\boldsymbol{x}_k$ 的一阶近似解为

$$\boldsymbol{x}_k=\boldsymbol{x}_k^0+\boldsymbol{\Gamma}_{k-N+1,k}^{-1}[\boldsymbol{y}-\boldsymbol{h}(\boldsymbol{x}_k^0)]\tag{4-40}$$

式中：$\boldsymbol{y}=[\boldsymbol{y}_{k-N+1}^{\mathrm{T}},\cdots,\boldsymbol{y}_{k-1}^{\mathrm{T}},\boldsymbol{y}_k^{\mathrm{T}}]^{\mathrm{T}}$；$\boldsymbol{h}(\boldsymbol{x}_k)=[\boldsymbol{h}_{k-N+1}^{\mathrm{T}}(\boldsymbol{x}_{k-N+1}),\cdots,\boldsymbol{h}_k^{\mathrm{T}}(\boldsymbol{x}_k)]^{\mathrm{T}}$；$\boldsymbol{x}_k^0$ 为 $\boldsymbol{x}_k$ 的初始状态。

由式(4-40)可知，矩阵 $\boldsymbol{\Gamma}_{k-N+1,k}$ 的奇异性可以反映系统可观测性强弱，若 $\boldsymbol{\Gamma}_{k-N+1,k}$ 接近奇异或病态，则系统可观测性较弱。若 $\boldsymbol{x}_k^0$ 为状态 $\boldsymbol{x}_k$ 真值，则 $\boldsymbol{\Gamma}_{k-N+1,k}^{-1}$ 反映了状态偏差 $|\boldsymbol{x}_k-\boldsymbol{x}_k^0|$ 受测量噪声 $\boldsymbol{y}-\boldsymbol{h}(\boldsymbol{x}_k^0)$ 影响的灵敏度。设测量噪声协方差矩阵 $\boldsymbol{R}=\mathrm{diag}(\boldsymbol{R}_{k-N+1},\cdots,\boldsymbol{R}_k)$，则状态估计协方差矩阵为

$$\mathrm{cov}(\boldsymbol{x}_k-\boldsymbol{x}_k^0)=\boldsymbol{\Gamma}_{k-N+1,k}^{\mathrm{T}}\boldsymbol{R}^{-1}\boldsymbol{\Gamma}_{k-N+1,k}$$

从而可以将 $\boldsymbol{\Gamma}_{k-N+1,k}^{\mathrm{T}}\boldsymbol{R}^{-1}\boldsymbol{\Gamma}_{k-N+1,k}$ 视为 Fisher 信息阵，该矩阵的奇异性也可以反映出系统可观测性的强弱[15]。由于 $|(\boldsymbol{\Gamma}_{k-N+1,k}^{\mathrm{T}}\boldsymbol{R}^{-1}\boldsymbol{\Gamma}_{k-N+1,k})^{-1}|$ 是高斯条件下状态不确定超椭球体积的度量，可以定义系统可观测度为

$$\rho=\|(\boldsymbol{\Gamma}_{k-N+1,k}^{\mathrm{T}}\boldsymbol{R}^{-1}\boldsymbol{\Gamma}_{k-N+1,k})^{-1}\|$$

该系统可观测度是标量，便于进行计算和比较分析[15]。根据系统可观测性分析可知，计算系统可观测度的测量值个数 N 应该使得矩阵 $\boldsymbol{\Gamma}_{k-N+1,k}$ 可逆。对于天基仅测角跟踪系统，若要满足空间目标的 6 维运动状态求解的条件，则 $N\geqslant 3$。对于满足基本求解条件的最小测量序列 $\boldsymbol{y}_{\min}=[\boldsymbol{y}_{k-2}^{\mathrm{T}},\boldsymbol{y}_{k-1}^{\mathrm{T}},\boldsymbol{y}_k^{\mathrm{T}}]^{\mathrm{T}}$，定义历元 t_k 的系统瞬时可观测度为

$$\rho_k=1/\|(\boldsymbol{\Gamma}_{k-2,k}^{\mathrm{T}}\widetilde{\boldsymbol{R}}^{-1}\boldsymbol{\Gamma}_{k-2,k})^{-1}\|_2\tag{4-41}$$

式中：$\widetilde{\boldsymbol{R}}=\mathrm{diag}(\boldsymbol{R}_{k-2},\boldsymbol{R}_{k-1},\boldsymbol{R}_k)$。

由式(4-41)可知，ρ_k 可以反映历元 t_k 的系统可观测性强弱。系统的状态不

确定超椭球体度量$|(\boldsymbol{\Gamma}_{k-N+1,k}^{\mathrm{T}}\boldsymbol{R}^{-1}\boldsymbol{\Gamma}_{k-N+1,k})^{-1}|$与式(4－38)给出的反映系统PCRLB的验后Fisher信息阵具有一定的相似形式,所不同的是PCRLB反映整个测量序列所能达到的状态估计统计误差下限,而系统瞬时可观测度仅考虑部分测量序列对状态估计协方差阵的影响。定义系统全局可观测度为

$$\hat{\rho}_k = 1/\|\mathrm{PCRLB}_k\|_2 = 1/\|J_k^{-1}\|_2 \tag{4-42}$$

式(4－42)可以反映在跟踪滤波中随着测量信息增加,估计误差的超椭球体积逐渐减小的动态过程。系统瞬时可观测度考虑了测量噪声协方差阵$\boldsymbol{R}$的影响,反映了系统可观测度与测量方程的关系[18];而系统全局可观测度同时考虑了测量噪声协方差阵$\boldsymbol{R}$和系统过程噪声协方差阵$\boldsymbol{Q}$的影响,更为全面地反映了系统可观测度与测量方程及噪声统计特性之间的关系[18]。

3. 仿真结果与分析

初轨仿真算例中观测平台和空间目标的轨道根数见表4－1,参考轨道历元为2011年1月1日12:0:0。

表4－1　观测平台和空间目标的轨道根数(可观测度分析)

轨道根数	a/km	e	i/(°)	Ω/(°)	ω/(°)	M/(°)
观测平台1	7000	0.001	60	0	0	0
观测平台2	7000	0.001	65	0	0	0
空间目标	38000	0.001	60	30	0	30

利用STK根据表4－1给出的轨道根数产生ECI坐标系下的有摄卫星星历,轨道力学模型考虑30×30阶地球引力场、日月摄动、大气阻力和太阳光压。根据本章给出的系统瞬时可观测度和初定轨可观测性的评价因子GOP(GOP定义详见文献[1])进行仿真分析,暂不考虑地球遮挡及太阳照射条件限制(系统全局可观测度将在后面进行仿真分析)。

算例1:单观测平台跟踪下,测量误差对系统瞬时可观测度影响分析。

选取2h连续观测弧段,将观测平台1对空间目标的观测间隔固定为120s,视线测量误差σ_{LOS}分别为30μrad、70μrad。图4－1给出了观测弧段内系统瞬时可观测度与GOP随观测时间的变化曲线(系统瞬时可观测度取自然对数ln,GOP的绝对值取自然对数ln)。

由图4－1可知,视线测量误差变化对系统瞬时可观测度的影响较为明显,视线测量误差越大则系统瞬时可观测度越小,即系统可观测性较弱;但是视线测量误差并不影响可观测性因子GOP,这是由于GOP反映的是观测平台对空间目标的观测几何构形,而视线测量误差并不会破坏观测几何构形。

算例2:双观测平台联合观测下,测量误差对系统瞬时可观测度影响分析。

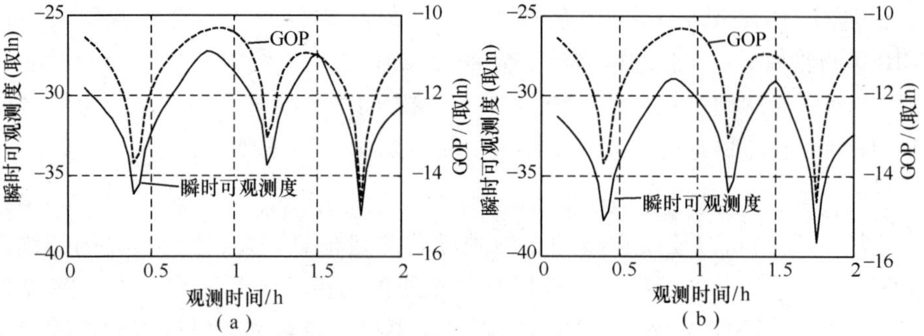

图 4－1　系统瞬时可观测度与 GOP 关系

(a) $\sigma_{LOS}=30\mu rad$；(b) $\sigma_{LOS}=70\mu rad$。

选取 2h 连续观测弧段，将观测平台 1、2 同时对空间目标的观测间隔固定为 120s，视线测量误差 σ_{LOS} 分别为 30μrad、70μrad。图 4－2 给出了系统瞬时可观测度随观测时间的变化曲线。

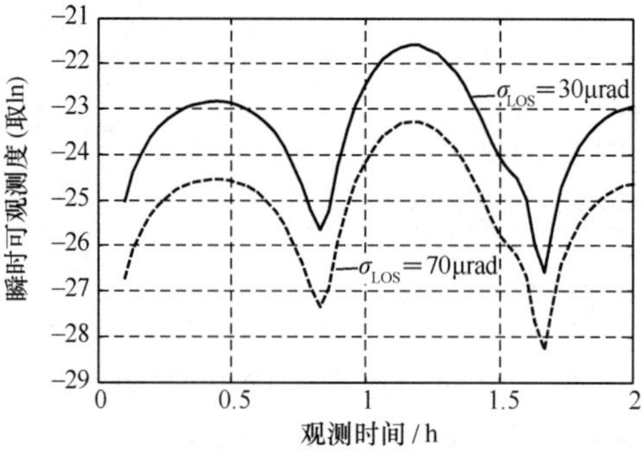

图 4－2　测量误差对瞬时可观测度影响

由图 4－2 可知，对于双观测平台对空间目标联合跟踪方式，视线测量误差对系统瞬时可观测度的影响较大，视线测量误差越大，系统瞬时可观测度越小，即系统可观测性较弱。需要指出的是：与单观测平台仅测角跟踪方式相比，联合跟踪方式的系统瞬时可观测度明显增加，提高了系统可观测性。这是由于双观测平台联合跟踪空间目标改善了观测几何构形，克服了单观测平台跟踪定轨的病态本质。

算例 3：双观测平台联合观测下，观测间隔对系统瞬时可观测度影响分析。

选取 2h 连续观测弧段，将视线测量误差 σ_{LOS} 固定为 30μrad，观测平台 1、2 同时对空间目标的观测间隔 ΔT 分别为 60s、120s。图 4－3 给出了系统瞬时可观测度随观测时间的变化曲线。

由图 4－3 可知，对于双观测平台对空间目标联合跟踪方式，与 $\Delta T=120s$

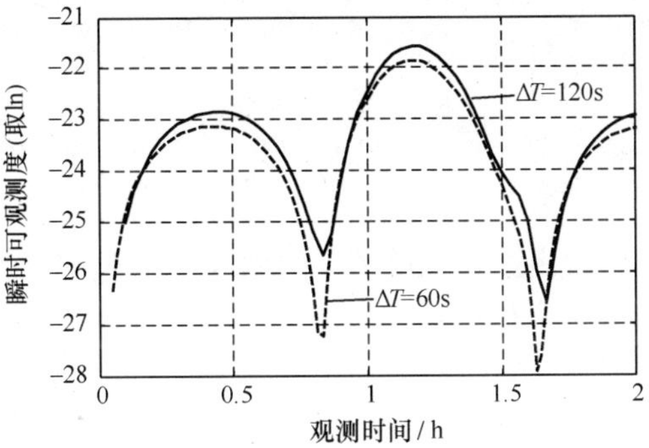

图4－3 观测时间对瞬时可观测度的影响

相比，系统瞬时可观测度在 $\Delta T=60\text{s}$ 情况下整体略小但是变化趋势几乎一致。这说明观测间隔对系统瞬时可观测度的影响并不明显，仅是在观测时间为0.75h和1.6h处降低幅度相对较大。这是由于在联合跟踪方式下，观测间隔 ΔT 的变化一般不会影响双观测平台对空间目标联合跟踪的观测几何构形。

4.2 天基仅测角跟踪自主定轨亏秩分析

本节以空间目标的位置、速度矢量作为系统状态矢量，分别就单星和双星编队对空间目标仅测角跟踪两种方式，讨论天基仅测角跟踪“自主”定轨的亏秩本质；进而提出空间目标天基仅测角跟踪“自主”定轨亏秩问题的改进策略。

4.2.1 单星对空间目标仅测角跟踪自主定轨亏秩分析

虽然空间目标的测角数据是在观测平台本体坐标系下获得的，但就信息内涵而言，可以将测角数据（方位角和俯仰角）由卫星本体坐标系转换为ECI坐标系中角度测量数据（赤经 β 和赤纬 ε）。取任一时刻 k 观测量 $\boldsymbol{Y}=[\beta,\varepsilon]^{\mathrm{T}}$，（设系统状态矢量为 $\boldsymbol{X}=[\boldsymbol{r}_{\mathrm{T}},\dot{\boldsymbol{r}}_{\mathrm{T}},\boldsymbol{r}_{\mathrm{O}},\dot{\boldsymbol{r}}_{\mathrm{O}}]^{\mathrm{T}}$，$\boldsymbol{X}_0=[\boldsymbol{r}_{\mathrm{T0}},\dot{\boldsymbol{r}}_{\mathrm{T0}},\boldsymbol{r}_{\mathrm{O0}},\dot{\boldsymbol{r}}_{\mathrm{O0}}]^{\mathrm{T}}$），由轨道改进原理可知观测条件方程的系数矩阵为

$$\boldsymbol{B}_{2\times12}=\frac{\partial\boldsymbol{Y}}{\partial\boldsymbol{X}_0}=\left(\frac{\partial\boldsymbol{Y}}{\partial(\boldsymbol{r}_{\mathrm{T}},\dot{\boldsymbol{r}}_{\mathrm{T}},\boldsymbol{r}_{\mathrm{O}},\dot{\boldsymbol{r}}_{\mathrm{O}})}\right)_{2\times12}\left(\frac{\partial(\boldsymbol{r}_{\mathrm{T}},\dot{\boldsymbol{r}}_{\mathrm{T}},\boldsymbol{r}_{\mathrm{O}},\dot{\boldsymbol{r}}_{\mathrm{O}})}{\partial(\boldsymbol{r}_{\mathrm{T0}},\dot{\boldsymbol{r}}_{\mathrm{T0}},\boldsymbol{r}_{\mathrm{O0}},\dot{\boldsymbol{r}}_{\mathrm{O0}})}\right)_{12\times12} \tag{4-43}$$

则有

$$\boldsymbol{B}=\begin{bmatrix}\boldsymbol{E}_1 & \boldsymbol{E}_2 & \boldsymbol{F}_1 & \boldsymbol{F}_2\\ \boldsymbol{G}_1 & \boldsymbol{G}_2 & \boldsymbol{H}_1 & \boldsymbol{H}_2\end{bmatrix}=\begin{bmatrix}\dfrac{\partial\beta}{\partial\boldsymbol{r}_{\mathrm{T}}}\cdot\dfrac{\partial\boldsymbol{r}_{\mathrm{T}}}{\partial\boldsymbol{r}_{\mathrm{T0}}} & \dfrac{\partial\beta}{\partial\boldsymbol{r}_{\mathrm{T}}}\cdot\dfrac{\partial\boldsymbol{r}_{\mathrm{T}}}{\partial\dot{\boldsymbol{r}}_{\mathrm{T0}}} & \dfrac{\partial\beta}{\partial\boldsymbol{r}_{\mathrm{O}}}\cdot\dfrac{\partial\boldsymbol{r}_{\mathrm{O}}}{\partial\boldsymbol{r}_{\mathrm{O0}}} & \dfrac{\partial\beta}{\partial\boldsymbol{r}_{\mathrm{O}}}\cdot\dfrac{\partial\boldsymbol{r}_{\mathrm{O}}}{\partial\dot{\boldsymbol{r}}_{\mathrm{O0}}}\\ \dfrac{\partial\varepsilon}{\partial\boldsymbol{r}_{\mathrm{T}}}\cdot\dfrac{\partial\boldsymbol{r}_{\mathrm{T}}}{\partial\boldsymbol{r}_{\mathrm{T0}}} & \dfrac{\partial\varepsilon}{\partial\boldsymbol{r}_{\mathrm{T}}}\cdot\dfrac{\partial\boldsymbol{r}_{\mathrm{T}}}{\partial\dot{\boldsymbol{r}}_{\mathrm{T0}}} & \dfrac{\partial\varepsilon}{\partial\boldsymbol{r}_{\mathrm{O}}}\cdot\dfrac{\partial\boldsymbol{r}_{\mathrm{O}}}{\partial\boldsymbol{r}_{\mathrm{O0}}} & \dfrac{\partial\varepsilon}{\partial\boldsymbol{r}_{\mathrm{O}}}\cdot\dfrac{\partial\boldsymbol{r}_{\mathrm{O}}}{\partial\dot{\boldsymbol{r}}_{\mathrm{O0}}}\end{bmatrix}\tag{4-44}$$

基于状态矢量 $\boldsymbol{X}$，给出系数矩阵 $\boldsymbol{B}$ 中子矩阵 $\boldsymbol{E}_2$、$\boldsymbol{F}_2$、$\boldsymbol{G}_2$、$\boldsymbol{H}_2$ 各自的第一个元素 $\boldsymbol{E}_{21}$、$\boldsymbol{F}_{21}$、$\boldsymbol{G}_{21}$、$\boldsymbol{H}_{21}$ 表达式为

$$\boldsymbol{E}_{21}=\frac{1}{q_1}\cdot\left[-(y_{\mathrm{T}}-y_{\mathrm{O}})\cdot\frac{\partial x_{\mathrm{T}}}{\partial\dot{x}_{\mathrm{T0}}}+(x_{\mathrm{T}}-x_{\mathrm{O}})\cdot\frac{\partial y_{\mathrm{T}}}{\partial\dot{x}_{\mathrm{T0}}}\right]\tag{4-45}$$

$$\boldsymbol{F}_{21}=\frac{1}{q_1}\cdot\left[(y_{\mathrm{T}}-y_{\mathrm{O}})\cdot\frac{\partial x_{\mathrm{O}}}{\partial\dot{x}_{\mathrm{O0}}}-(x_{\mathrm{T}}-x_{\mathrm{O}})\cdot\frac{\partial y_{\mathrm{O}}}{\partial\dot{x}_{\mathrm{O0}}}\right]\tag{4-46}$$

$$\boldsymbol{G}_{21}=\frac{1}{q_2}\cdot\left[-(x_{\mathrm{T}}-x_{\mathrm{O}})(z_{\mathrm{T}}-z_{\mathrm{O}})\cdot\frac{\partial x_{\mathrm{T}}}{\partial\dot{x}_{\mathrm{T0}}}-(y_{\mathrm{T}}-y_{\mathrm{O}})(z_{\mathrm{T}}-z_{\mathrm{O}})\cdot\frac{\partial y_{\mathrm{T}}}{\partial\dot{x}_{\mathrm{T0}}}+L_4^2\frac{\partial z_{\mathrm{T}}}{\partial\dot{x}_{\mathrm{T0}}}\right]\tag{4-47}$$

$$\boldsymbol{H}_{21}=\frac{1}{q_2}\cdot\left[(x_{\mathrm{T}}-x_{\mathrm{O}})(z_{\mathrm{T}}-z_{\mathrm{O}})\cdot\frac{\partial x_{\mathrm{O}}}{\partial\dot{x}_{\mathrm{O0}}}+(y_{\mathrm{T}}-y_{\mathrm{O}})(z_{\mathrm{T}}-z_{\mathrm{O}})\cdot\frac{\partial y_{\mathrm{O}}}{\partial\dot{x}_{\mathrm{O0}}}-L_4^2\frac{\partial z_{\mathrm{O}}}{\partial\dot{x}_{\mathrm{O0}}}\right]\tag{4-48}$$

式中

$$q_1=(x_{\mathrm{T}}-x_{\mathrm{O}})^2\cdot[1+(y_{\mathrm{T}}-y_{\mathrm{O}})^2/(x_{\mathrm{T}}-x_{\mathrm{O}})^2]$$

$$q_2=[(x_{\mathrm{T}k}-x_{\mathrm{O}k})^2+(y_{\mathrm{T}k}-y_{\mathrm{O}k})^2]^{1.5}\cdot\{1+(z_{\mathrm{T}k}-z_{\mathrm{O}k})^2/[(x_{\mathrm{T}k}-x_{\mathrm{O}k})^2+(y_{\mathrm{T}k}-y_{\mathrm{O}k})^2]\}$$

为了分析 $\boldsymbol{E}_{21}$、$\boldsymbol{F}_{21}$ 以及 $\boldsymbol{G}_{21}$、$\boldsymbol{H}_{21}$ 之间线性相关性，引入 β、ε 对时间变量 t 的偏导数：

$$\frac{\partial\beta}{\partial t}=\frac{1}{q_1}\cdot[-(y_{\mathrm{T}}-y_{\mathrm{O}})(\dot{x}_{\mathrm{T}}-\dot{x}_{\mathrm{O}})+(x_{\mathrm{T}}-x_{\mathrm{O}})(\dot{y}_{\mathrm{T}}-\dot{y}_{\mathrm{O}})]\tag{4-49}$$

$$\frac{\partial\varepsilon}{\partial t}=\frac{1}{q_2}\cdot\{[-(x_{\mathrm{T}}-x_{\mathrm{O}})(\dot{x}_{\mathrm{T}}-\dot{x}_{\mathrm{O}})-(y_{\mathrm{T}}-y_{\mathrm{O}})(\dot{y}_{\mathrm{T}}-\dot{y}_{\mathrm{O}})](z_{\mathrm{T}}-z_{\mathrm{O}})+L_4^2(\dot{z}_{\mathrm{T}}-\dot{z}_{\mathrm{O}})\}\tag{4-50}$$

1. $\boldsymbol{E}_{21}$ 和 $\boldsymbol{F}_{21}$ 的相关性分析

由式(4-49)可得

$$\frac{\partial\beta}{\partial\dot{x}_{\mathrm{T0}}}=\frac{\partial\beta}{\partial t}\cdot\frac{\partial t}{\partial\dot{x}_{\mathrm{T0}}}=\frac{\partial t}{q_1}\cdot\left[\frac{(\eta_1+\eta_2)-(\eta_3+\eta_4)}{\partial\dot{x}_{\mathrm{T0}}\cdot\partial t}\right]=0\tag{4-51}$$

$$\frac{\partial\beta}{\partial\dot{x}_{\mathrm{O0}}}=\frac{\partial\beta}{\partial t}\cdot\frac{\partial t}{\partial\dot{x}_{\mathrm{O0}}}=\frac{\partial t}{q_1}\cdot\left[\frac{(\eta_1+\eta_2)-(\eta_3+\eta_4)}{\partial\dot{x}_{\mathrm{O0}}\cdot\partial t}\right]=0\tag{4-52}$$

式中：$\eta_1 = y_T \partial x_O - x_T \partial y_O$；$\eta_2 = y_O \partial x_T - x_O \partial y_T$；$\eta_3 = y_T \partial x_T - x_T \partial y_T$；$\eta_4 = y_O \partial x_O - x_O \partial y_O$。

由 η_1、η_2、η_3、η_4的表达式可知

$$\frac{\eta_1}{\partial \dot{x}_{T0}} = 0, \frac{\eta_2}{\partial \dot{x}_{O0}} = 0, \frac{\eta_3}{\partial \dot{x}_{O0}} = 0, \frac{\eta_4}{\partial \dot{x}_{T0}} = 0 \tag{4-53}$$

将其代入式(4－51)和式(4－52)，两式相加，得

$$\frac{\eta_2}{\partial \dot{x}_{T0}} - \frac{\eta_3}{\partial \dot{x}_{T0}} + \frac{\eta_1}{\partial \dot{x}_{O0}} - \frac{\eta_4}{\partial \dot{x}_{O0}} = 0 \tag{4-54}$$

则式(4－45)和式(4－46)可分别转化为

$$\boldsymbol{E}_{21} = \frac{1}{q_1} \cdot \left[\frac{\eta_2 - \eta_3}{\partial \dot{x}_{T0}} \right] \tag{4-55}$$

$$\boldsymbol{F}_{21} = \frac{1}{q_1} \cdot \left[\frac{\eta_1 - \eta_4}{\partial \dot{x}_{O0}} \right] \tag{4-56}$$

以上两式相加，与式(4－54)比较可得 $\boldsymbol{E}_{21} + \boldsymbol{F}_{21} = 0$，从而可知 $\boldsymbol{E}_{21}$和 $\boldsymbol{F}_{21}$线性相关。

2. $\boldsymbol{G}_{21}$和 $\boldsymbol{H}_{21}$的相关性分析

由式(4－50)可得

$$\frac{\partial \varepsilon}{\partial \dot{x}_{T0}} = \frac{\partial \varepsilon}{\partial t} \cdot \frac{\partial t}{\partial \dot{x}_{T0}} = \frac{\partial t}{q_2} \cdot \left[\frac{-(\varsigma_1 + \varsigma_2 - \varsigma_3 - \varsigma_4)(z_T - z_O) + L_4^2(\partial z_T - \partial z_O)}{\partial \dot{x}_{T0} \cdot \partial t} \right] = 0 \tag{4-57}$$

$$\frac{\partial \varepsilon}{\partial \dot{x}_{O0}} = \frac{\partial \varepsilon}{\partial t} \cdot \frac{\partial t}{\partial \dot{x}_{O0}} = \frac{\partial t}{q_2} \cdot \left[\frac{-(\varsigma_1 + \varsigma_2 - \varsigma_3 - \varsigma_4)(z_T - z_O) + L_4^2(\partial z_T - \partial z_O)}{\partial \dot{x}_{O0} \cdot \partial t} \right] = 0 \tag{4-58}$$

式中

$\varsigma_1 = x_T \partial x_T + y_T \partial y_T$；$\varsigma_2 = x_O \partial x_O + y_O \partial y_O$，$\varsigma_3 = x_T \partial x_O + y_T \partial y_O$；$\varsigma_4 = x_O \partial x_T + y_O \partial y_T$

由ς_1、ς_2、ς_3、ς_4的表达式可知

$$\frac{\varsigma_1}{\partial \dot{x}_{O0}} = 0, \frac{\varsigma_2}{\partial \dot{x}_{T0}} = 0, \frac{\varsigma_3}{\partial \dot{x}_{T0}} = 0, \frac{\varsigma_4}{\partial \dot{x}_{O0}} = 0 \tag{4-59}$$

将其代入式(4－57)和式(4－58)，两式相加，得

$$\frac{-(\varsigma_1 - \varsigma_4)(z_T - z_O) + L_4^2 \cdot \partial z_T}{\partial \dot{x}_{T0}} + \frac{-(\varsigma_2 - \varsigma_3)(z_T - z_O) - L_4^2 \cdot \partial z_O}{\partial \dot{x}_{O0}} = 0 \tag{4-60}$$

则式(4－47)和式(4－48)可分别转化为

$$\boldsymbol{G}_{21}=\frac{1}{q_2}\cdot\frac{-(\varsigma_1-\varsigma_4)(z_{\mathrm{T}}-z_{\mathrm{O}})+L_4^2\cdot\partial z_{\mathrm{T}}}{\partial\dot{x}_{\mathrm{T0}}} \tag{4-61}$$

$$\boldsymbol{H}_{21}=\frac{1}{q_2}\cdot\frac{(\varsigma_2-\varsigma_3)(z_{\mathrm{T}}-z_{\mathrm{O}})+L_4^2\cdot\partial z_{\mathrm{O}}}{\partial\dot{x}_{\mathrm{O0}}} \tag{4-62}$$

以上两式相加,与式(4-60)比较可得 $\boldsymbol{G}_{21}+\boldsymbol{H}_{21}=0$,从而可知 $\boldsymbol{G}_{21}$ 和 $\boldsymbol{H}_{21}$ 线性相关。

由上述分析可知,系数矩阵 $\boldsymbol{B}$ 的列矢量 $[\boldsymbol{E}_{21},\boldsymbol{G}_{21}]^{\mathrm{T}}$ 和 $[\boldsymbol{F}_{21},\boldsymbol{H}_{21}]^{\mathrm{T}}$ 线性相关,则可得系数矩阵 $\boldsymbol{B}$ 亏秩,导致法方程病态,无法进行微分轨道改进。

4.2.2 双星编队对空间目标仅测角跟踪自主定轨亏秩分析

双星编队对空间目标仅测角联合定轨的观测模式有两种:观测模式Ⅰ——双星同时对空间目标进行仅测角观测,主星与从星进行星间测距;观测模式Ⅱ——双星同时对空间目标进行仅测角观测,主星与从星进行星间测距和测角,以获得星间相对位置矢量。

1. 观测模式Ⅰ的自主联合定轨亏秩分析

以目标的位置、速度矢量作为系统状态矢量,则有

$$\boldsymbol{X}=[\boldsymbol{r}_{\mathrm{T}},\dot{\boldsymbol{r}}_{\mathrm{T}},\boldsymbol{r}_{\mathrm{O1}},\dot{\boldsymbol{r}}_{\mathrm{O1}},\boldsymbol{r}_{\mathrm{O2}},\dot{\boldsymbol{r}}_{\mathrm{O2}}]^{\mathrm{T}},\boldsymbol{X}_0=[\boldsymbol{r}_{\mathrm{T0}},\dot{\boldsymbol{r}}_{\mathrm{T0}},\boldsymbol{r}_{\mathrm{O10}},\dot{\boldsymbol{r}}_{\mathrm{O10}},\boldsymbol{r}_{\mathrm{O20}},\dot{\boldsymbol{r}}_{\mathrm{O20}}]^{\mathrm{T}} \tag{4-63}$$

设主观测星对空间目标仅测角观测量为 β_1、ε_1,从星对空间目标仅测角观测量为 β_2、ε_2,主观测星对从星的星间测距量为 ρ,则观测矢量 $\boldsymbol{Y}=[\beta_1,\varepsilon_1,\beta_2,\varepsilon_2,\rho]^{\mathrm{T}}$。由矢量微分法则[23]和轨道改进原理可知观测条件方程的系数矩阵为

$$\boldsymbol{B}_{5\times18}=\frac{\partial\boldsymbol{Y}}{\partial\boldsymbol{X}_0}=\left(\frac{\partial\boldsymbol{Y}}{\partial(\boldsymbol{r}_{\mathrm{T}},\dot{\boldsymbol{r}}_{\mathrm{T}},\boldsymbol{r}_{\mathrm{O1}},\dot{\boldsymbol{r}}_{\mathrm{O1}},\boldsymbol{r}_{\mathrm{O2}},\dot{\boldsymbol{r}}_{\mathrm{O2}})}\right)_{5\times18}\cdot\left(\frac{\partial(\boldsymbol{r}_{\mathrm{T}},\dot{\boldsymbol{r}}_{\mathrm{T}},\boldsymbol{r}_{\mathrm{O1}},\dot{\boldsymbol{r}}_{\mathrm{O1}},\boldsymbol{r}_{\mathrm{O2}},\dot{\boldsymbol{r}}_{\mathrm{O2}})}{\partial(\boldsymbol{r}_{\mathrm{T0}},\dot{\boldsymbol{r}}_{\mathrm{T0}},\boldsymbol{r}_{\mathrm{O10}},\dot{\boldsymbol{r}}_{\mathrm{O10}},\boldsymbol{r}_{\mathrm{O20}},\dot{\boldsymbol{r}}_{\mathrm{O20}})}\right)_{18\times18} \tag{4-64}$$

则有

$$\boldsymbol{B}=\begin{bmatrix}\boldsymbol{E}_1 & \boldsymbol{E}_2 & \boldsymbol{E}_3 & \boldsymbol{E}_4 & \boldsymbol{0} & \boldsymbol{0}\\ \boldsymbol{F}_1 & \boldsymbol{F}_2 & \boldsymbol{F}_3 & \boldsymbol{F}_4 & \boldsymbol{0} & \boldsymbol{0}\\ \boldsymbol{G}_1 & \boldsymbol{G}_2 & \boldsymbol{0} & \boldsymbol{0} & \boldsymbol{G}_5 & \boldsymbol{G}_6\\ \boldsymbol{H}_1 & \boldsymbol{H}_2 & \boldsymbol{0} & \boldsymbol{0} & \boldsymbol{H}_5 & \boldsymbol{H}_6\\ \boldsymbol{0} & \boldsymbol{0} & \boldsymbol{I}_3 & \boldsymbol{I}_4 & \boldsymbol{I}_5 & \boldsymbol{I}_6\end{bmatrix}$$

$$
=\begin{bmatrix}
\frac{\partial\beta_1}{\partial \boldsymbol{r}_T}\cdot\frac{\partial \boldsymbol{r}_T}{\partial \boldsymbol{r}_{T0}} & \frac{\partial\beta_1}{\partial \boldsymbol{r}_T}\cdot\frac{\partial \boldsymbol{r}_T}{\partial \dot{\boldsymbol{r}}_{T0}} & \frac{\partial\beta_1}{\partial \boldsymbol{r}_{O1}}\cdot\frac{\partial \boldsymbol{r}_{O1}}{\partial \boldsymbol{r}_{O10}} & \frac{\partial\beta_1}{\partial \boldsymbol{r}_{O1}}\cdot\frac{\partial \boldsymbol{r}_{O1}}{\partial \dot{\boldsymbol{r}}_{O10}} & \boldsymbol{0} & \boldsymbol{0} \\
\frac{\partial\varepsilon_1}{\partial \boldsymbol{r}_T}\cdot\frac{\partial \boldsymbol{r}_T}{\partial \boldsymbol{r}_{T0}} & \frac{\partial\varepsilon_1}{\partial \boldsymbol{r}_T}\cdot\frac{\partial \boldsymbol{r}_T}{\partial \dot{\boldsymbol{r}}_{T0}} & \frac{\partial\varepsilon_1}{\partial \boldsymbol{r}_{O1}}\cdot\frac{\partial \boldsymbol{r}_{O1}}{\partial \boldsymbol{r}_{O10}} & \frac{\partial\varepsilon_1}{\partial \boldsymbol{r}_{O1}}\cdot\frac{\partial \boldsymbol{r}_{O1}}{\partial \dot{\boldsymbol{r}}_{O10}} & \boldsymbol{0} & \boldsymbol{0} \\
\frac{\partial\beta_2}{\partial \boldsymbol{r}_T}\cdot\frac{\partial \boldsymbol{r}_T}{\partial \boldsymbol{r}_{T0}} & \frac{\partial\beta_2}{\partial \boldsymbol{r}_T}\cdot\frac{\partial \boldsymbol{r}_T}{\partial \dot{\boldsymbol{r}}_{T0}} & \boldsymbol{0} & \boldsymbol{0} & \frac{\partial\beta_2}{\partial \boldsymbol{r}_{O2}}\cdot\frac{\partial \boldsymbol{r}_{O2}}{\partial \boldsymbol{r}_{O20}} & \frac{\partial\beta_2}{\partial \boldsymbol{r}_{O2}}\cdot\frac{\partial \boldsymbol{r}_{O2}}{\partial \dot{\boldsymbol{r}}_{O20}} \\
\frac{\partial\varepsilon_2}{\partial \boldsymbol{r}_T}\cdot\frac{\partial \boldsymbol{r}_T}{\partial \boldsymbol{r}_{T0}} & \frac{\partial\varepsilon_2}{\partial \boldsymbol{r}_T}\cdot\frac{\partial \boldsymbol{r}_T}{\partial \dot{\boldsymbol{r}}_{T0}} & \boldsymbol{0} & \boldsymbol{0} & \frac{\partial\varepsilon_2}{\partial \boldsymbol{r}_{O2}}\cdot\frac{\partial \boldsymbol{r}_{O2}}{\partial \boldsymbol{r}_{O20}} & \frac{\partial\varepsilon_2}{\partial \boldsymbol{r}_{O2}}\cdot\frac{\partial \boldsymbol{r}_{O2}}{\partial \dot{\boldsymbol{r}}_{O20}} \\
\boldsymbol{0} & \boldsymbol{0} & \frac{\partial\rho}{\partial \boldsymbol{r}_{O1}}\cdot\frac{\partial \boldsymbol{r}_{O1}}{\partial \boldsymbol{r}_{O10}} & \frac{\partial\rho}{\partial \boldsymbol{r}_{O1}}\cdot\frac{\partial \boldsymbol{r}_{O1}}{\partial \dot{\boldsymbol{r}}_{O10}} & \frac{\partial\rho}{\partial \boldsymbol{r}_{O2}}\cdot\frac{\partial \boldsymbol{r}_{O2}}{\partial \boldsymbol{r}_{O20}} & \frac{\partial\rho}{\partial \boldsymbol{r}_{O2}}\cdot\frac{\partial \boldsymbol{r}_{O2}}{\partial \dot{\boldsymbol{r}}_{O20}}
\end{bmatrix}
\tag{4-65}
$$

基于位置、速度矢量$\boldsymbol{X}$,系数矩阵$\boldsymbol{B}$中子矩阵$\boldsymbol{E}_2$、$\boldsymbol{E}_4$、$\boldsymbol{F}_2$、$\boldsymbol{F}_4$、$\boldsymbol{G}_2$、$\boldsymbol{G}_6$、$\boldsymbol{H}_2$、$\boldsymbol{H}_6$、$\boldsymbol{I}_4$、$\boldsymbol{I}_6$各自的第一个元素分别为$\boldsymbol{E}_{21}$、$\boldsymbol{E}_{41}$、$\boldsymbol{F}_{21}$、$\boldsymbol{F}_{41}$、$\boldsymbol{G}_{21}$、$\boldsymbol{G}_{61}$、$\boldsymbol{H}_{21}$、$\boldsymbol{H}_{61}$、$\boldsymbol{I}_{41}$、$\boldsymbol{I}_{61}$,依据4.2.1节的亏秩分析,可以得到类似的结论:$\boldsymbol{E}_{21}=-\boldsymbol{E}_{41}$,$\boldsymbol{F}_{21}=-\boldsymbol{F}_{41}$,$\boldsymbol{G}_{21}=-\boldsymbol{G}_{61}$,$\boldsymbol{H}_{21}=-\boldsymbol{H}_{61}$。以下给出$\boldsymbol{I}_{41}$、$\boldsymbol{I}_{61}$的相关性分析。$\boldsymbol{I}_{41}$、$\boldsymbol{I}_{61}$的表达式为

$$
\boldsymbol{I}_{41}=\frac{1}{\rho}\cdot\left[(x_{O1}-x_{O2})\cdot\frac{\partial x_{O1}}{\partial\dot{x}_{O10}}+(y_{O1}-y_{O2})\cdot\frac{\partial y_{O1}}{\partial\dot{x}_{O10}}+(z_{O1}-z_{O2})\cdot\frac{\partial z_{O1}}{\partial\dot{x}_{O10}}\right]
\tag{4-66}
$$

$$
\boldsymbol{I}_{61}=\frac{-1}{\rho}\cdot\left[(x_{O1}-x_{O2})\cdot\frac{\partial x_{O2}}{\partial\dot{x}_{O20}}+(y_{O1}-y_{O2})\cdot\frac{\partial y_{O2}}{\partial\dot{x}_{O20}}+(z_{O1}-z_{O2})\cdot\frac{\partial z_{O2}}{\partial\dot{x}_{O20}}\right]
\tag{4-67}
$$

式中
$$\rho=\sqrt{(x_{O1}-x_{O2})^2+(y_{O1}-y_{O2})^2+(z_{O1}-z_{O2})^2}$$

为了分析$\boldsymbol{I}_{41}$与$\boldsymbol{I}_{61}$的线性相关性,引入ρ对时间变量t的偏导数:

$$
\begin{aligned}
\frac{\partial\rho}{\partial t}=\frac{1}{\rho}\cdot[&(x_{O1}\dot{x}_{O1}+y_{O1}\dot{y}_{O1}+z_{O1}\dot{z}_{O1})+(x_{O2}\dot{x}_{O2}+y_{O2}\dot{y}_{O2}+z_{O2}\dot{z}_{O2})\\
&-(x_{O1}\dot{x}_{O2}+y_{O1}\dot{y}_{O2}+z_{O1}\dot{z}_{O2})-(x_{O2}\dot{x}_{O1}+y_{O2}\dot{y}_{O1}+z_{O2}\dot{z}_{O1})]
\end{aligned}
\tag{4-68}
$$

由式(4-68)可得

$$
\frac{\partial\rho}{\partial\dot{x}_{O10}}=\frac{\partial\rho}{\partial t}\cdot\frac{\partial t}{\partial\dot{x}_{O10}}=\frac{\partial t}{\rho}\cdot\left[\frac{(\gamma_1+\gamma_2)-(\gamma_3+\gamma_4)}{\partial\dot{x}_{O10}\cdot\partial t}\right]=0
\tag{4-69}
$$

$$
\frac{\partial\rho}{\partial\dot{x}_{O20}}=\frac{\partial\rho}{\partial t}\cdot\frac{\partial t}{\partial\dot{x}_{O20}}=\frac{\partial t}{\rho}\cdot\left[\frac{(\gamma_1+\gamma_2)-(\gamma_3+\gamma_4)}{\partial\dot{x}_{O20}\cdot\partial t}\right]=0
\tag{4-70}
$$

式中
$$\gamma_1=x_{O1}\partial x_{O1}+y_{O1}\partial y_{O1}+z_{O1}\partial z_{O1},\ \gamma_2=x_{O2}\partial x_{O2}+y_{O2}\partial y_{O2}+z_{O2}\partial z_{O2}$$
$$\gamma_3=x_{O2}\partial x_{O1}+y_{O2}\partial y_{O1}+z_{O2}\partial z_{O1},\ \gamma_4=x_{O1}\partial x_{O2}+y_{O1}\partial y_{O2}+z_{O1}\partial z_{O2}$$

由 γ_1、γ_2、γ_3、γ_4的表达式可知

$$\frac{\gamma_1}{\partial \dot{x}_{O20}}=0,\frac{\gamma_2}{\partial \dot{x}_{O10}}=0,\frac{\gamma_3}{\partial \dot{x}_{O20}}=0,\frac{\gamma_4}{\partial \dot{x}_{O10}}=0 \tag{4-71}$$

将其代入式(4-69)和式(4-70),两式相加,得

$$\frac{\gamma_1}{\partial \dot{x}_{O10}}-\frac{\gamma_3}{\partial \dot{x}_{O10}}+\frac{\gamma_2}{\partial \dot{x}_{O20}}-\frac{\gamma_4}{\partial \dot{x}_{O20}}=0 \tag{4-72}$$

则式(4-66)和式(4-67)可分别转化为

$$\boldsymbol{I}_{41}=\frac{1}{\rho}\cdot\left[\frac{\gamma_1-\gamma_3}{\partial \dot{x}_{O10}}\right] \tag{4-73}$$

$$\boldsymbol{I}_{61}=\frac{1}{\rho}\cdot\left[\frac{\gamma_2-\gamma_4}{\partial \dot{x}_{O20}}\right] \tag{4-74}$$

以上两式相加,与式(4-72)比较,得

$$\boldsymbol{I}_{41}+\boldsymbol{I}_{61}=0 \tag{4-75}$$

从而可知 $\boldsymbol{I}_{41}$ 和 $\boldsymbol{I}_{61}$ 线性相关,即 $\boldsymbol{I}_{41}=-\boldsymbol{I}_{61}$。由上述分析可得 $\boldsymbol{E}_{21}=-\boldsymbol{E}_{41}$, $\boldsymbol{F}_{21}=-\boldsymbol{F}_{41}$, $\boldsymbol{G}_{21}=-\boldsymbol{G}_{61}$, $\boldsymbol{H}_{21}=-\boldsymbol{H}_{61}$, $\boldsymbol{I}_{41}=-\boldsymbol{I}_{61}$,经过简单的矩阵计算可得 $|\boldsymbol{B}^{\mathrm{T}}\boldsymbol{B}|=0$,即系数矩阵 $\boldsymbol{B}$ 亏秩,将导致无法实现“自主”联合定轨。

2. 观测模式Ⅱ的自主联合定轨亏秩分析

以位置、速度矢量作为系统状态矢量,设主星对目标仅测角观测量为 β_1、ε_1,从星对目标仅测角观测量为 β_2、ε_2,主星对从星的星间相对位置矢量 $\boldsymbol{\rho}=[\rho_x,\rho_y,\rho_z]^{\mathrm{T}}$,则观测矢量 $\boldsymbol{Y}=[\beta_1,\varepsilon_1,\beta_2,\varepsilon_2,\rho_x,\rho_y,\rho_z]^{\mathrm{T}}$。由矢量微分法则[23]和轨道改进原理可知观测条件方程的系数矩阵为

$$\begin{aligned}\boldsymbol{B}_{7\times18}=\frac{\partial \boldsymbol{Y}}{\partial \boldsymbol{X}_0}&=\left(\frac{\partial \boldsymbol{Y}}{\partial(\boldsymbol{r}_{\mathrm{T}},\dot{\boldsymbol{r}}_{\mathrm{T}},\boldsymbol{r}_{O1},\dot{\boldsymbol{r}}_{O1},\boldsymbol{r}_{O2},\dot{\boldsymbol{r}}_{O2})}\right)_{7\times18}\\&\cdot\left(\frac{\partial(\boldsymbol{r}_{\mathrm{T}},\dot{\boldsymbol{r}}_{\mathrm{T}},\boldsymbol{r}_{O1},\dot{\boldsymbol{r}}_{O1},\boldsymbol{r}_{O2},\dot{\boldsymbol{r}}_{O2})}{\partial(\boldsymbol{r}_{\mathrm{T0}},\dot{\boldsymbol{r}}_{\mathrm{T0}},\boldsymbol{r}_{O10},\dot{\boldsymbol{r}}_{O10},\boldsymbol{r}_{O20},\dot{\boldsymbol{r}}_{O20})}\right)_{18\times18}\end{aligned} \tag{4-76}$$

则有

$$\boldsymbol{B}=\begin{bmatrix}\boldsymbol{E}_1 & \boldsymbol{E}_2 & \boldsymbol{E}_3 & \boldsymbol{E}_4 & \boldsymbol{0} & \boldsymbol{0}\\ \boldsymbol{F}_1 & \boldsymbol{F}_2 & \boldsymbol{F}_3 & \boldsymbol{F}_4 & \boldsymbol{0} & \boldsymbol{0}\\ \boldsymbol{G}_1 & \boldsymbol{G}_2 & \boldsymbol{0} & \boldsymbol{0} & \boldsymbol{G}_5 & \boldsymbol{G}_6\\ \boldsymbol{H}_1 & \boldsymbol{H}_2 & \boldsymbol{0} & \boldsymbol{0} & \boldsymbol{H}_5 & \boldsymbol{H}_6\\ \boldsymbol{0} & \boldsymbol{0} & \boldsymbol{I}_{31} & \boldsymbol{I}_{41} & \boldsymbol{I}_{51} & \boldsymbol{I}_{61}\\ \boldsymbol{0} & \boldsymbol{0} & \boldsymbol{I}_{32} & \boldsymbol{I}_{42} & \boldsymbol{I}_{52} & \boldsymbol{I}_{62}\\ \boldsymbol{0} & \boldsymbol{0} & \boldsymbol{I}_{33} & \boldsymbol{I}_{43} & \boldsymbol{I}_{53} & \boldsymbol{I}_{63}\end{bmatrix} \tag{4-77}$$

基于位置、速度矢量 $\boldsymbol{X}$，系数矩阵 $\boldsymbol{B}$ 中子矩阵 $\boldsymbol{E}_2$、$\boldsymbol{E}_4$、$\boldsymbol{F}_2$、$\boldsymbol{F}_4$、$\boldsymbol{G}_2$、$\boldsymbol{G}_6$、$\boldsymbol{H}_2$、$\boldsymbol{H}_6$ 各自的第一个元素分别为 $\boldsymbol{E}_{21}$、$\boldsymbol{E}_{41}$、$\boldsymbol{F}_{21}$、$\boldsymbol{F}_{41}$、$\boldsymbol{G}_{21}$、$\boldsymbol{G}_{61}$、$\boldsymbol{H}_{21}$、$\boldsymbol{H}_{61}$，依据4.2.1节的亏秩分析，可以得到类似的结论：$\boldsymbol{E}_{21}=-\boldsymbol{E}_{41}$，$\boldsymbol{F}_{21}=-\boldsymbol{F}_{41}$，$\boldsymbol{G}_{21}=-\boldsymbol{G}_{61}$，$\boldsymbol{H}_{21}=-\boldsymbol{H}_{61}$。再分析系数矩阵 $\boldsymbol{B}$ 的分块矩阵 $\partial\boldsymbol{\rho}/\partial\boldsymbol{X}_0$ 是否为行满秩。$\partial\boldsymbol{\rho}/\partial\boldsymbol{X}_0$ 表达式为

$$\frac{\partial\boldsymbol{\rho}}{\partial\boldsymbol{X}_0}=\begin{bmatrix}\boldsymbol{I}_{31} & \boldsymbol{I}_{41} & \boldsymbol{I}_{51} & \boldsymbol{I}_{61}\\ \boldsymbol{I}_{32} & \boldsymbol{I}_{42} & \boldsymbol{I}_{52} & \boldsymbol{I}_{62}\\ \boldsymbol{I}_{33} & \boldsymbol{I}_{43} & \boldsymbol{I}_{53} & \boldsymbol{I}_{63}\end{bmatrix}$$

$$=\begin{bmatrix}\dfrac{\partial x_{O1}}{\partial x_{O10}} & \dfrac{\partial x_{O1}}{\partial y_{O10}} & \dfrac{\partial x_{O1}}{\partial z_{O10}} & \dfrac{\partial x_{O1}}{\partial \dot{x}_{O10}} & \cdots & -\dfrac{\partial x_{O2}}{\partial x_{O20}} & -\dfrac{\partial x_{O2}}{\partial y_{O20}} & \cdots\\ \dfrac{\partial y_{O1}}{\partial x_{O10}} & \dfrac{\partial y_{O1}}{\partial y_{O10}} & \dfrac{\partial y_{O1}}{\partial z_{O10}} & \dfrac{\partial y_{O1}}{\partial \dot{x}_{O10}} & \cdots & -\dfrac{\partial y_{O2}}{\partial x_{O20}} & -\dfrac{\partial y_{O2}}{\partial y_{O20}} & \cdots\\ \dfrac{\partial z_{O1}}{\partial x_{O10}} & \dfrac{\partial z_{O1}}{\partial y_{O10}} & \dfrac{\partial z_{O1}}{\partial z_{O10}} & \dfrac{\partial z_{O1}}{\partial \dot{x}_{O10}} & \cdots & -\dfrac{\partial z_{O2}}{\partial x_{O20}} & -\dfrac{\partial z_{O2}}{\partial y_{O20}} & \cdots\end{bmatrix} \tag{4-78}$$

由式(4-78)可知 $\partial\boldsymbol{\rho}/\partial\boldsymbol{X}_0$ 行满秩，将其代入系数矩阵 $\boldsymbol{B}$，经过简单矩阵计算得 $|\boldsymbol{B}^{\mathrm{T}}\boldsymbol{B}|\neq 0$ 即系数矩阵 $\boldsymbol{B}$ 为列满秩，不会发生亏秩，则双星编队和空间目标可以进行"自主"联合定轨。但是由于系数矩阵 $\boldsymbol{B}$ 的分块矩阵 $\partial(\beta_1,\varepsilon_1,\beta_2,\varepsilon_2)/\partial\boldsymbol{X}_0$ 是亏秩的，且 $\boldsymbol{B}^{\mathrm{T}}\boldsymbol{B}$ 的条件数相对较大，随着计算时间增加，由于截断误差和舍入误差不断累积导致系数矩阵 $\boldsymbol{B}$ 趋于病态，而无法实现"自主"联合定轨。

4.2.3 自主定轨亏秩问题的改进策略

为解决"自主"联合定轨的亏秩问题，LeMay 等提出同时利用合作卫星的星间测距、测角信息实现自主定轨[24]；Mark 等提出基于合作卫星的星间相对位置矢量测量，采用批处理滤波方法自主联合确定两个卫星的轨道[25]；陈金平等提出在星间测距加入轨道定向参数适当约束实现自主定轨，不过该方法依赖于对轨道面定向参数进行长期高精度预报，随着弧长增加其轨道面定向参数精度会逐渐降低[26]。在实际应用中，在星间观测中适时加入地面测量信息是解决"轨道整体漂移"的简便而有效的方法[27]。

本节关于"自主"定轨亏秩分析表明，空间目标仅测角跟踪的"自主"定轨过程中，总是存在观测条件方程的亏秩问题。如果亏秩的量是不变量或仅是慢变量，通过地面测控站或 GPS 提供一定精度的相关轨道根数后，在"自主"联合定轨过程中固定相关轨道根数或者施加适当的约束[26]，则可以在相当一段时间内保持"自主"定轨的有效性。但是如果亏秩的量中含有快变量，则必须始终保持对这些量的测量更新，"自主"定轨无法实现，只能通过其他测量手段获取观测

平台的亏秩量作为基准,如在观测平台上加载星敏感器或脉冲星敏感装置。

因此,空间目标天基仅测角跟踪系统克服"自主"定轨亏秩的方法可以考虑以下三种改进策略:

(1) 地锚方式,在地面安装若干发射源,该发射源只需要发射无线电信号和自身位置信息,为天基观测平台提供基准,不需要接收装置,简单易行,不过受到地域限制无法全球布设,只能间断的提供基准[28]。

(2) 固定或约束导致亏秩的直接与"经度"相关的轨道根数 Ω,但是该方法仅适用于亏秩量不含快变量的情况,否则需在观测平台加载星敏感器或脉冲星敏感装置。

(3) 从定轨算法上设定基准,引入观测平台轨道的先验信息,利用参数加权平差算法实现自主定轨;而对于先验信息未知或过于粗略,可以考虑有偏估计方法定轨,但是会降低定轨精度[29]。

4.3 单星对空间目标仅测角跟踪滤波算法

4.3.1 单星对空间目标仅测角跟踪模型

1. 状态模型

设观测卫星在ECI坐标系的位置、速度矢量为:$\boldsymbol{r}_O=[x_O,y_O,z_O]^T$,$\dot{\boldsymbol{r}}_O=[\dot{x}_O,\dot{y}_O,\dot{z}_O]^T$。空间目标在ECI坐标系的位置、速度矢量为:$\boldsymbol{r}_T=[x_T,y_T,z_T]^T$,$\dot{\boldsymbol{r}}_T=[\dot{x}_T,\dot{y}_T,\dot{z}_T]^T$。在短时间间隔内,目标在ECI坐标系中的运动可视为匀加速运动,即当 $t\in[t_k,t_{k+1}]$ 时,目标运动加加速度为常数 β。记目标运动加速度 $\boldsymbol{a}_T=\ddot{\boldsymbol{r}}_T=[\ddot{x}_T,\ddot{y}_T,\ddot{z}_T]^T$,则有

$$\begin{cases}\boldsymbol{a}_T(t)=\boldsymbol{a}_T(t_k)+\beta(t-t_k)\\ \dot{\boldsymbol{r}}_T(t)=\dot{\boldsymbol{r}}_T(t_k)+\int_{t_k}^{t}\boldsymbol{a}_T(\tau)\mathrm{d}\tau\\ \boldsymbol{r}_T(t)=\boldsymbol{r}_T(t_k)+\int_{t_k}^{t}\dot{\boldsymbol{r}}_T(\tau)\mathrm{d}\tau\end{cases} \tag{4-79}$$

设 $T=t_{k+1}-t_k$ 为采样间隔,当 $t=t_{k+1}$ 时,由式(4-79)可得

$$\boldsymbol{r}_T(t_{k+1})=\boldsymbol{r}_T(t_k)+T\cdot\dot{\boldsymbol{r}}_T(t_k)+T^2/3\cdot\boldsymbol{a}_T(t_k)+T^2/6\cdot\boldsymbol{a}_T(t_{k+1}) \tag{4-80}$$

令空间目标在历元 t_k 的状态矢量 $\boldsymbol{X}_{T,k}=[x_{T,k},y_{T,k},z_{T,k},\dot{x}_{T,k},\dot{y}_{T,k},\dot{z}_{T,k}]^T$,则式(4-80)可以写成下列状态差分模型:

$$\boldsymbol{X}_{T,k+1}=\boldsymbol{\Phi}_{k+1,k}\boldsymbol{X}_{T,k}+\boldsymbol{B}\cdot\boldsymbol{U}_{T,k}+\boldsymbol{W}_k \tag{4-81}$$

式中

$$\boldsymbol{\Phi}_{k+1,k}=\begin{bmatrix}1&0&0&T&0&0\\0&1&0&0&T&0\\0&0&1&0&0&T\\0&0&0&1&0&0\\0&0&0&0&1&0\\0&0&0&0&0&1\end{bmatrix},\boldsymbol{B}_{k+1,k}=\begin{bmatrix}T^2/3&0&0&T^2/6&0&0\\0&T^2/3&0&0/T^2/6&0&\\0&0&T^2/3&0&0&T^2/6\\T/2&0&0&T/2&0&0\\0&T/2&0&0&T/2&0\\0&0&T/2&0&0&T/2\end{bmatrix}$$

$$\boldsymbol{U}_{\mathrm{T},k}=[\ddot{x}_{\mathrm{T},k},\ddot{y}_{\mathrm{T},k},\ddot{z}_{\mathrm{T},k},\ddot{x}_{\mathrm{T},k+1},\ddot{y}_{\mathrm{T},k+1},\ddot{z}_{\mathrm{T},k+1}]^{\mathrm{T}}$$

$\boldsymbol{W}_k$为系统过程噪声矢量。

空间目标在历元 t_k 的地心距 $r_{\mathrm{T},k}=|\boldsymbol{r}_{\mathrm{T},k}|$，二体运动下的加速度矢量 $\boldsymbol{a}_{\mathrm{T}}^0=\ddot{\boldsymbol{r}}_{\mathrm{T}}^0=[\ddot{x}_{\mathrm{T}}^0,\ddot{y}_{\mathrm{T}}^0,\ddot{z}_{\mathrm{T}}^0]^{\mathrm{T}}$，并考虑地球非球形摄动、日月摄动。非球形 J_2 项摄动加速度为 $\boldsymbol{a}_{\mathrm{T}}^{J_2}=1.5\cdot\mu J_2r_{\mathrm{E}}^2/r_{\mathrm{T}}^5\cdot[5x_{\mathrm{T}}z_{\mathrm{T}}^2/r_{\mathrm{T}}^2-x_{\mathrm{T}},5y_{\mathrm{T}}z_{\mathrm{T}}^2/r_{\mathrm{T}}^2-y_{\mathrm{T}},5z_{\mathrm{T}}z_{\mathrm{T}}^2/r_{\mathrm{T}}^2-3z_{\mathrm{T}}]^{\mathrm{T}}$

J_3项和 J_4项摄动加速度分别为[30]

$$\boldsymbol{a}_{\mathrm{T}}^{J_3}=-2.5\cdot\mu J_3r_{\mathrm{E}}^3/r_{\mathrm{T}}^6\cdot[x_{\mathrm{T}}(3z_{\mathrm{T}}/r_{\mathrm{T}}-7z_{\mathrm{T}}^3/r_{\mathrm{T}}^3),y_{\mathrm{T}}(3z_{\mathrm{T}}/r_{\mathrm{T}}-7z_{\mathrm{T}}^3/r_{\mathrm{T}}^3),\\z_{\mathrm{T}}(3z_{\mathrm{T}}/r_{\mathrm{T}}-7z_{\mathrm{T}}^3/r_{\mathrm{T}}^3+3z_{\mathrm{T}}/r_{\mathrm{T}})-0.6r_{\mathrm{T}}]^{\mathrm{T}}$$

$$\boldsymbol{a}_{\mathrm{T}}^{J_4}=-0.625\mu J_4r_{\mathrm{E}}^4/r_{\mathrm{T}}^7\cdot[x_{\mathrm{T}}(3-42z_{\mathrm{T}}^2/r_{\mathrm{T}}^2+63z_{\mathrm{T}}^4/r_{\mathrm{T}}^4),y_{\mathrm{T}}(3-42z_{\mathrm{T}}^2/r_{\mathrm{T}}^2+63z_{\mathrm{T}}^4/r_{\mathrm{T}}^4),\\z_{\mathrm{T}}(3-42z_{\mathrm{T}}^2/r_{\mathrm{T}}^2+12-28z_{\mathrm{T}}^2/r_{\mathrm{T}}^2)]^{\mathrm{T}}$$

式中：$r_{\mathrm{E}}=6378136\mathrm{m}$；$J_2=1.082626\times10^{-3}$；$J_3=-254\times10^{-8}$；$J_4=-161\times10^{-8}$。

日月摄动加速度为

$$\boldsymbol{a}_{\mathrm{T}}^{\mathrm{S}}=\mu_{\mathrm{S}}\left(\frac{\boldsymbol{r}_{\mathrm{S}}-\boldsymbol{r}_{\mathrm{T}}}{|\boldsymbol{r}_{\mathrm{S}}-\boldsymbol{r}_{\mathrm{T}}|^3}-\frac{\boldsymbol{r}_{\mathrm{S}}}{|\boldsymbol{r}_{\mathrm{S}}|^3}\right)+\mu_{\mathrm{L}}\left(\frac{\boldsymbol{r}_{\mathrm{L}}-\boldsymbol{r}_{\mathrm{T}}}{|\boldsymbol{r}_{\mathrm{L}}-\boldsymbol{r}_{\mathrm{T}}|^3}-\frac{\boldsymbol{r}_{\mathrm{L}}}{|\boldsymbol{r}_{\mathrm{L}}|^3}\right)$$

式中：$\mu_{\mathrm{S}}=1.3271244\times10^{20}\mathrm{m}^3/\mathrm{s}^2$；$\mu_{\mathrm{L}}=0.49028026\times10^{13}\mathrm{m}^3/\mathrm{s}^2$；$\boldsymbol{r}_{\mathrm{S}}$、$\boldsymbol{r}_{\mathrm{L}}$ 分别为地心到太阳和月球的位置矢量。

则空间目标的摄动加速度为

$$\boldsymbol{a}_{\mathrm{T},k}=f_a(\boldsymbol{X}_{\mathrm{T},k})=-\mu\cdot\boldsymbol{r}_{\mathrm{T},k}/\boldsymbol{r}_{\mathrm{T},k}^3+\boldsymbol{a}_{\mathrm{T},k}^{J_2}+\boldsymbol{a}_{\mathrm{T},k}^{J_3}+\boldsymbol{a}_{\mathrm{T},k}^{J_4}+\boldsymbol{a}_{\mathrm{T},k}^{\mathrm{S}}\tag{4-82}$$

2. 测量模型

设 $\boldsymbol{\rho}=[\rho_x,\rho_y,\rho_z]^{\mathrm{T}}$，$\dot{\boldsymbol{\rho}}=[\dot{\rho}_x,\dot{\rho}_y,\dot{\rho}_z]^{\mathrm{T}}$ 分别表示空间目标在观测卫星的轨道坐标系中的位置、速度矢量，则空间目标的方位角 β_k和俯仰角 ε_k分别为[7]

$$\begin{cases}\beta_k=\arctan\dfrac{\rho_y(k)}{\rho_x(k)}+\eta_{\beta k}\\[2ex]\varepsilon_k=\arctan\dfrac{\rho_z(k)}{\sqrt{\rho_x^2(k)+\rho_y^2(k)}}+\eta_{\varepsilon k}\end{cases}\tag{4-83}$$

式中：$\eta_{\beta k}$表示方位角测量噪声，为零均值、方差为 σ_β^2的高斯白噪声；$\eta_{\varepsilon k}$表示俯仰角测量噪声，为零均值、方差为 σ_ε^2的高斯白噪声；$k=1,2,\cdots,N_{\mathrm{s}}$（$N_{\mathrm{s}}$表示仅测

角观测的点数)。

历元 t_k 的观测矢量可以定义为 $\boldsymbol{Y}(k)=[\beta_k,\varepsilon_k]^{\mathrm{T}}$,则有

$$\boldsymbol{Y}(k)=\boldsymbol{h}(\boldsymbol{X}_{\mathrm{T},k})+\boldsymbol{\eta}(k)+\boldsymbol{v}(k) \tag{4-84}$$

式中:$\boldsymbol{\eta}(k)$、$\boldsymbol{v}(k)$ 分别为测量系统误差矢量和随机误差矢量。

将式(4-84)在预测状态矢量 $\hat{\boldsymbol{X}}_{\mathrm{T},k}$ 处泰勒展开,并保留一阶项,可得线性化观测方程为

$$\Delta\boldsymbol{Y}(k)=\boldsymbol{H}_k\overline{\boldsymbol{G}}_{\mathrm{O},k}^{\mathrm{T}}\cdot\Delta\boldsymbol{X}_{\mathrm{T},k}+\boldsymbol{\eta}(k)+\boldsymbol{v}(k) \tag{4-85}$$

式中:$\boldsymbol{H}_k$ 为观测量对空间目标的状态矢量的雅可比矩阵;$\overline{G}_{\mathrm{O},k}^{\mathrm{T}}$ 为由 ECI 坐标系到观测卫星轨道坐标系的坐标转换矩阵。

假设观测矢量的系统误差可以表示为 $\eta(k)=\psi_k\cdot\boldsymbol{\lambda}_k$,其中 ψ_k 为系统误差的系数矩阵,$\boldsymbol{\lambda}_k$ 为待估的常值系统误差源矢量,它不随时间变化,即 $\boldsymbol{\lambda}_k=\boldsymbol{\lambda}_{k-1}$。为不影响滤波速度,尽量减少未知状态矢量维数,不妨取 $\boldsymbol{\lambda}_k$ 为二维矢量。将系统误差源矢量 $\boldsymbol{\lambda}_k$ 也作为未知状态矢量,则状态差分模型(4-81)可以写成

$$\overline{\boldsymbol{X}}_{\mathrm{T},k+1}=\overline{\boldsymbol{\Phi}}_{k+1,k}\overline{\boldsymbol{X}}_{\mathrm{T},k}+\overline{\boldsymbol{B}}\cdot\boldsymbol{U}_{\mathrm{T},k}+\boldsymbol{W}_k \tag{4-86}$$

式中

$$\overline{\boldsymbol{X}}_{\mathrm{T},k}=[\boldsymbol{X}_{\mathrm{T},k}^{\mathrm{T}},\boldsymbol{\lambda}_k^{\mathrm{T}}]^{\mathrm{T}},\overline{\boldsymbol{\Phi}}_{k+1.k}=\begin{bmatrix}\boldsymbol{\Phi}_{k+1.k} & \boldsymbol{0}_{6\times 2}\\ \boldsymbol{0}_{2\times 6} & \boldsymbol{I}_2\end{bmatrix},\overline{\boldsymbol{B}}=[\boldsymbol{B}^{\mathrm{T}}\quad \boldsymbol{0}_{2\times 6}]^{\mathrm{T}}$$

从而方程(4-85)可以改写为

$$\Delta\boldsymbol{Y}(k)=\overline{\boldsymbol{H}}_k\cdot\Delta\overline{\boldsymbol{X}}_{\mathrm{T},k}+\boldsymbol{v}(k) \tag{4-87}$$

观测量对状态矢量 $\overline{\boldsymbol{X}}_{\mathrm{T},k}$ 的雅可比矩阵为 $\overline{\boldsymbol{H}}_k=[\boldsymbol{H}_k\overline{\boldsymbol{G}}_{\mathrm{O},k}^{\mathrm{T}}\quad \boldsymbol{\psi}_k]$。引入系统误差源矢量的天基仅测角跟踪模型(4-86)、模型(4-87),基于自校准技术原理[31],可以将空间目标运动状态和系统误差系数同时估计出来,以提高跟踪定轨精度。需要指出,在滤波过程中 $\boldsymbol{U}_{\mathrm{T},k}$ 中的 $\ddot{x}_{\mathrm{T},k+1}$、$\ddot{y}_{\mathrm{T},k+1}$、$\ddot{z}_{\mathrm{T},k+1}$ 未知,需要用 $\ddot{x}_{\mathrm{T},(k+1,k)}$、$\ddot{y}_{\mathrm{T},(k+1,k)}$、$\ddot{z}_{\mathrm{T},(k+1,k)}$ 近似代替,从而增加两个动力学约束条件:

$$\begin{cases}[\ddot{x}_{\mathrm{T},k},\ddot{y}_{\mathrm{T},k},\ddot{z}_{\mathrm{T},k}]^{\mathrm{T}}=f_a(\boldsymbol{X}_{\mathrm{T},k})\\ [\ddot{x}_{\mathrm{T},(k+1,k)},\ddot{y}_{\mathrm{T},(k+1,k)},\ddot{z}_{\mathrm{T},(k+1,k)}]^{\mathrm{T}}=f_a(\boldsymbol{X}_{\mathrm{T},(k+1,k)})\end{cases} \tag{4-88}$$

4.3.2 迭代 UKF 算法的推导

迭代 UKF 算法(IUKF)的核心思想是:在测量更新过程中利用新的观测信息来改进线性化参考点,即利用测量更新得到的状态估值 $\hat{\boldsymbol{x}}_k$ 代替状态预测值 $\hat{\boldsymbol{x}}_k^-$,由 $\hat{\boldsymbol{x}}_k$ 和预测协方差阵 $\boldsymbol{P}_k^-$ 重新产生 Sigma 样本点,计算增益 $\boldsymbol{K}_k$ 和观测预测值的修正量,再利用观测值 $\boldsymbol{y}_k$ 进行测量更新得到状态估值 $\hat{\boldsymbol{x}}_k$。该算法采用更接近

真实状态的估计值进行非线性变换和测量更新，可以进一步提高非线性近似的程度，从而提高滤波精度。

设观测矢量 $\boldsymbol{y}\in\mathbf{R}^{m\times1}$ 和状态估计矢量 $\hat{\boldsymbol{x}}\in\mathbf{R}^{n\times1}$ 相互独立（忽略系统动力学模型误差对测量更新过程的影响），且满足正态分布：

$$\boldsymbol{y}\sim N(h(\boldsymbol{x}),\boldsymbol{R}),\hat{\boldsymbol{x}}\sim N(\boldsymbol{x},\boldsymbol{P}) \tag{4-89}$$

在已知观测矢量 $\boldsymbol{y}$ 和状态估计 $\hat{\boldsymbol{x}}$ 的条件下，欲求极大验后估值 $\hat{\boldsymbol{x}}^{\mathrm{MAP}}$，则需求极大验后条件概率密度：

$$\begin{aligned}J&=p[\boldsymbol{x}|\boldsymbol{y}]=p[\boldsymbol{y}|\boldsymbol{x}]p[\boldsymbol{x}]/p[\boldsymbol{y}]\\&=p^{-1}[\boldsymbol{y}]\cdot(2\pi)^{-m/2}|\boldsymbol{R}|^{-1/2}\exp\left[-\frac{1}{2}\|\boldsymbol{y}-h(x)\|_{R^{-1}}^{2}\right]\\&\quad\cdot(2\pi)^{-n/2}|\boldsymbol{P}|^{-1/2}\exp\left[-\frac{1}{2}\|\hat{\boldsymbol{x}}-\boldsymbol{x}\|_{\boldsymbol{P}^{-1}}^{2}\right]\\&=A\cdot\exp\left[-\frac{1}{2}\|\boldsymbol{y}-h(\boldsymbol{x})\|_{\boldsymbol{R}^{-1}}^{2}-\frac{1}{2}\|\hat{\boldsymbol{x}}-\boldsymbol{x}\|_{\boldsymbol{P}^{-1}}^{2}\right]\end{aligned} \tag{4-90}$$

式中：$A=p^{-1}[\boldsymbol{y}]\cdot(2\pi)^{-(m+n)/2}\cdot|\boldsymbol{R}|^{-1/2}\cdot|\boldsymbol{P}|^{-1/2}$ 为常数项；$\|\boldsymbol{x}\|_{B}^{2}=\boldsymbol{x}^{\mathrm{T}}\cdot\boldsymbol{B}\cdot\boldsymbol{x}$。

由于 J 和 $\ln J$ 极值相同，欲求 J 极大值，即求 $L(\boldsymbol{x})$ 极小值：

$$L(\boldsymbol{x})=(\boldsymbol{y}-\boldsymbol{h}(x))^{\mathrm{T}}\boldsymbol{R}^{-1}(\boldsymbol{y}-\boldsymbol{h}(\boldsymbol{x}))+(\hat{\boldsymbol{x}}-\boldsymbol{x})^{\mathrm{T}}P^{-1}(\hat{\boldsymbol{x}}-\boldsymbol{x}) \tag{4-91}$$

令 $\boldsymbol{Y}=[\boldsymbol{y}^{\mathrm{T}}\quad\hat{\boldsymbol{x}}^{\mathrm{T}}]^{\mathrm{T}},\bar{\boldsymbol{h}}(\boldsymbol{x})=[h(\boldsymbol{x})^{\mathrm{T}}\quad\boldsymbol{x}^{\mathrm{T}}]^{\mathrm{T}},\boldsymbol{M}=[\boldsymbol{R}^{\mathrm{T}}\quad\boldsymbol{P}^{\mathrm{T}}]^{\mathrm{T}}$，且有 $\boldsymbol{M}^{-1}=\boldsymbol{S}^{\mathrm{T}}\boldsymbol{S}$，$g(\boldsymbol{x})=\boldsymbol{S}(\boldsymbol{Y}-\bar{\boldsymbol{h}}(\boldsymbol{x}))$，则式（4-91）可以写成

$$\begin{aligned}L(\boldsymbol{x})&=(\boldsymbol{Y}-\bar{\boldsymbol{h}}(\boldsymbol{x}))^{\mathrm{T}}\boldsymbol{M}^{-1}(\boldsymbol{Y}-\bar{\boldsymbol{h}}(\boldsymbol{x}))\\&=[\boldsymbol{S}(\boldsymbol{Y}-\bar{\boldsymbol{h}}(\boldsymbol{x}))]^{\mathrm{T}}[\boldsymbol{S}(\boldsymbol{Y}-\bar{\boldsymbol{h}}(\boldsymbol{x}))]\\&=\boldsymbol{g}(\boldsymbol{x})^{\mathrm{T}}\cdot\boldsymbol{g}(\boldsymbol{x})\end{aligned} \tag{4-92}$$

欲求 $L(\boldsymbol{x})$ 极小值，则根据 Gauss - Newton 法，可得迭代公式：

$$\boldsymbol{x}_{j+1}=\boldsymbol{x}_j-[\boldsymbol{g}'(\boldsymbol{x}_j)^{\mathrm{T}}\boldsymbol{g}'(\boldsymbol{x}_j)]^{-1}\boldsymbol{g}'(\boldsymbol{x}_j)^{\mathrm{T}}\boldsymbol{g}(\boldsymbol{x}_j) \tag{4-93}$$

式中

$$\boldsymbol{g}'(\boldsymbol{x}_j)=\partial\boldsymbol{g}(\boldsymbol{x}_j)/\partial\boldsymbol{x}_j=-\boldsymbol{S}\cdot\partial\bar{\boldsymbol{h}}(\boldsymbol{x}_j)/\partial\boldsymbol{x}_j$$

为方便推导，基于 EKF 算法可知

$$g'(\boldsymbol{x}_j)=-\boldsymbol{S}\cdot\bar{\boldsymbol{H}}_j=-\boldsymbol{S}\cdot[\boldsymbol{H}_j^{\mathrm{T}}\quad\boldsymbol{I}]^{\mathrm{T}}$$

令 $\hat{\boldsymbol{x}}_k^-=\hat{\boldsymbol{x}}$，进而迭代公式为

$$\begin{aligned}\boldsymbol{x}_{j+1}&=\boldsymbol{x}_j+[\boldsymbol{H}_j^{\mathrm{T}}\boldsymbol{R}^{-1}\boldsymbol{H}_j+\boldsymbol{P}^{-1}]^{-1}[\boldsymbol{H}_j^{\mathrm{T}}\boldsymbol{R}^{-1}(\boldsymbol{y}-h(\boldsymbol{x}_j))+\boldsymbol{P}^{-1}(\hat{\boldsymbol{x}}_k^--\boldsymbol{x}_j)]\\&=\hat{\boldsymbol{x}}_k^-+\boldsymbol{K}_k\cdot[\boldsymbol{y}-h(\boldsymbol{x}_j)-\boldsymbol{H}_j(\hat{\boldsymbol{x}}_k^--\boldsymbol{x}_j)]\end{aligned} \tag{4-94}$$

式中

$$K_k = PH_j^{\mathrm{T}}[H_jPH_j^{\mathrm{T}} + R]^{-1}$$

若迭代收敛，则可以更新状态估计协方差阵 $P_k = P_k^- - K_kH_jP_k^-$。为增强迭代算法的稳定性，引入具有全局收敛性的阻尼 Gauss – Newton 法，令

$$d_j = -[g'(x_j)^{\mathrm{T}}g'(x_j)]^{-1}g'(x_j)^{\mathrm{T}}g(x_j)$$

需要从 x_j 出发沿 Gauss – Newton 方向 d_j 进行最优一维搜索 $L(x_j + \lambda_j \cdot d_j) = \min\limits_{\lambda \geqslant 0} L(x_j + \lambda \cdot d_j)$，并取 $x_{j+1} = x_j + \lambda_j \cdot d_j$ 作为第 $j+1$ 次近似。注意到状态估计 $\hat{x}_k$ 迭代更新式(4 –94)是基于非线性观测方程线性化($y = h(x_j) \approx H_j \cdot x_j$)推导而得，滤波增益 K 中的 $H_jPH_j^{\mathrm{T}}$、PH_j^{T} 均存在线性化误差，则由误差传播计算公式可知

$$\mathrm{cov}(y) = E[(\hat{y} - y) \cdot (\hat{y} - y)^{\mathrm{T}}] = H_j\mathrm{cov}(x)H_j^{\mathrm{T}} = H_jPH_j^{\mathrm{T}} \tag{4-95}$$

$$\mathrm{cov}(x,y) = E[(\hat{x} - x) \cdot (\hat{y} - y)^{\mathrm{T}}] = \mathrm{cov}(x)H_j^{\mathrm{T}} = PH_j^{\mathrm{T}} \tag{4-96}$$

$$\mathrm{cov}(y,x) = \mathrm{cov}(x,y)^{\mathrm{T}} = H_jP \tag{4-97}$$

则式(4 –94)可以写成

$$\begin{aligned} x_{j+1} = \hat{x}_k^- &+ \mathrm{cov}(x_j,y) \cdot [\mathrm{cov}(y) + R]^{-1} \\ &\cdot [y - h(x_j) - \mathrm{cov}(x_j,y)^{\mathrm{T}}P^{-1}(\hat{x}_k^- - x_j)] \end{aligned} \tag{4-98}$$

UT 变换是一种计算随机变量经非线性传递后的统计特性的方法，其得到的验后均值和协方差估计的近似精度要明显高于线性化方法。设测量更新得到状态估计 $x_j = \hat{x}_k^-$（j 表示迭代次数），则由状态估计 x_j 和预测协方差阵 P_k^- 重新产生 Sigma 样本点：

$$\chi_j = [x_j \quad x_j \pm (\sqrt{(n+\lambda)P_k^-})_i](i = 1,\cdots,n) \tag{4-99}$$

式中：$(P_k^-)_i$ 表示取 P_k^- 的第 i 行。

可以利用 χ_j 计算 $P_{v_kv_k}$、$P_{x_ky_k}$、$K_{k,j}$，则状态估计 $\hat{x}_k$ 的迭代更新公式为[32]

$$x_{j+1} = \hat{x}_k^- + K_{k,j} \cdot [y - h(x_j) - (P_{x_ky_k})^{\mathrm{T}}(P_k^-)^{-1}(\hat{x}_k^- - x_j)] \tag{4-100}$$

为了节约计算量，状态估计的协方差阵 P_k 并不进行迭代更新；直到迭代收敛，再计算状态估计协方差阵 $P_k = P_k^- - K_{k,j}P_{v_kv_k}K_{k,j}^{\mathrm{T}}$。

这里给出的 IUKF 与 Banani 提出的 IUKF 思想类似[33]，本质上都是利用非线性变换使用线性测量更新，通过迭代计算来提高估计精度，但是避免了求解雅可比矩阵和海赛矩阵，保持了 UKF 使用样本点进行非线性变换。由于反复用观测值来改善估计性能是有限的，在实际应用中，迭代次数不可太多，可以设置最大迭代次数为 2[34]。

1. 迭代 UKF 算法的递推计算流程

(1) 滤波初始化。给定状态估计及状态协方差矩阵的初值：$\hat{x}_0 = E[x_0]$，

$\boldsymbol{P}_0 = E[(\boldsymbol{x}_0 - \hat{\boldsymbol{x}}_0)(\boldsymbol{x}_0 - \hat{\boldsymbol{x}}_0)^{\mathrm{T}}]$。给定过程噪声和量测噪声的协方差阵 $\boldsymbol{Q}$、$\boldsymbol{R}$；对于 $k \geqslant 1$，执行(2)~(5)。

(2) 计算 Sigma 样本点。若 $k \geqslant 1$，在 $\hat{\boldsymbol{x}}_{k-1}$ 附近选取一系列样本点，使其均值和协方差矩阵分别为 $\hat{\boldsymbol{x}}_{k-1}$、$\boldsymbol{P}_k^-$。系统状态矢量为 n 维列矢量，则 $2n+1$ 个样本点构成 $n \times (2n+1)$ 维样本矩阵 χ_{k-1} 及其权重为 $\chi_{k-1} = [\hat{\boldsymbol{x}}_{k-1} \quad \hat{\boldsymbol{x}}_{k-1} \pm (\sqrt{(n+\lambda)\boldsymbol{P}_k^-})_i]$，$W_0^{(m)} = \lambda/(n+\lambda)$，$W_0^{(c)} = \lambda/(n+\lambda) + (1-\alpha^2+\beta)$ $W_i^{(m)} = W_i^{(c)} = 1/2(n+\lambda)(i=1,2,\cdots,n)$

其中，系数 α 决定 Sigma 点的散布程度，通常取小的正值；系数 β 的最优值为2。

(3) 时间更新。

$$\chi_{i,k|k-1} = \boldsymbol{f}(\chi_{i,k-1}),\ \hat{\boldsymbol{x}}_k^- = \sum_{i=0}^{2n} W_i^{(m)} \chi_{i,k|k-1}$$

$$\boldsymbol{P}_k^- = \sum_{i=0}^{2n} W_i^{(c)} (\chi_{i,k|k-1} - \hat{\boldsymbol{x}}_k^-)(\chi_{i,k|k-1} - \hat{\boldsymbol{x}}_k^-)^{\mathrm{T}} + \boldsymbol{Q}$$

(4) 量测更新。

① 初始化：令 $j=0$，$\boldsymbol{x}_j = \hat{\boldsymbol{x}}_k^-$。

② 计算 $\boldsymbol{P}_{v_k v_k}$、$\boldsymbol{P}_{\boldsymbol{x}_k \boldsymbol{y}_k}$、$\boldsymbol{K}_{k,j}$：

$$\chi_j = [\boldsymbol{x}_j \quad \boldsymbol{x}_j \pm (\sqrt{(n+\lambda)\boldsymbol{P}_k^-})_i]\ (i=1,\cdots,n)$$

$$\boldsymbol{y}_{k|k-1} = \boldsymbol{h}(\chi_j),\ \hat{\boldsymbol{y}}_j^- = \sum_{i=0}^{2n} W_i^{(m)} \boldsymbol{y}_{i,k|k-1}$$

$$\boldsymbol{P}_{v_k v_k} = \sum_{i=0}^{2n} W_i^{(c)} (\boldsymbol{y}_{i,k|k-1} - \hat{\boldsymbol{y}}_j^-)(\boldsymbol{y}_{i,k|k-1} - \hat{\boldsymbol{y}}_j^-)^{\mathrm{T}} + \boldsymbol{R}$$

$$\boldsymbol{P}_{\boldsymbol{x}_k \boldsymbol{y}_k} = \sum_{i=0}^{2n} W_i^{(c)} (\chi_{i,k|k-1} - \hat{\boldsymbol{x}}_k^-)(\boldsymbol{y}_{i,k|k-1} - \hat{\boldsymbol{y}}_j^-)^{\mathrm{T}}$$

$$\boldsymbol{K}_{k,j} = \boldsymbol{P}_{\boldsymbol{x}_k \boldsymbol{y}_k} (\boldsymbol{P}_{v_k v_k})^{-1}$$

③ 更新状态估计 $\hat{\boldsymbol{x}}_k$：

$$\boldsymbol{x}_{j+1} = \hat{\boldsymbol{x}}_k^- + \lambda_j \cdot \boldsymbol{K}_{k,j} \cdot [\boldsymbol{y}_k - h(\boldsymbol{x}_j) - (\boldsymbol{P}_{\boldsymbol{x}_k \boldsymbol{y}_k})^{\mathrm{T}} (\boldsymbol{P}_k^-)^{-1} (\hat{\boldsymbol{x}}_k^- - \boldsymbol{x}_j)]$$

令

$$L(\boldsymbol{x}_j) = (\boldsymbol{y} - h(\boldsymbol{x}_j))^{\mathrm{T}} \boldsymbol{R}^{-1} (\boldsymbol{y} - h(\boldsymbol{x}_j)) + (\hat{\boldsymbol{x}}_k^- - \boldsymbol{x}_j)^{\mathrm{T}} (\boldsymbol{P}_k^-)^{-1} (\hat{\boldsymbol{x}}_k^- - \boldsymbol{x}_j)$$

$$\boldsymbol{d}_j = \boldsymbol{K}_{k,j} \cdot [\boldsymbol{y}_k - h(\boldsymbol{x}_j) - (\boldsymbol{P}_{\boldsymbol{x}_k \boldsymbol{y}_k})^{\mathrm{T}} (\boldsymbol{P}_k^-)^{-1} (\hat{\boldsymbol{x}}_k^- - \boldsymbol{x}_j)]$$

进行一维搜索，求 λ_j 使得 $L(\hat{\boldsymbol{x}}_k^- + \lambda_j \cdot \boldsymbol{d}_j) = \min\limits_{\lambda \geqslant 0} L(\hat{\boldsymbol{x}}_k^- + \lambda \cdot \boldsymbol{d}_j)$

并取 $\boldsymbol{x}_{j+1} = \hat{\boldsymbol{x}}_k^- + \lambda_j \cdot \boldsymbol{d}_j$。若 $j \geqslant 2$，令 $\hat{\boldsymbol{x}}_k = \boldsymbol{x}_{j+1}$，转入步骤④；否则，令 $j=j+1$，转入步骤②。

④ 更新状态估计协方差阵 $\boldsymbol{P}_k = \boldsymbol{P}_k^- - \boldsymbol{K}_{k,j} \boldsymbol{P}_{v_k v_k} \boldsymbol{K}_{k,j}^{\mathrm{T}}$，转入步骤(2)。

由 IUKF 算法的推导过程可知，其算法本身就隐含了迭代的收敛性，并且由状态估计的协方差阵更新公式可知 $\boldsymbol{P}_k < \boldsymbol{P}_k^-$，即 $\boldsymbol{P}_k$ 有上确界。进一步可知：当 $j \to \infty$ 时，迭代增益 $\boldsymbol{K}_{k,j} \to 0$，说明迭代算法可以保证得到收敛解。

2. 迭代 UKF 算法的运算量分析

就算法复杂度而言，对于状态矢量维数为 n 的状态估计问题，UKF 算法的计算复杂度为 $O(n^3)$，而 IUKF 算法增加了两次迭代测量更新运算，每次迭代增加的运算量包括样本点的 UT 变换 $O(n^3)$、滤波增益更新 $O(n^3)$ 和状态估计更新 $O(n^3)$。这些运算的复杂度都是 $O(n^3)$ 量级[35]。此外，由于状态方程的形式比观测方程复杂，变量的维数更多，相比而言测量更新的迭代过程增加的运算量相对较小[35]。因此，总体来说，IUKF 算法比 UKF 算法增加了一些计算量，但是其计算复杂度仍然为 $O(n^3)$ 量级[34]。

4.3.3 仿真实验与分析

为了验证提出的单星对空间目标仅测角跟踪滤波算法的正确性，并分析其跟踪定轨精度及滤波性能，本节进行仿真实验。为了获得较大的观测范围和较长的观测弧段，观测平台一般布置在较高轨道，采取高轨道对中低轨道的观测模式进行监视跟踪。设观测平台 SatO 在高轨道运行，空间目标 SatT 在近地轨道运行，其轨道根数见表 4-2，参考轨道历元为 2011 年 1 月 1 日 12:0:0。

表 4-2 观测平台和空间目标的轨道根数(跟踪滤波)

编号 \ 轨道根数	a/km	e	i/(°)	Ω/(°)	ω/(°)	M/(°)
SatO	34000.0	0.01	50.0	110.0	0.0	10
SatT	9000.0	0.02	60.0	100.0	0.0	20

利用 STK 仿真生成观测平台 SatO 和空间目标 SatT 的轨道数据作为标称轨道(轨道动力学模型考虑 30×30 阶地球引力场、日月摄动、大气阻力和太阳光压)，则观测平台 SatO 和空间目标 SatT 的空间相对位置如图 4-4 所示。

设观测弧段为 2011 年 1 月 1 日 12:0:0～24:0:0，由 STK 的 Access 模块可获得观测弧段内 SatO 对 SatT 的可见情况，见表 4-3。

表 4-3 观测平台对空间目标的可见时段

目标	可见弧段数	最大可见时长/h	最小可见时长/h	可见总时长/h	平均可见时长/h
SatT	5	1.91	1.01	8.5	1.7

根据表 4-3，选择合适的连续观测时段，设定仿真时长 $T_a = 5000$s，滤波周期为 T_s，N 表示滤波点数，则 $N = T_a/T_s$，蒙特卡洛仿真次数取 $M = 100$ 次。仿真

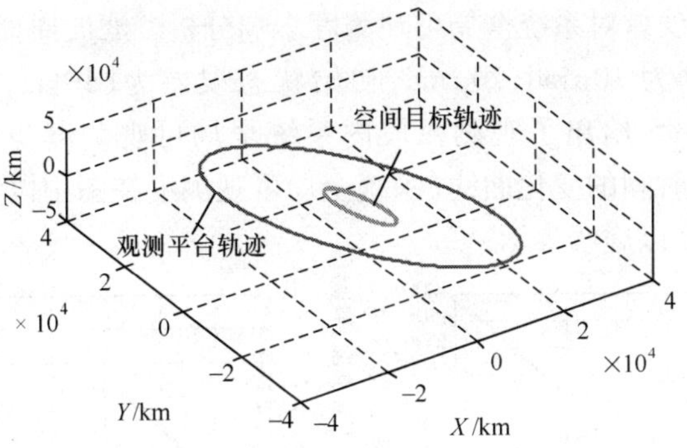

图 4－4　观测平台与空间目标的空间相对位置

结果的评价指标采用误差均方根(RMSE)、平均误差均方根(ARMSE)及收敛时间 T_c。假设进行第 i 次蒙特卡洛仿真实验时,时刻 k 空间目标的标称轨道在 ECI 坐标系中位置矢量为 X_k^i、Y_k^i、Z_k^i,对应的滤波估值为 $\hat{X}_k^i$、$\hat{Y}_k^i$、$\hat{Z}_k^i$,定义时刻 k 的位置误差均方根 RMSE_R_k、速度误差均方根 RMSE_V_k、收敛时刻 T_c 及平均位置误差均方根 ARMSE_R:

$$\text{RMSE\_}R_k = \sqrt{\frac{\sum_{i=1}^{M}\left[(\hat{X}_k^i - X_k^i)^2 + (\hat{Y}_k^i - Y_k^i)^2 + (\hat{Z}_k^i - Z_k^i)^2\right]}{M}}$$

$$\text{RMSE\_}V_k = \sqrt{\frac{\sum_{i=1}^{M}\left[(\hat{\dot{X}}_k^i - \dot{X}_k^i)^2 + (\hat{\dot{Y}}_k^i - \dot{Y}_k^i)^2 + (\hat{\dot{Z}}_k^i - \dot{Z}_k^i)^2\right]}{M}}$$

$$T_c = \| T |_{\text{RMSE}_k = 0.1\times\text{RMSE\_}R_0}$$

$$\text{ARMSE\_}R = \left(\sum_{k=1}^{N}\text{RMSE\_}R_k\right)/N \tag{4-101}$$

式中:RMSE_R_0为位置误差均方根初始值。

可以看出,RMSE 的稳态收敛值的大小,反映跟踪滤波精度;ARMSE 是对整个滤波过程的综合评价,同时考虑了收敛速度和滤波精度;收敛时刻 T_c 是以 RMSE_R_k为判断依据,一般取第一次低于 RMSE_R_0的 10% 的仿真时刻,反映滤波收敛速度。

1. 系统全局可观测度的仿真分析

第 4. 2 节对系统瞬时可观测度进行了仿真分析,这里就单星对空间目标仅测角跟踪的系统全局可观测度进行仿真分析。仿真实验采用 EKF 算法进行跟踪滤波,基于 4. 3. 1 节给出的跟踪模型(不引入常值系统误差源矢量),跟踪滤波器的轨道预报模型为仅考虑非球形 J_2项摄动。

Case1：测量误差对系统全局可观测度影响分析。滤波周期 $T_s = 10s$，视线测量误差 σ_{LOS} 分别为 10μrad、20μrad，初始状态误差为[10km，10km，10km，1m，1m，1m]。图 4－5 给出了观测弧段内系统全局可观测度与位置误差均方根 RMSE_R 随观测时间的变化曲线（系统全局可观测度在图中以实线表示，取自然对数 ln、RMSE_R 以虚线表示）。

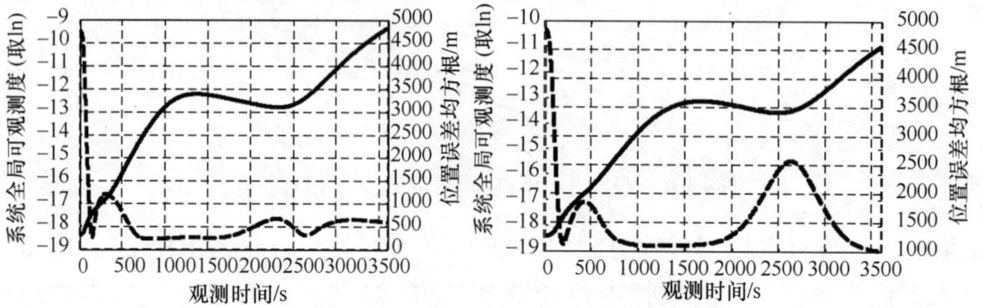

(a)　　(b)

图 4－5　系统全局可观测度与位置误差均方根关系（Case1）

(a) $\sigma_{LOS} = 10\mu rad$；$\sigma_{LOS} = 20\mu rad$。

由图 4－5 可知，空间目标跟踪定轨的位置误差均方根 RMSE_R 随观测时间逐渐变小并趋于稳定。相应地，系统全局可观测度随着观测时间逐渐增大，说明系统可观测性随着跟踪滤波收敛逐渐增强。而视线测量误差对系统全局可观测度有一定的影响，视线测量误差越大，则系统全局可观测度在滤波收敛阶段的值相对较小，即系统可观测性较弱。

Case2：滤波周期对系统全局可观测度影响分析。滤波周期 T_s 分别为 10s、20s，视线测量误差 $\sigma_{LOS} = 15\mu rad$，初始状态误差为[10km，10km，10km，1m，1m，1m]。图 4－6 给出了 T_s 分别为 10s、20s 时观测弧段内系统全局可观测度与位置误差均方根 RMSE_R 随观测时间的变化曲线（系统全局可观测度在图中以实线表示，取自然对数 ln，RMSE_R 以虚线表示）。

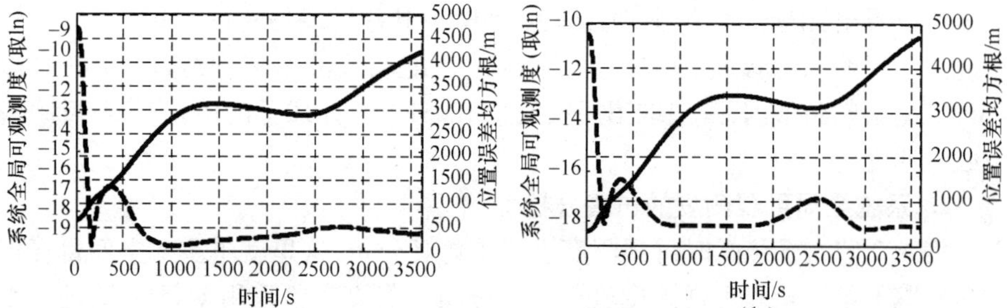

(a)　　(b)

图 4－6　系统全局可观测度与位置误差均方根关系（Case2）

(a) $T_s = 10s$；$T_s = 20s$。

由图 4－6 可知，滤波周期对系统全局可观测度有一定影响，滤波周期 T_s = 20s 对应的系统全局可观测度在滤波收敛阶段的值相对于 T_s = 10s 有所降低，即系统可观测性减弱，但是整个滤波过程中系统全局可观测度随观测时间的变化趋势大致相同。

2. 迭代 UKF 算法的仿真分析

设计三个仿真算例：Case1，SatO 对 SatT 采用 MVEKF[36] 算法进行跟踪滤波；Case2，SatO 对 SatT 采用 UKF 算法进行跟踪滤波；Case3，SatO 对 SatT 采用迭代 UKF 算法进行跟踪滤波。设仿真时长 T_a = 5000s，滤波周期 T_s = 5s，视线测量随机误差分别为 20μrad、60μrad，初始状态误差为[10km，10km，10km，5m，5m，5m]。Case1 的状态模型和观测模型为 4.3.1 节给出的跟踪模型，滤波器的轨道预报模型仅考虑非球形 J_2、J_3、J_4 项摄动；Case2 和 Case3 的状态模型和观测模型为 4.3.1 节给出的跟踪模型，滤波器的轨道预报模型考虑非球形 J_2、J_3、J_4 项摄动和日月摄动，天基观测平台 SatO 的运行轨道已知；暂时不引入常值系统误差源矢量。仿真结果如图 4－7、图 4－8 所示。评价指标对比见表 4－4。

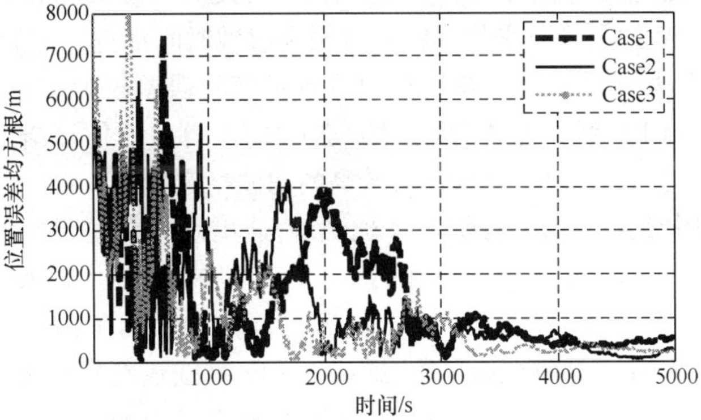

图 4－7　位置误差均方根的比较（视线测量误差 20μrad）

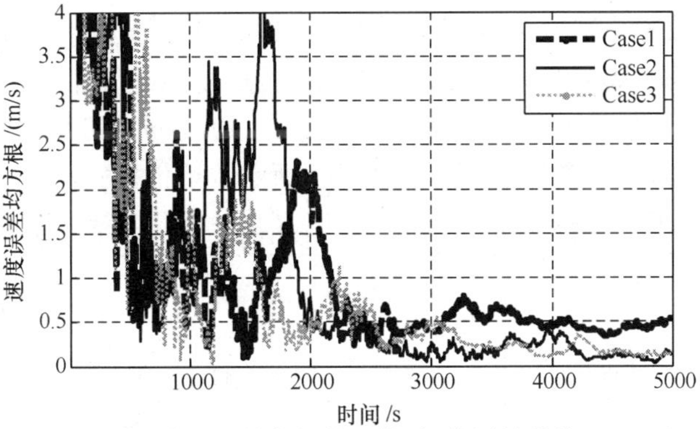

图 4－8　速度误差均方根的比较（视线测量误差 20μrad）

表 4-4 不同跟踪滤波算法仿真结果的评价指标对比

算例	观测误差/μrad	RMSE_R 收敛值/m	RMSE_V 收敛值/(m/s)	ARMSE/m	T_c/s
Case1	20	520.32	0.470	1462.94	225
	60	726.51	0.630	2642.85	468
Case2	20	283.31	0.162	1331.08	195
	60	376.53	0.425	1844.59	325
Case3	20	231.73	0.148	1032.12	194
	60	355.67	0.146	1820.35	316

由仿真结果和指标对比可知，对于观测数据为随机噪声（不考虑系统误差）的情况，相对于 MVEKF 算法和 UKF 算法，迭代 UKF 算法具有更快的收敛速度和更高的跟踪定轨精度，其误差均方根曲线平缓，没有出现较大的波动，表现出良好的跟踪性能。对于视线测量随机误差对采用迭代 UKF 算法进行跟踪滤波的影响，当视线测量误差增大（σ_{LOS}从 20μrad 增大到 60μrad），位置和速度误差均方根均有明显增大，同时平均误差均方根和收敛时间都有一定的增加，说明基于迭代 UKF 算法仅测角跟踪滤波对角度测量随机误差较为敏感；但是相对于 MVEKF 算法和 UKF 算法所受到的影响，迭代 UKF 算法的仿真结果的评价指标均相对较好，说明迭代 UKF 算法具有较高的滤波稳定性。

上述算例中观测数据没有引入系统误差，这里研究在观测数据包含常值系统误差的情况下，当角度测量误差和初始状态误差被放大时，引入常值系统误差源的迭代 UKF（SC-IUKF）算法和 SC-SRIF 算法的仅测角跟踪滤波性能。设计仿真算例：Case4，SatO 对 SatT 采用 SC-SRIF 算法进行跟踪滤波（引入常值系统误差源矢量 $\boldsymbol{\lambda}_4=[c_\beta,c_\varepsilon]$）；Case5，SatO 对 SatT 采用 SC-IUKF 算法进行跟踪滤波（引入常值系统误差源矢量 $\boldsymbol{\lambda}_5=[c_\beta,c_\varepsilon]$）。设初始系统误差矢量和观测系统误差的系数矩阵均为 $\boldsymbol{\lambda}_0=[10^{-6},10^{-6}]$和 $\boldsymbol{\psi}=10^{-6}\times\mathrm{diag}[1,1]$。设仿真时长 $T_a=5000$s，滤波周期 $T_s=5$s，视线测量误差为 90μrad（其中，常值系统误差为 60μrad，随机误差为 30μrad），初始状态误差为[1000km，1000km，1000km，20m，20m，20m]。仿真结果如图 4-9～图 4-11 所示。评价指标对比见表 4-5。

表 4-5 SC-IUKF 算法和 SC-SRIF 算法仿真结果的评价指标对比

算例	观测误差/μrad	RMSE_R 收敛值/m	RMSE_V 收敛值/(m/s)	ARMSE/m	T_c/s	常值系统误差矢量 $\boldsymbol{\lambda}$
Case4	90	2600.82	4.752	13602.43	413	[0.0014,0.0015]
Case5	90	2590.32	4.582	12985.92	409	[0.0219,0.0248]

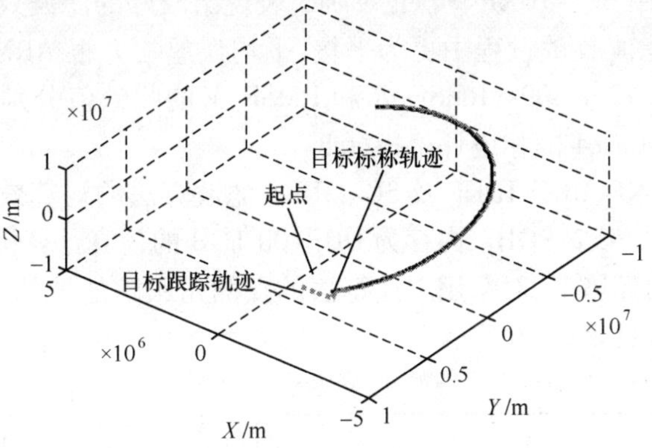

图4－9　采用 SC－IUKF 算法的目标跟踪轨迹

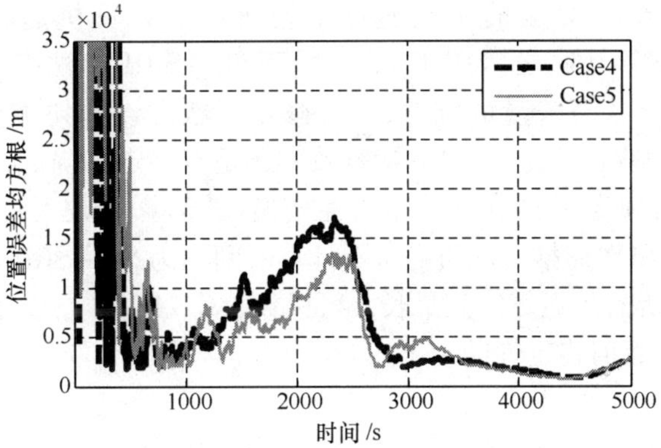

图4－10　位置误差均方根的比较(视线测量误差 90μrad)

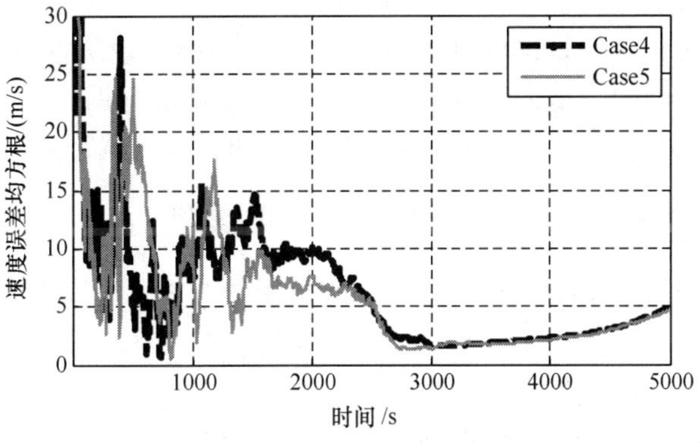

图4－11　速度误差均方根的比较(视线测量误差 90μrad)

由仿真结果可知,相对于采用 SC－SRIF 算法的 Case4,当观测数据包含常值系统噪声，采用 SC－IUKF 算法的 Case5 表现出较好的滤波效果，其位置速度误差均方根在滤波收敛过程中更为平缓，平均误差均方根 ARMSE 和收敛时间 T_c 分别为 12985.92m、409s，RMSE_R 和 RMSE_V 的收敛值分别为 2590.32m 和 4.582m/s，均比 Case4 的相应评价指标低。

为了比较 EKF、UKF、IUKF 及 SC－IUKF 滤波算法的运算效率，在处理器为 Intel Pentium D CPU 2.8GHz、内存为 DDR400 1GB 的仿真计算机，仿真计算软件为 Matlab 7.2 的环境下，对采用上述算法的仅测角跟踪滤波的运算效率进行了仿真测试。结果见表 4－6。

表 4－6　跟踪滤波算法的运算效率比较

算法	EKF	MVEKF	UKF	IUKF	SC－IUKF
单次递推的平均计算机运算时间/s	0.0092	0.0105	0.0952	0.0989	0.109

可以看出，EKF 算法的单次递推平均所需的计算机运算时间最小，为 0.0092s；MVEKF 算法次之，为 0.0105s。由于 SC－SRIF 算法引入了常值系统误差源矢量，增加了状态矢量的维数，并且修正了状态误差协方差阵，虽然采用 SRIF 可以减少一些运算量，但是其运算效率还是有一定的降低，为 0.0201s。而 UKF 采用的是对确定采样点进行非线性变换，其运算量较大，因此 UKF、IUKF 及 SC－IUKF 的单次递推平均所需机器计算时间约为 SC－SRIF 算法的 5 倍，且 SC－IUKF 算法所需的运算时间最长。可以说，SC－IUKF 是以牺牲运算效率来提高滤波精度和数值稳定性的。

4.4　基于双星编队的天地联合定轨方法

针对单星对空间非合作目标仅测角跟踪的观测几何条件差，本节提出利用双星编队对空间非合作目标进行协同观测，将地面站对编队卫星的观测数据，编队卫星之间的星间测量数据以及双星对目标角度测量数据融合起来，采用集中式 SR－UKF 算法[37]整网确定出编队卫星和空间目标的状态。

4.4.1　空间非合作目标的天地联合定轨模型

基于双星编队的空间目标天地联合定轨系统如图 4－12 所示。O_e 为地心，SatO1 为双星编队的主星，SatO2 为双星编队的从星，SatT 为空间目标，Station1、Station2、Station3 为地面观测站，可以对主星 SatO1 进行激光测距。双星编队之间可以星间测量和通信，并具有星间协同工作能力，对目标进行同时观测。

1. 状态模型

设卫星编队主星 SatO1 在 ECI 坐标系的位置和速度矢量为：$\boldsymbol{r}_{O1}=[x_{O1},y_{O1},$

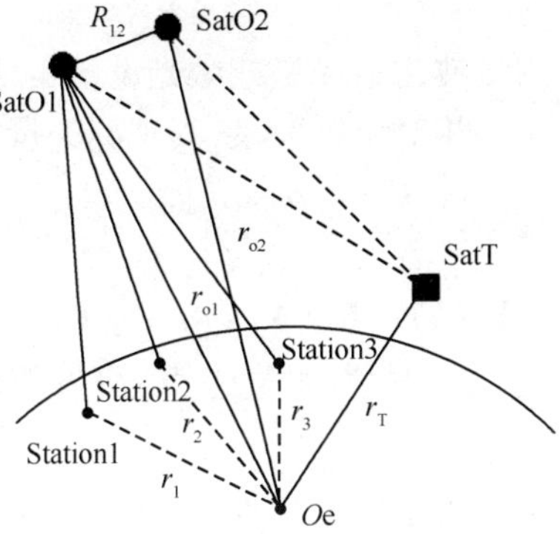

图 4-12　基于双星编队的空间目标天地联合定轨系统

$z_{O1}]^{\mathrm{T}}$，$\dot{\boldsymbol{r}}_{O1}=[\dot{x}_{O1},\dot{y}_{O1},\dot{z}_{O1}]^{\mathrm{T}}$。双星编队的从星 SatO2 在 ECI 坐标系的位置和速度矢量为：$\boldsymbol{r}_{O2}=[x_{O2},y_{O2},z_{O2}]^{\mathrm{T}}$，$\dot{\boldsymbol{r}}_{O2}=[\dot{x}_{O2},\dot{y}_{O2},\dot{z}_{O2}]^{\mathrm{T}}$。空间目标 SatT 在 ECI 坐标系的位置和速度矢量为：$\boldsymbol{r}_{\mathrm{T}}=[x_{\mathrm{T}},y_{\mathrm{T}},z_{\mathrm{T}}]^{\mathrm{T}}$，$\dot{\boldsymbol{r}}_{\mathrm{T}}=[\dot{x}_{\mathrm{T}},\dot{y}_{\mathrm{T}},\dot{z}_{\mathrm{T}}]^{\mathrm{T}}$。而 $\boldsymbol{\rho}_1=[\rho_{x1},\rho_{y1},\rho_{z1}]^{\mathrm{T}}$，$\dot{\boldsymbol{\rho}}_1=[\dot{\rho}_{x1},\dot{\rho}_{y1},\dot{\rho}_{z1}]^{\mathrm{T}}$ 分别表示空间目标在主星 SatO1 的轨道坐标系中的位置和速度矢量，$\boldsymbol{\rho}_2$、$\dot{\boldsymbol{\rho}}_2$ 分别表示目标在从星 SatO2 的轨道坐标系中的位置、速度矢量。取 ECI 坐标系下的卫星编队和目标的位置、速度矢量作为状态变量：$\boldsymbol{X}=[\boldsymbol{X}_{\mathrm{T}}^{\mathrm{T}},\boldsymbol{X}_{O1}^{\mathrm{T}},\boldsymbol{X}_{O2}^{\mathrm{T}}]^{\mathrm{T}}=[\boldsymbol{r}_{\mathrm{T}}^{\mathrm{T}},\dot{\boldsymbol{r}}_{\mathrm{T}}^{\mathrm{T}},\boldsymbol{r}_{O1}^{\mathrm{T}},\dot{\boldsymbol{r}}_{O1}^{\mathrm{T}},\boldsymbol{r}_{O2}^{\mathrm{T}},\dot{\boldsymbol{r}}_{O2}^{\mathrm{T}}]^{\mathrm{T}}$
而 $\boldsymbol{X}_{\mathrm{T}}$、$\boldsymbol{X}_{O1}$、$\boldsymbol{X}_{O2}$ 分别满足轨道动力学方程

$$\begin{cases}\dot{\boldsymbol{X}}_{\mathrm{T}}=F_1(\boldsymbol{X}_{\mathrm{T}},t), & \boldsymbol{X}_{\mathrm{T}}(t_0)=\boldsymbol{X}_{\mathrm{T}}^0\\ \dot{\boldsymbol{X}}_{O1}=F_2(\boldsymbol{X}_{O1},t), & \boldsymbol{X}_{O1}(t_0)=\boldsymbol{X}_{O1}^0\\ \dot{\boldsymbol{X}}_{O2}=F_3(\boldsymbol{X}_{O2},t), & \boldsymbol{X}_{O2}(t_0)=\boldsymbol{X}_{O2}^0\end{cases} \tag{4-102}$$

则双星编队和非合作目标运动的状态微分方程为：

$$\dot{\boldsymbol{X}}=\boldsymbol{F}(\boldsymbol{X},t) \tag{4-103}$$

其中：$\boldsymbol{F}=[F_1,F_2,F_3]^{\mathrm{T}}$ 表示状态变量 $\boldsymbol{X}$ 的非线性变换。

2. 测量模型

设双星编队测得空间目标的方位角为 β_{k1}、β_{k2} 和俯仰角为 ε_{k1}、ε_{k2}，则双星编队对空间目标的仅测角观测矢量可以定义为

$$\boldsymbol{Y}_1(k)=[\beta_{k1},\varepsilon_{k1},\beta_{k2},\varepsilon_{k2}]^{\mathrm{T}}$$

则有

$$\boldsymbol{Y}_1(k)=\boldsymbol{H}_1(\boldsymbol{X}(k))+\boldsymbol{\eta}_1(k) \tag{4-104}$$

式中：$\boldsymbol{\eta}_1(k)=[\eta_{\beta k1},\eta_{\varepsilon k1},\eta_{\beta k2},\eta_{\varepsilon k2}]^{\mathrm{T}}$ 为测量噪声矢量；协方差阵 $\boldsymbol{R}_1(k)=E[\eta_1$

$(k)\boldsymbol{\eta}_1(k)^{\mathrm{T}}]$。

编队飞行的双星采用微波雷达或星载激光设备实现星间测量[38]，可以测得从星在主星轨道坐标系中的相对位置矢量，其观测矢量定义为

$$\boldsymbol{Y}_2(k)=[\boldsymbol{\rho}_{xo2},\boldsymbol{\rho}_{yo2},\boldsymbol{\rho}_{zo2}]^{\mathrm{T}}$$

则有

$$\boldsymbol{Y}_2(k)=\boldsymbol{H}_2(\boldsymbol{X}(k))+\boldsymbol{\eta}_2(k) \tag{4-105}$$

式中：$\boldsymbol{\eta}_2(k)=[\eta_{\rho_{xo2}},\eta_{\rho_{yo2}},\eta_{\rho_{zo2}}]^{\mathrm{T}}$ 为测量噪声，协方差阵 $\boldsymbol{R}_2(k)=E[\eta_2(k)\eta_2(k)^{\mathrm{T}}]$。

地面观测站对双星编队的主星进行激光测距[38]，定义三个地面站对主星的观测矢量为

$$\boldsymbol{Y}_3(k)=[S_1,S_2,S_3]^{\mathrm{T}}$$

则有

$$\boldsymbol{Y}_3(k)=\boldsymbol{H}_3(\boldsymbol{X}(k))+\boldsymbol{\eta}_3(k) \tag{4-106}$$

式中：$\boldsymbol{\eta}_3(k)=[\eta_{S_1},\eta_{S_2},\eta_{S_3}]^{\mathrm{T}}$ 为激光测距噪声矢量，协方差阵 $\boldsymbol{R}_3(k)=E[\eta_3(k)\eta_3(k)^{\mathrm{T}}]$。

空间目标的天地联合定轨观测方程为

$$\boldsymbol{Y}(k)=\boldsymbol{H}(\boldsymbol{X}(k))+\boldsymbol{\eta}(k) \tag{4-107}$$

式中：$\boldsymbol{Y}(k)=[Y_1(k),Y_2(k),Y_3(k)]^{\mathrm{T}}$；$\boldsymbol{\eta}(k)=[\boldsymbol{\eta}_1(k),\boldsymbol{\eta}_2(k),\boldsymbol{\eta}_3(k)]^{\mathrm{T}}$。

则基于双星编队的空间非合作目标联合定轨的离散化模型为

$$\begin{cases}\boldsymbol{x}_{k+1}=f(\boldsymbol{x}_k,k)+\boldsymbol{\omega}_k\\ \boldsymbol{y}_k=h(\boldsymbol{x}_k,k)+\boldsymbol{\nu}_k\end{cases} \tag{4-108}$$

式中：$\boldsymbol{x}_k\in\mathbf{R}^{n\times1}$ 为系统状态矢量；$\boldsymbol{y}_k\in\mathbf{R}^{m\times1}$ 为观测矢量；$\boldsymbol{\omega}_k$ 为系统噪声矢量，其对应的协方差矩阵 $\boldsymbol{Q}_k$ 为正定对称矩阵；$\boldsymbol{\nu}_k$ 为量测噪声矢量，其对应的协方差矩阵 $\boldsymbol{R}_k$ 为正定对称矩阵。

4.4.2 平方根 UKF 算法及改进

在实际应用中，由于数值计算无法避免存在舍入误差等因素，在迭代求解过程中误差协方差矩阵可能会失去对称性和半正定性，导致 UKF 滤波失败。平方根 UKF(SR－UKF)利用协方差平方根矩阵代替协方差矩阵，在迭代求解过程中直接参加递推运算，以确保协方差矩阵的非负定性，并且通过使用 QR 分解计算协方差平方根，可以不必先求出样本点的加权方差，再进行 Cholesky 分解，从而既保证滤波过程中数值稳定性又减小了计算量[34]。

1. SR－UKF 算法[34]

(1) 初始化。设状态估计初值及其平方根协方差矩阵初值：

$$\hat{\boldsymbol{x}}_0 = E[\boldsymbol{x}_0], \boldsymbol{S}_0 = \text{chol}\{E[(\boldsymbol{x}_0 - \hat{\boldsymbol{x}}_0)(\boldsymbol{x}_0 - \hat{\boldsymbol{x}}_0)^{\mathrm{T}}]\}$$

式中：chol($\boldsymbol{A}$)表示对矩阵 $\boldsymbol{A}$ 进行 Cholesky 分解。设定噪声统计特性初值 $\boldsymbol{Q}_0$、$\boldsymbol{R}_0$。

（2）计算 Sigma 点：

$\chi_{k-1} = [\hat{\boldsymbol{x}}_{k-1} \quad \hat{\boldsymbol{x}}_{k-1} \pm \sqrt{n+\lambda}(\boldsymbol{S}_{k-1})_i]$（$(\boldsymbol{S}_{k-1})_i$ 表示取 $\boldsymbol{S}_{k-1}$ 的第 i 行），$W_0^{(m)} = \lambda/(n+\lambda)$，$W_0^{(c)} = \lambda/(n+\lambda) + (1-\alpha^2+\beta)$；$W_i^{(m)} = W_i^{(c)} = 1/2(n+\lambda)$（$i = 1, 2, \cdots, n$）

（3）时间更新：

$$\chi_{i,k|k-1} = \boldsymbol{F}(\chi_{i,k-1}), \ \hat{\boldsymbol{x}}_k^- = \sum_{i=0}^{2n} W_i^{(m)} \chi_{i,k|k-1}$$

$$\boldsymbol{S}_k^- = \text{qr}([\sqrt{W_0^{(c)}}(\chi_{0,k|k-1} - \hat{\boldsymbol{x}}_k^-) \cdots \sqrt{W_{2n}^{(c)}}(\chi_{2n,k|k-1} - \hat{\boldsymbol{x}}_k^-) \ \sqrt{\boldsymbol{Q}_k}]^{\mathrm{T}})$$

式中：$\sqrt{\boldsymbol{Q}_k}$ 为利用下三角 Cholesky 分解得到的矩阵 $\boldsymbol{Q}_k$ 的方根，即 chol($\boldsymbol{Q}_k$)；qr($\boldsymbol{A}$)表示对矩阵 $\boldsymbol{A}$ 进行 QR 分解。

（4）量测更新：

$$\boldsymbol{y}_{i,k|k-1} = \boldsymbol{H}(\chi_{i,k|k-1}), \ \hat{\boldsymbol{y}}_k^- = \sum_{i=0}^{2n} W_i^{(m)} \boldsymbol{y}_{i,k|k-1}$$

$$\boldsymbol{S}_{\boldsymbol{y}_k} = \text{qr}([\sqrt{W_0^{(c)}}(\boldsymbol{y}_{0,k|k-1} - \hat{\boldsymbol{y}}_k^-) \cdots \sqrt{W_{2n}^{(c)}}(\boldsymbol{y}_{2n,k|k-1} - \hat{\boldsymbol{y}}_k^-) \ \sqrt{\boldsymbol{R}_k}]^{\mathrm{T}})$$

$$\boldsymbol{P}_{\boldsymbol{x}_k \boldsymbol{y}_k} = \sum_{i=0}^{2n} W_i^{(c)} (\chi_{i,k|k-1} - \hat{\boldsymbol{x}}_k^-)(\boldsymbol{y}_{i,k|k-1} - \hat{\boldsymbol{y}}_k^-)^{\mathrm{T}}$$

$$\boldsymbol{K}_k = \boldsymbol{P}_{x_k y_k}(\boldsymbol{S}_{y_k} \boldsymbol{S}_{y_k}^{\mathrm{T}})^{-1}$$

$$\hat{\boldsymbol{x}}_k = \hat{\boldsymbol{x}}_k^- + \boldsymbol{K}_k(\boldsymbol{y}_k - \hat{\boldsymbol{y}}_k^-)$$

$$\boldsymbol{U}_k = \boldsymbol{K}_k \boldsymbol{S}_{y_k}, \ \boldsymbol{S}_k = \text{cholupdate}(\boldsymbol{S}_k^-, \boldsymbol{U}_k, -)$$

式中：$\sqrt{\boldsymbol{R}_k}$ 为利用下三角 Cholesky 分解得到的矩阵 $\boldsymbol{R}_k$ 的方根，即 chol($\boldsymbol{R}_k$)；cholupdate($\boldsymbol{A}$，$\boldsymbol{B}$，－)表示对矩阵 $\boldsymbol{A}$，$\boldsymbol{B}$ 进行 Cholesky 因式更新，即是对矩阵 $\boldsymbol{A}^{\mathrm{T}}\boldsymbol{A} - \boldsymbol{B}^{\mathrm{T}}\boldsymbol{B}$ 进行 Cholesky 分解。

2. SR－UKF 算法的改进[39]

改进一：矩阵 $\boldsymbol{S}_k^-$ 的更新计算是通过对包含加权 Sigma 点的混合矩阵并附加过程噪声协方差平方根矩阵进行 QR 分解获得，由于 $W_0^{(c)}$ 极有可能为负值，则矩阵 $\boldsymbol{S}_k^-$ 的元素会出现虚数，导致滤波无法进行。因此，可以先对其他加权 Sigma 点的混合矩阵进行 QR 分解得到矩阵 $\boldsymbol{S}_k^-$，然后对 $\sqrt{W_0^{(c)}}(\chi_{0,k|k-1} - \hat{\boldsymbol{x}}_k^-)$ 进行 Cholesky 因式更新，即 $\boldsymbol{S}_k^- = \text{cholupdate}(\boldsymbol{S}_k^-, \sqrt{W_0^{(c)}}(\chi_{0,k|k-1} - \hat{\boldsymbol{x}}_k^-), +)$，以避免 $\boldsymbol{S}_k^-$ 矩

阵的元素出现虚数[40]。同理,S_{y_k}矩阵的更新计算也需要进行类似处理。

改进二:$\boldsymbol{S}_k=\text{cholupdate}(\boldsymbol{S}_k^-,\boldsymbol{U}_k,-)$实际上是$\boldsymbol{S}_k=\text{chol}(\boldsymbol{S}_k^{-\text{T}}\boldsymbol{S}_k^-\boldsymbol{U}_k^{\text{T}}\boldsymbol{U}_k)$,由于在数值计算中存在舍入误差和截断误差等因素,有时会使矩阵$\boldsymbol{S}_k^{-\text{T}}\boldsymbol{S}_k^- - \boldsymbol{U}_k^{\text{T}}\boldsymbol{U}_k$负定,从而导致 UKF 滤波器无法工作。为保证滤波稳定性,在对矩阵$\boldsymbol{S}_k^-$、$\boldsymbol{U}_k$进行 Cholesky 因式更新前,让矩阵$\boldsymbol{U}_k$根据经验乘以一个略小于 1 的正定化因子[40],如 0.99。上述矩阵正定化处理可以在滤波初期避免估计值的协方差下降过快,提高滤波稳定性。

3. SR – UKF 算法运算量分析

设已知状态矢量的维数为 n,观测矢量的维数为 m,每个样本点进行非线性变换的运算量为 $O(n^2)$[41]。SR – UKF 对计算$\boldsymbol{S}_k^-$公式中 $n\times(3n+1)$维矩阵进行 QR 分解计算量为 $O((3n+1)n^2)$,这与 UKF 中对该矩阵的计算量相同[34],但是 UKF 要对$\boldsymbol{S}_k^-$平方后的 $n\times n$ 维矩阵进行 Cholesky 分解,则会增加 $O(n^3/6)$计算量。SR – UKF 中计算$\boldsymbol{S}_k$的 Cholesky 分解更新函数的运算量为 $O(2nm^2)$,而 UKF 进行协方差阵更新的计算量 $O(n^3+nm^2)$[42]。由上述分析可知,SR – UKF 由于直接使用协方差阵平方根进行迭代求解,比 UKF 节约了样本点计算、时间更新和测量更新过程中的三次 Cholesky 分解的运算量 $O((n^3+n^3+m^3)/6)$[42]。此外,状态矢量的维数 n 一般大于观测矢量的维数 m,因此 SR – UKF 中各个计算步骤运算量的最高量级为 $O(n^3)$。

4.4.3 仿真实验与分析

设计双星编队为高轨卫星(轨道半长轴为 32164km,偏心率为 0,星间距离约为 350km),非合作目标(NCT)在低轨运行(轨道半长轴为 7231.6 km,偏心率为 0.02),三个地面观测站(北京、喀什、福州)对主星 Sat01 进行激光测距。由主星星历和地面站理论距离,加上 0.05m 测距误差和 0.01m 随机误差模拟生成地面站对主星激光测距仿真数据;双星编队之间采用微波测距测量,加上 35m 测距误差和 0.01m 随机误差模拟生成星间测量仿真数据;双星编队对 NCT 纯角度观测量,加上视线测量随机误差 20μrad 或 60μrad 模拟生成目标观测仿真数据。轨道动力学模型参数为地球形状摄动(30×30 阶)、日月摄动、光压摄动,参考轨道历元为 2011 年 1 月 1 日 12:0:0。

设双星编队对 NCT 可测,三个地面站对主星观测时长为 7200s,滤波周期为 10s。设计三个算例:Case1,NCT 的初始误差为[5km,5km,5km,50m/s,50m/s,50m/s]^{T},双星编队的初始误差为[200m,200m,200m,5m/s,5m/s,5m/s]^{T},NCT 的测角误差为 20μrad;Case2,NCT 和双星编队的初始状态误差同 Case1,NCT 的

测角误差为 60μrad；Case3，NCT 的初始误差为[100km,100km,100km,500m/s,500m/s,500m/s]^T，双星编队的初始误差为[1km,1km,1km,50m/s,50m/s,50m/s]^T，NCT 的测角误差为 20μrad。引入定轨精度：定轨迭代收敛后，空间目标状态估计误差的单位权均方根误差为

$$\text{RMSE} = \sqrt{\frac{1}{n-1}\sum_{i=1}^{n} |\hat{\boldsymbol{X}}_i - \boldsymbol{X}_i^*|^2} \tag{4-109}$$

式中：$\boldsymbol{X}_i^*$ 为空间目标标称轨道的位置或速度矢量；$\hat{\boldsymbol{X}}_i$ 为空间目标估计轨道的位置或速度矢量；n 为轨道采样点的统计数。

空间非合作目标的位置、速度估计误差曲线如图 4－13 和图 4－14 所示（由于加入的随机噪声的不确定性，图中给出的估计误差均指采用 100 次蒙特卡洛仿真的联合定轨位置、速度估计误差的 RMSE）。

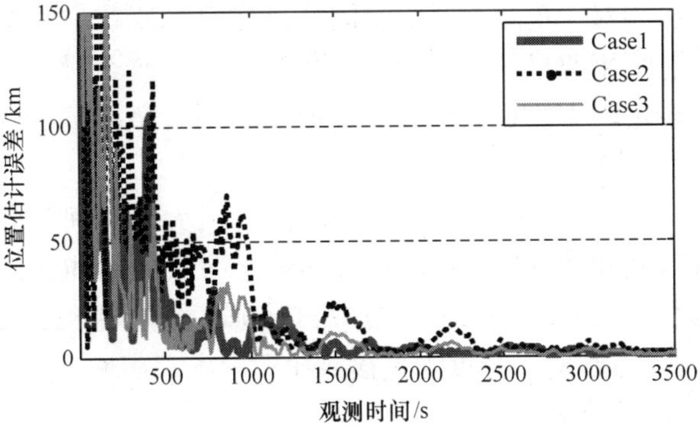

图 4－13　空间非合作目标的位置估计误差曲线

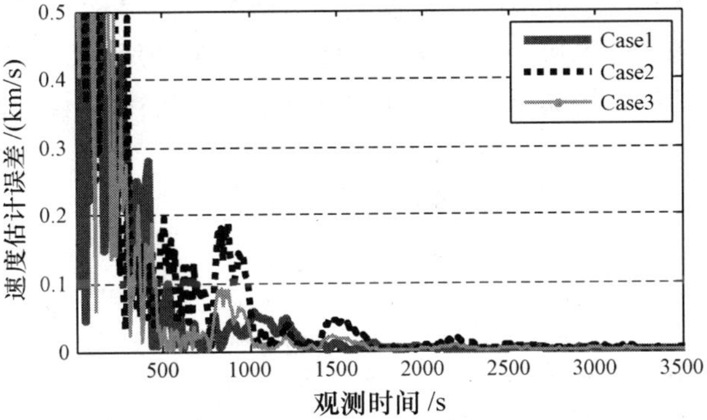

图 4－14　空间非合作目标的速度估计误差曲线

跟踪滤波收敛后，NCT 和编队双星的位置、速度估计误差见表 4－7。算例 Case4 为依据文献[1]给出单颗卫星对 NCT 仅测角跟踪定轨方法得到的位置、

速度估计误差(其中测角误差为 20μrad,NCT 的初始误差为[5km,5km,5km,50m/s,50m/s,50m/s]^T,NCT 的运行轨道仅考虑 J_2项摄动,采用 EKF 方法估计目标状态,设观测卫星无星历误差)。

表 4-7 空间非合作目标天地协同定轨的仿真结果

算例	Case1	Case2	Case3	Case4
SatT 位置估计误差/km	0.7783	1.5695	0.7987	2.1564
SatT 速度估计误差/(km/s)	0.0018	0.0025	0.0020	0.0106
SatO1 位置估计误差/km	0.0936	0.0984	0.0943	—
SatO2 位置估计误差/km	0.1113	0.1435	0.1198	—

由图 4-13、图 4-14 和表 4-7 可以得出以下结论:

(1) 对比 Case1 和 Case4 的仿真结果可知,基于双星编队的空间非合作目标整网定轨精度,相对于单颗卫星对空间非合作目标跟踪定轨精度有很大程度的提高。这说明,采用双星编队进行仅测角观测可以改善对空间目标的观测几何条件,采用联合定轨方法也可以较好地抑制观测双星的星历误差对空间非合作目标定轨精度的影响。

(2) 比较 Case1 和 Case2 的仿真结果可知,增大对空间非合作目标的测角误差,滤波收敛时间和最终位置速度估计误差会明显的增加,Case2 的空间目标最终位置估计误差达到了 1.5695km,远大于 Case1 的 0.7783km,这表明空间非合作目标整网定轨方法对于角度测量误差比较敏感。而增大空间目标的测角误差对编队双星自身的定轨精度影响不大。

(3) 比较 Case1 和 Case3 的仿真结果可知,提出的联合定轨方法可以适用于不同的初始状态误差并最终稳定收敛。当增大空间目标的初始状态误差,滤波收敛时间和最终位置速度估计误差虽然都有一定的增加,并且滤波初期目标的位置速度估计误差抖动幅度较大,但是对跟踪滤波的整体性能影响不大。

参考文献

[1] 李强. 单星对卫星目标的被动定轨与跟踪关键技术研究[D]. 长沙:国防科学技术大学, 2007.

[2] Ham F M, Brown T G. Observability, Eigenvalues, and Kalman Filtering[J]. IEEE Transactions on Aerospace and Electronic Systems, 1983, 19(2):269-275.

[3] Song T L. Observability of Target Tracking with Range-only Measurements[J]. IEEE Journal of Oceanic engineering, 1999, 24(6):383-387.

[4] 马艳红,胡军. 基于 SVD 理论的可观测度分析方法的几个反例[J]. 中国惯性技术学报, 2008, 16(4):448-457.

[5] Aidala V J, Hammel S E. Utilization of Modified Polar Coordinates for Bearings-only Tracking[J]. IEEE

Transaction on Automatic Control, 1983, 28(3):283 - 294.
[6] Goshen M D, Bar I Y. Observability Analysis of Piece - wise Constant Systems - part I: Theory[J]. IEEE Transactions on Aerospace and Electronic Systems, 1992, 28(4):1056 - 1067.
[7] Marino R. Adaptive Observers for Single Output Nonlinear Systems[J]. IEEE Trans Automatic Control, 1990, (35):1054 - 1058.
[8] Marino R, Tomei P. Nonlinear Control Design: Geometric, Adaptive and Robust[M]. Pearson Education, Inc., 1996.
[9] 王润轩. 相对运动的动力学方程[J]. 物理与工程, 2002, 12(5):18 - 20.
[10] 杨素珍,罗庚荣. 非完整系统相对运动动力学的 Hamilton 原理[J]. 西南师范大学学报(自然科学版), 1997, 22(1):106 - 112.
[11] Vallado D A. Fundamentals of Astrodynamics and Applications[M]. Microcosm Press, 2001.
[12] 杏建军. 编队卫星周期性相对运动轨道设计与构形保持研究[D]. 长沙:国防科学技术大学, 2007.
[13] Bestle D, Zeitz M. Canonical Form Observer Design for Nonlinear Time Variable Systems [J]. Int J Control, 1983, (38):419 - 431.
[14] 苏卡尼. 非合作式双基雷达中的非线性定位算法和数据融合技术[D]. 成都:电子科技大学, 2006.
[15] 占荣辉. 基于空频域信息的单站被动目标跟踪算法研究[D]. 长沙:国防科学技术大学, 2007.
[16] Byron T, Bob E S, George H B. Statistical Orbit Determination[M]. Elsevier Academic Press, 2003.
[17] Doerschuk P C. Cramer - Rao Bounds for Discrete - Time Nonlinear Filtering Problems[J]. IEEE Trans on Automatic Control, 1995, 40(8):1465 - 1469.
[18] Tichavsky P. Posterior Cramer - Rao Bounds for Adaptive Harmonic Retrieval[J]. IEEE Trans on Signal Processing, 1995, 43(5):1299 - 1302.
[19] Deok J L. Nonlinear Bayesian Filtering with Applications to Estimation and Navigation[D]. Texas A&M University dissertation, 2005.
[20] Tichavsky P, Muravchik C H, Nehorai A. Posterior Cramer - Rao Bounds for Discrete - time Nonlinear Filtering[J]. IEEE Transactions on Signal Processing, 1998, 46(5):1386 - 1396.
[21] 占荣辉,郁春来,万建伟. 机动目标跟踪误差 CRLB 计算与分析[J]. 国防科学技术大学学报, 2007, 29(5):89 - 94.
[22] Zhan R H, Wan J W. PCRB Analysis for Passive Target Tracking[J]. Journal of Electronics, 2008, 25(1):84 - 88.
[23] 叶其孝,沈永欢. 实用数学手册[M]. 2. 北京:科学出版社, 2006.
[24] LeMay J L, Brogan, W L, Seal C E. High Altitude Navigation Study(HANS)[C]. Report No. TR - 0073(3491),TheAerospaceCorp., 1973.
[25] Mark L, Psiaki S P. The Accuracy of the GPS - Derived Acceleration Vector[J]. A Novel Attitude Reference, AIAA - 99 - 4079, 1999.
[26] 陈金平,焦文海,马骏,等. 基于星间测距轨道定向参数约束的导航卫星自主定轨研究[J]. 武汉大学学报(信息科学版), 2005, 30(5):439 - 443.
[27] 张艳. 基于星间观测的星座自主导航方法研究[D]. 长沙:国防科学技术大学, 2005.
[28] 朱俊. 基于星间测距和地面发射源的导航星座整网自主定轨[J]. 国防科学技术大学学报, 2009, 31(2):15 - 20.
[29] 闫野,郗晓宁,任萱. 利用星间测距对卫星网进行定位[J]. 空间科学学报, 2000, 20(1):54 - 60.

[30] 刘林,王歆. 考虑地球扁率摄动影响的初轨计算方法[J]. 天文学报, 2003, 44(2):175 - 179.

[31] 刘利生,吴斌,杨萍. 航天器精确定轨与自校准技术[M]. 北京:国防工业出版社, 2005.

[32] Sibley G, Sukhatme G, Matthies L. The Iterated Sigma Point Kalman Filter with Applications to Long Range Stereo[C]. Proceedings of Robotics: Science and Systems, Philadelphia, PA., 2006.

[33] Banani S A, Masnadi - Shirazi M A. A New Version of Unscented Kalman Filter[J]. Proceedings of World Academy of Science, Engineering and Technology, 2007, 20:192 - 197.

[34] 成兰,谢恺. 迭代平方根 UKF[J]. 信息与控制, 2008, 37(4):439 - 444.

[35] Zhan R H, Wan J W. Iterated Unscented Kalman Filter for Passive Target Tracking[J]. IEEE Transactions on Aerospace and Electronic Systems, 2007, 43(3):1155 - 1163.

[36] 郭福成,李宗华,孙仲康. 无源定位跟踪中修正协方差扩展卡尔曼滤波算法[J]. 电子与信息学报, 2004, 26(6):917 - 922.

[37] Wen Y L, Zhu J. Simulation and Analysis of Integrated Orbit Determination of Satellites Constellation[J]. Journal of Astronautics, 2009, 30(1):155 - 163.

[38] Cai Z W, Chen J P, Jiao W H. Research on Autonomous Orbit Determination of Navigation Satellite Based on Crosslink Range and Orientation Parameters Constraining[J]. Geo - spatial Information of Science, 2006, 9(1):18 - 23.

[39] 刘光明. 基于双星编队的空间非合作目标联合定轨方法[J]. 宇航学报, 2010, 31(9):2095 - 2100.

[40] 张贤达. 矩阵分析与应用[M]. 北京:清华大学出版社, 2004.

[41] Julier S J, Uhlmann J K, Durrant - Whyte H F. A New Approach for Filtering Nonlinear Systems[J]. Proceedings of American Control Conference, 1995, 3:1628 - 1632.

[42] Van M R, Wan E A. The Square - root Unscented Kalman Filter for State and Parameter - stimation [C]. Proceedings of the IEEE International Conference on Acoustics, Speech, and Signal Processing, Piscataway, NJ, USA. 2001.

[43] Manyika J, Durrant - Whyte H. Data Fusion and Sensor Management: A Decentralized Information - Theoretic Approach[M]. Prentice Hall, 1994.

第 5 章 基于抗差估计的天基仅测角跟踪滤波算法

前面讨论了空间目标仅测角跟踪滤波算法，其理论基础为最小二乘估计。当观测样本严格服从正态分布时，最小二乘估计具有一致、无偏的特性，且具有明晰的几何意义和简捷的计算公式[1]。然而，当观测数据混入少量粗差（尽管数据预处理可以剔除大的野值，但仍有相当一部分“坏”数据保留下来），或者当理论模型与实际模型存在微小差异，最小二乘估计由于不具备抗粗差能力，单个观测值的偏差也可能导致估值严重偏离[2]。抗差估计（Robust Estimation，也称稳健估计）不像最小二乘估计过分追求估值最优和无偏性等内部性质，而是选择适当的估计方法使估值尽可能不受粗差影响，获得类似正常模式下的最优估值，其目标在于估值的实际抗差性和可靠性[3]。抗差自适应滤波方法的基本思想是：当观测值异常时，对观测值采用抗差估计原则；当动力学模型存在误差时，将动力学模型信息作为一个整体，采用统一的自适应因子调整动力学模型信息对状态参数的贡献，也可以对动力学模型信息的各分量进行自适应调节[4]。本章首先介绍适用于空间目标轨道确定的抗差估计理论，然后详细论述基于抗差自适应滤波的跟踪滤波算法。

5.1 适于空间目标跟踪定轨的抗差估计理论

抗差估计理论是一门年轻的分支学科，20 世纪 80 年代 Huber、Turkey 和 Hampel 等人先后发表了有影响的论著[2-4]，奠定了抗差估计理论的基础，经过众多数理统计学家数十年的研究，在理论和应用方面都逐步深入。在航空宇航领域，研究和发展适于航天器轨道确定和卫星导航的抗差估计理论，已经受到广大学者的极大关注[5]。下面将介绍适用于空间目标轨道确定的抗差估计理论，从抗差估计的影响函数、等价权函数等方面论述抗差估计的鲁棒性和优效性，并给出抗差最小二乘估计和相关观测抗差估计方法。

5.1.1 抗差估计基本概念

普通最小二乘估计（Ordinal Least Square Estimate，OLSE）有许多统计检验方

法可用于粗差的探测和定位，但无法适用于严重偏离正态分布的数据[6]。其原因是[6]：①统计检验的统计量都是用最小二乘估计计算的，利用不可靠的估值进行统计检验难以保证结果的可靠性，也很难把剔除粗差与估值计算分开。②对于复杂系统，有些粗差很难用传统的方法发现；有些检验出来的异常值并不一定是粗差，而是反映估计模型与数据分布不符合的重要信息。③抗差估计能以一种较为平滑的方式拒绝或接受一个观测值，可以保留一些较"坏"但仍可利用的观测值，为参数估值提供有用信息。

Huber 提出抗差估计的三个主要目标[2]：①在假定模型下，估值具有合理的优效性（最优或接近最优估值）。②在实际模型与假定模型有微小差异时，其估值或统计方法所受影响较小。③在实际模型与假定模型有严重偏离时，其估值不致受到破坏性影响。为分析估计方法的抗差性，引入污染分布模式、影响函数和崩溃污染率概念。

1. 污染分布模式

实践证明，严格服从某一特定分布的观测数据是不存在的，Turkey 于 1960 年提出了一种接近实际的污染分布 G[3]：

$$G=(1-\varepsilon)F+\varepsilon H \quad (0\leqslant\varepsilon\leqslant1) \tag{5-1}$$

污染分布 G 包含主体分布 F 和干扰分布 H，污染率 ε 表示污染部分的数据在整个数据样本中所占比例。为得到分布为 G 的优效估计，采用单一的极大似然估计是不行的，必须分别根据分布 F 和 H 采用相应的估计，然后根据 ε 组合这两种估计才能得到较佳的估值[3]。实际上，很难准确地确定污染率 ε 和干扰分布 H，因此 Hampel 等又将抗差估计归类于近似参数估计[4]。抗差估计将研究对象假定为分布模型由主体分布表示，又允许实际问题只是近似符合这个模型。

2. 影响函数

影响函数是描述一个观测值在大子样的情况下对参数估值的影响，它是统计量在相应母体分布下的一阶导数[7]。对任一实数 x，设 ε 表示在 x 处的异常值在整个数据样本中所占比例，记污染分布为

$$G=(1-\varepsilon)F+\varepsilon\Delta_x \quad (0\leqslant\varepsilon\leqslant1) \tag{5-2}$$

式中：Δ_x 为狄拉克函数，相应的密度函数为 δ_x。

则估计值 $\boldsymbol{X}$ 在分布 F 处的影响函数定义为

$$\mathrm{IF}(x;X,F)=\lim_{\varepsilon\to0}\frac{X(G)-X(F)}{\varepsilon}=\left.\frac{\mathrm{d}X(G)}{\mathrm{d}\varepsilon}\right|_{\varepsilon=0} \tag{5-3}$$

对于有限样本，可用 F_{n-1} 代替主体分布 F，F_{n-1} 是对应样本 $x_1,x_2,\cdots,x_{n-1}$ 的经验分布，从而可用离散形式计算影响函数：

$$\mathrm{IF}(x;X,F)=\frac{X[(1-1/n)F_{n-1}+1/n\cdot\Delta_x]-X(F_{n-1})}{1/n} \tag{5-4}$$

如果 ε 为污染率,则影响函数直观地描述了一个污染观测值在 x 处对估计值 $\boldsymbol{X}$ 的相对影响,$|\mathrm{IF}(x;X,F)|$越小,估计值 $\boldsymbol{X}$ 对污染观测值越不敏感[4]。影响函数不仅可用来设计各种不同类型的抗差估计,而且为衡量参数估计的可靠性和精度提供理论依据。

3. 崩溃污染率

跟影响函数一样,崩溃污染率也是评价抗差性能的一个重要指标,它是指在有限观测样本中,加入粗差而又不使估计值完全"崩溃"的最大比率[8]。对于有限样本情形下,可以将崩溃污染率的定义与样本中粗差个数联系起来。考虑观测样本 $\boldsymbol{L}=[L_1,L_2,\cdots,L_m]^{\mathrm{T}}$,相应的参数估值为$\hat{\boldsymbol{X}}(\boldsymbol{L})$。设该观测样本中加入 r 个粗差 $\boldsymbol{L}_r$,组成新的观测样本为$\widetilde{\boldsymbol{L}}$,对应于$\widetilde{\boldsymbol{L}}$的参数估值为$\hat{\boldsymbol{X}}(\widetilde{\boldsymbol{L}})$。$\hat{\boldsymbol{X}}(\boldsymbol{L})$与$\hat{\boldsymbol{X}}(\widetilde{\boldsymbol{L}})$的最大偏差为[8]

$$\beta(r,\boldsymbol{X},\boldsymbol{L})=\sup_{\boldsymbol{L}_r}\|\hat{\boldsymbol{X}}(\widetilde{\boldsymbol{L}})-\hat{\boldsymbol{X}}(\boldsymbol{L})\| \tag{5-5}$$

式中:$\sup\limits_{\boldsymbol{L}_r}$为取遍所有可能的 $\boldsymbol{L}_r$ 的上确界。

如果考虑用粗差 $\boldsymbol{L}_r$ 代替原观测样本 $\boldsymbol{L}$ 中 r 个测值,设此时观测样本为$\overline{\boldsymbol{L}}$,则相应的崩溃污染率可定义为

$$\varepsilon_m^*(\boldsymbol{X},\boldsymbol{L})=\min[r/m;\quad\beta(r,\boldsymbol{X},\boldsymbol{L})\to\infty] \tag{5-6}$$

式中:$\beta(r,\boldsymbol{X},\boldsymbol{L})=\sup\limits_{\boldsymbol{L}_r}\|\hat{\boldsymbol{X}}(\overline{\boldsymbol{L}})-\hat{\boldsymbol{X}}(\boldsymbol{L})\|$。

根据崩溃污染率定义可知,OLSE 的崩溃污染率为 0,这是因为观测样本中只要含有一个粗差,则有 $\varepsilon_m^*(\boldsymbol{X},\boldsymbol{L})=1/m$,当 $m\to\infty$ 时,$\varepsilon_m^*(\boldsymbol{X},\boldsymbol{L})\to 0$。算术均值和中位数的崩溃污染率分别为 0、0.5,一般而言,崩溃污染率为 0~0.5。

5.1.2　抗差最小二乘估计

抗差最小二乘估计属于 M 估计范畴,其关键是建立适当的权函数[6],它不再假设观测值服从同一分布,其抗差性、优效性和一致性取决于各部分假定分布模式与实际观测数据的符合情况[6]。

1. 等价权原理

设有一组相互独立的观测值 $\boldsymbol{Y}=[y_1,y_2,\cdots,y_m]^{\mathrm{T}}$,观测值的权矩阵 $\boldsymbol{P}=\mathrm{diag}[P_1,P_2,\cdots,P_m]$,观测方程及相应的误差方程为

$$\boldsymbol{Y}=\boldsymbol{A}\cdot\boldsymbol{x}+\boldsymbol{\xi},\quad \boldsymbol{V}=\boldsymbol{A}\cdot\hat{\boldsymbol{x}}-\boldsymbol{Y} \tag{5-7}$$

式中：$\boldsymbol{A}_{m\times n}=[\boldsymbol{a}_1,\boldsymbol{a}_2,\cdots,\boldsymbol{a}_m]^{\mathrm{T}}$ 为系数矩阵；$\boldsymbol{x}_{n\times 1}$ 为未知参数矢量，$\hat{\boldsymbol{x}}_{n\times 1}$ 为 $\boldsymbol{x}_{n\times 1}$ 的估值；$\boldsymbol{\xi}$ 为观测误差矢量，且 $\boldsymbol{\xi}\sim \mathrm{N}(0,\sigma^2\boldsymbol{I}_m)$；$\boldsymbol{V}=[v_1,v_2,\cdots,v_m]^{\mathrm{T}}$ 为观测值的残差矢量。

OLSE 的准则函数为

$$\sum P_i\cdot v_i^2=\min \tag{5-8}$$

求解参数 $\boldsymbol{x}$ 的最小二乘估值为

$$\hat{\boldsymbol{x}}=(\boldsymbol{A}^{\mathrm{T}}\boldsymbol{P}\boldsymbol{A})^{-1}\boldsymbol{A}^{\mathrm{T}}\boldsymbol{P}\boldsymbol{Y} \tag{5-9}$$

而 M 估计可由下面的准则函数来定义：

$$\sum_{i=1}^{m}P_i\cdot\rho(v_i)=\sum_{i=1}^{m}P_i\cdot\rho(a_i\hat{\boldsymbol{x}}-y_i)=\min \tag{5-10}$$

将式(5-10)对 $\boldsymbol{x}$ 求导，并令其为0，同时定义 $\psi(v_i)=\partial\rho(v_i)/\partial v_i$，可得

$$\sum_{i=1}^{m}P_i\psi(v_i)\boldsymbol{a}_i=0 \tag{5-11}$$

令 $w_i=\psi(v_i)/v_i$ 为权因子，则 $\bar{P}_i=P_i\cdot w_i$ 为等价权元素，式(5-11)可以写成

$$\boldsymbol{A}^{\mathrm{T}}\bar{\boldsymbol{P}}\boldsymbol{V}=0 \tag{5-12}$$

式中：$\bar{\boldsymbol{P}}=\mathrm{diag}[\bar{P}_1,\bar{P}_2,\cdots,\bar{P}_m]$ 为等价权矩阵。

则相应的法方程式为

$$\boldsymbol{A}^{\mathrm{T}}\bar{\boldsymbol{P}}\boldsymbol{A}\hat{\boldsymbol{x}}-\boldsymbol{A}^{\mathrm{T}}\bar{\boldsymbol{P}}\boldsymbol{Y}=0 \tag{5-13}$$

由此可得参数矢量的抗差最小二乘估值为

$$\hat{\boldsymbol{x}}=(\boldsymbol{A}^{\mathrm{T}}\bar{\boldsymbol{P}}\boldsymbol{A})^{-1}\cdot\boldsymbol{A}^{\mathrm{T}}\bar{\boldsymbol{P}}\boldsymbol{Y} \tag{5-14}$$

等价权 $\bar{P}_i$ 的定义包容原观测权和由 ρ 函数或 ψ 函数规定的权因子，它是 v 的函数，精度要求不高，可以由 v 的近似值确定。由上述分析可知，抗差 M 估计可以通过等价权化为抗差最小二乘估计形式，这不仅为 M 估计的计算提供了方便，而且为轨道改进的抗差化提供理论支持。从定义 $w_i=(\partial\rho(v_i)/\partial v_i)/v_i$ 可知，权因子 w_i 是残差 v_i 的非线性函数。

2. 等价权函数

抗差最小二乘估计所使用的等价权与 ρ 函数或 ψ 函数密切相关，而 ρ 函数或 ψ 函数的选择应由观测数据的结构决定[9]。目前对空间目标跟踪观测的手段有激光测距、角度测量、GPS 测量等，观测精度不同，所以对 ρ 函数或 ψ 函数的选择应有一定的针对性[9]。基于抗差估计的抗差性和优效性，顾及空间目标跟

踪定轨的具体情况，这里列出一些可用于轨道改进的 ψ 函数和权因子 w（注：以下给出的 ψ 函数和权因子 w 中的 v 均为标准化残差，即 $v=v/\sigma_v$，σ_v 为残差的均方差[9]）：

（1）最小二乘法（均值）

$$\psi(v)=v,\quad w(v)=\psi(v)/v=1 \tag{5-15}$$

（2）Huber 法

$$\begin{aligned}\psi(v)&=\begin{cases}v & (|v|\leqslant k)\\ k\cdot \mathrm{sign}(v) & (|v|>k)\end{cases}\\ w(v)&=\begin{cases}1 & (|v|\leqslant k)\\ k\cdot \mathrm{sign}(v)/v=k/|v| & (|v|>k)\end{cases}\end{aligned} \tag{5-16}$$

Huber 估计的 ψ 函数是最小二乘估计的 ψ 函数和中位数的 ψ 函数的组合。当 $k=0$ 时，Huber 估值退化为中位数，当 $k\to\infty$ 时，Huber 估值变为均值。

（3）IGGI 方案

$$\begin{aligned}\psi(v_i)&=\begin{cases}v & (|v|\leqslant k_0)\\ k_0\cdot \mathrm{sign}(v) & (k_0<|v|\leqslant k_1)\\ 0 & (|v|>k_1)\end{cases}\\ w(v)&=\begin{cases}1 & (|v|\leqslant k_0)\\ k_0/|v| & (k_0<|v|\leqslant k_1)\\ 0 & (|v|>k_1)\end{cases}\end{aligned} \tag{5-17}$$

式中：k_0 为 1.5～3.0；k_1 为 2.5～5.0。

IGGI 方案属于有淘汰区的 M 估计，权因子之间变化较平缓，因此 k 的取值和残差小的变化影响不大。该方案是基于测量误差有界性提出的，充分考虑了实际数据的情况，可以用于空间目标跟踪数据处理的抗差估计。

（4）丹麦法

$$\begin{aligned}\psi(v)&=\begin{cases}v & (|v|\leqslant k)\\ v/\exp[(v_i/k)^2-1] & (|v|>k)\end{cases}\\ w(v)&=\begin{cases}1 & (|v|\leqslant k)\\ 1/\exp[(v_i/k)^2-1] & (|v|>k)\end{cases}\end{aligned} \tag{5-18}$$

丹麦法权函数有许多形式，这里只给出其中一种，式(5－18)的参数 k 一般为1.5。丹麦法权函数实质是淘汰法，可以用于抗差卡尔曼滤波[5]。

5.1.3 相关观测抗差估计方法

抗差最小二乘估计中，等价权的定义是基于假设观测数据相互独立，但实际情况中存在许多相关观测数据。在 OLSE 准则下，相关观测可以等价地转换成独立观测进行参数估计，但是对于粗差诊断和抗差估计，这种转换会引起异常误差转移，最终导致异常诊断失误及抗差估计失败，因此需要直接考虑观测值相关性，这时的等价权称为相关等价权[9]。

考虑到观测矢量的协方差矩阵可以反映观测量的离散程度，若观测精度高，可靠性好，则方差应该小，该观测值在参数估计中权重就大；反之，则相反。基于此，可以通过适当增加异常观测值的方差以降低异常观测值对参数估值的影响。但是，相关观测矢量本身是一个整体，各个元素之间的相关性一般是验前固有的。这种相关性来自观测几何结构或物理结构的关联，或者来自于先验统计信息的关联，于是异常观测的方差膨胀应该保证膨胀后整个观测矢量中元素的方差和协方差仍保持原有的相关系数不变[9]。

设观测量 L_1、L_2 的方差分别为 σ_i^2、σ_j^2，协方差 σ_{ij}，则其相关系数 $\rho_{ij}=\sigma_{ij}/(\sigma_i\sigma_j)$。假设 L_1、L_2 其中一个有粗差或同时有粗差，为使相应的方差和协方差进行适当的膨胀，可将 σ_i^2、σ_j^2、σ_{ij}做如下处理：

$$\begin{aligned}\bar{\sigma}_i^2&=\lambda_{ii}\sigma_i^2 \quad (\lambda_{ii}\geqslant 1)\\ \bar{\sigma}_j^2&=\lambda_{jj}\sigma_j^2 \quad (\lambda_{jj}\geqslant 1)\\ \bar{\sigma}_{ij}&=\lambda_{ij}\sigma_{ij} \quad (\lambda_{ij}=\sqrt{\lambda_{ii}\lambda_{jj}})\end{aligned} \tag{5-19}$$

式中：λ_{ii}为方差膨胀因子；$\bar{\sigma}_i^2$、$\bar{\sigma}_j^2$ 为等价方差；$\bar{\sigma}_{ij}$为等价协方差。

从而生成协方差矩阵 $\bar{\boldsymbol{\Sigma}}$ 称为等价协方差阵。相应的等价权矩阵 $\bar{\boldsymbol{P}}=\bar{\boldsymbol{\Sigma}}^{-1}$，为异常观测方差膨胀模型。

$$\bar{\boldsymbol{\Sigma}}=\begin{bmatrix}\bar{\sigma}_1^2 & \bar{\sigma}_{12} & \cdots & \bar{\sigma}_{1n}\\ \bar{\sigma}_{21} & \bar{\sigma}_2^2 & \cdots & \bar{\sigma}_{2n}\\ \vdots & \vdots & & \vdots\\ \bar{\sigma}_{n1} & \bar{\sigma}_{n2} & \cdots & \bar{\sigma}_n^2\end{bmatrix}=\begin{bmatrix}\lambda_{11}\sigma_1^2 & \lambda_{12}\sigma_{12} & \cdots & \lambda_{1n}\sigma_{1n}\\ \lambda_{21}\sigma_{21} & \lambda_{22}\sigma_2^2 & \cdots & \lambda_{2n}\sigma_{2n}\\ \vdots & \vdots & & \vdots\\ \lambda_{n1}\sigma_{n1} & \lambda_{n2}\sigma_{n2} & \cdots & \lambda_{nn}\sigma_n^2\end{bmatrix} \tag{5-20}$$

适当膨胀后的观测量 L_1、L_2 相关系数为

$$\bar{\rho}_{ij}=\frac{\bar{\sigma}_{ij}}{\bar{\sigma}_i\bar{\sigma}_j}=\frac{\sigma_{ij}}{\sigma_i\sigma_j}=\rho_{ij} \tag{5-21}$$

可见,经方差膨胀后生成的等价协方差阵仍可以保持方差膨胀前观测矢量的相关性。为了将异常观测方差膨胀模型应用于抗差最小二乘估计,参照方差膨胀因子,定义 γ_{ii} 为自适应降权因子或收缩因子,构造新的相关等价权元素 $\bar{p}_{ij}$,即

$$\bar{p}_{ij}=p_{ij}\gamma_{ij},\quad \gamma_{ij}=\sqrt{\gamma_{ii}\cdot\gamma_{jj}} \tag{5-22}$$

$\bar{p}_{ij}$ 也可称为双因子等价权元素,γ_{ii} 可以采用 Huber 权函数,即

$$\gamma_{ii}=\begin{cases}1 & (|\tilde{v}_i|\leqslant c)\\ c/|\tilde{v}_i| & (|\tilde{v}_i|>c)\end{cases} \tag{5-23}$$

式中:$\tilde{v}_i$ 为标准化残差;c 为常量,可以取 1.0~1.5。

5.2　基于抗差自适应滤波的跟踪滤波算法

5.2.1　抗差自适应 EKF 算法

1. 考虑摄动的天基仅测角跟踪模型

引入第4章的"单星对空间目标仅测角跟踪模型",取空间目标在 ECI 坐标系下的位置和速度矢量作为状态变量 $\boldsymbol{x}$,即 $\boldsymbol{x}=[\boldsymbol{r}_T^T,\dot{\boldsymbol{r}}_T^T]^T$,定义状态差分方程为

$$\boldsymbol{x}_{k+1}=\boldsymbol{\Phi}_{k+1,k}\boldsymbol{x}_k+\boldsymbol{B}_k\cdot\boldsymbol{U}_k+\boldsymbol{w}_k \tag{5-24}$$

式中:$\boldsymbol{w}_k$ 为系统过程噪声矢量;$E[\boldsymbol{w}_k]=0$,$\text{cov}[\boldsymbol{w}_k\boldsymbol{w}_j^T]=\boldsymbol{Q}_k\delta_{kj}$,$\delta_{kj}$ 为克罗内克函数。

定义观测矢量 $\boldsymbol{y}_k=[\beta_k,\varepsilon_k]^T$,则线性化观测方程为

$$\boldsymbol{y}_k=\boldsymbol{H}_k\cdot\boldsymbol{x}_k+\boldsymbol{v}_k \tag{5-25}$$

式中:$\boldsymbol{v}_k$ 为测量噪声矢量,$E[\boldsymbol{v}_k]=0$,$\text{cov}[\boldsymbol{v}_k\boldsymbol{v}_j^T]=\boldsymbol{R}_k\delta_{kj}$,$\text{cov}[\boldsymbol{w}_k\boldsymbol{v}_j^T]=0$。

2. 噪声协方差矩阵加权估计方法

EKF 要求观测噪声和过程噪声为零均值且统计特性已知的白噪声[10],但是在实际滤波过程中,过程噪声和观测噪声的协方差矩阵 $\boldsymbol{Q}_k$、$\boldsymbol{R}_k$ 事先是未知的,即使初始噪声模型选择比较符合实际,在滤波过程中 $\boldsymbol{Q}_k$、$\boldsymbol{R}_k$ 也会发生变化[11]。因此,当状态方程扰动和观测异常时,若在 EKF 算法中仍然采用理想化的噪声统计模型处理数据,必将使整个滤波过程出现偏差,甚至会导致滤波发散[11]。针对 EKF 的缺陷,Sage-Husa 滤波在特定窗口宽度内(利用最近一段历元的新

息矢量或残差矢量)采用历史样本平均值确定当前历元的噪声协方差阵[12]。

设新息矢量 $\bar{\boldsymbol{v}}_k$、残差矢量 $\tilde{\boldsymbol{v}}_k$ 和状态矢量预测误差 $\bar{\boldsymbol{v}}_{x_k}$ 分别为

$$\bar{\boldsymbol{v}}_k = \boldsymbol{H}_k \cdot \hat{\boldsymbol{x}}_k^- - \boldsymbol{y}_k \tag{5-26}$$

$$\tilde{\boldsymbol{v}}_k = \boldsymbol{H}_k \cdot \hat{\boldsymbol{x}}_k - \boldsymbol{y}_k \tag{5-27}$$

$$\bar{\boldsymbol{v}}_{x_k} = \hat{\boldsymbol{x}}_k - \hat{\boldsymbol{x}}_k^- \tag{5-28}$$

式中:$\hat{\boldsymbol{x}}_k$ 为状态估计矢量,$\hat{\boldsymbol{x}}_k^- = \boldsymbol{\Phi}_{k,k-1}\hat{\boldsymbol{x}}_{k-1} + \boldsymbol{B}_{k-1} \cdot \boldsymbol{U}_{k-1}$ 为状态预测矢量。

观测噪声协方差阵的开窗估计可以分为采用预测残差矢量(也称为新息)估计(Innovation - based Adaptive Estimation,IAE)和观测残差估计(Residual - based Adaptive Estimation,RAE)两种方法[13]。考虑到在估计历元 t_k 的观测噪声协方差阵 $\hat{\boldsymbol{R}}_k$ 之前,要先得到计算窗口(窗口宽度为 S)内所有残差矢量 $\tilde{\boldsymbol{v}}_k$,可以利用历元 t_k 之前的 S 个历元信息求解,则观测噪声协方差阵估值为[9]

$$\hat{\boldsymbol{R}}_k = \frac{1}{S}\sum_{j=0}^{S-1}\tilde{\boldsymbol{v}}_{k-j}\tilde{\boldsymbol{v}}_{k-j}^{\mathrm{T}} + \boldsymbol{H}_k\boldsymbol{P}_k\boldsymbol{H}_k^{\mathrm{T}} \tag{5-29}$$

式中:$\boldsymbol{P}_k$ 为历元 t_k 状态估计的协方差矩阵。

过程噪声协方差矩阵 $\hat{\boldsymbol{Q}}_k$ 的估计也可用历元 t_k 之前的 S 个历元的状态矢量预测误差 $\bar{\boldsymbol{v}}_{x_k}$ 进行估计,即[9]

$$\hat{\boldsymbol{Q}}_k = \frac{1}{S}\sum_{j=0}^{S-1}\bar{\boldsymbol{v}}_{x_{k-j}}\bar{\boldsymbol{v}}_{x_{k-j}}^{\mathrm{T}} + \boldsymbol{P}_k - \boldsymbol{\Phi}_{k,k-1}^{\mathrm{T}}\boldsymbol{P}_{k-1}\boldsymbol{\Phi}_{k,k-1} \tag{5-30}$$

但在实际应用中,计算 $\bar{\boldsymbol{v}}_{x_k}$、$\boldsymbol{P}_k$ 时需要先求得 $\hat{\boldsymbol{Q}}_k$,存在矛盾。为避免这个问题,可以在滤波稳态下直接估算 $\hat{\boldsymbol{Q}}_k$[5]:

$$\hat{\boldsymbol{Q}}_k = \boldsymbol{K}_k\left(\frac{1}{S}\sum_{j=0}^{S-1}\bar{\boldsymbol{v}}_{k-j}\bar{\boldsymbol{v}}_{k-j}^{\mathrm{T}}\right)\boldsymbol{K}_k^{\mathrm{T}} \tag{5-31}$$

式中:$\boldsymbol{K}_k$ 为 t_k 历元滤波增益矩阵。

由式(5-29)、式(5-31)可知,Sage - Husa 滤波的开窗估计都是对历史信息的平均,其估计精度取决于计算窗口内历元信息的可靠性和一致性[13]。当观测值中不含粗差时,它们可以在一定程度上反映当前历元观测信息的统计特性;但是当观测值异常时,对应的观测残差将会偏离实际值,若仍用式(5-29)估计 $\hat{\boldsymbol{R}}_k$ 将会偏离观测信息,使滤波结果出现较大偏差。类似的,当动态载体的状态出现扰动时,状态矢量预测误差的绝对值将明显偏大,则利用式(5-31)估计 $\hat{\boldsymbol{Q}}_k$ 无法反映实际噪声。为了满足空间非合作目标的实时跟踪滤波需要,有必要引入抗差自适应滤波。

对于观测噪声协方差阵估计,当观测数据受到异常污染时,若观测矢量的分量是相关的,则应引入基于抗差估计原则的方差膨胀模型来构造观测噪声的等价协方差矩阵$\hat{\boldsymbol{R}}_k$[9,14]。设观测矢量 $\boldsymbol{v}_k$ 的分量 $\boldsymbol{v}_{ki}$、$\boldsymbol{v}_{kj}$的方差分别为 σ_i^2、σ_j^2,它们之间的协方差为 σ_{ij},可以组成观测噪声等价协方差矩阵$\hat{\boldsymbol{R}}_k$。为了抑制粗差的影响,可将 σ_i^2、σ_j^2、σ_{ij}进行适当的膨胀

$$\begin{cases} \bar{\sigma}_i^2 = \lambda_{ii}\sigma_i^2 & (\lambda_{ii} \geqslant 1) \\ \bar{\sigma}_j^2 = \lambda_{jj}\sigma_j^2 & (\lambda_{jj} \geqslant 1) \\ \bar{\sigma}_{ij} = \lambda_{ij}\sigma_{ij} & (\lambda_{ij} = \sqrt{\lambda_{ii}\lambda_{jj}}) \end{cases} \tag{5-32}$$

式中:λ_{ii}为方差膨胀因子。

从而生成观测噪声等价协方差矩阵$\bar{\boldsymbol{R}}_k$:

$$\bar{\boldsymbol{R}}_k = \begin{bmatrix} \bar{\sigma}_1^2 & \bar{\sigma}_{12} & \cdots & \bar{\sigma}_{1n} \\ \bar{\sigma}_{21} & \bar{\sigma}_2^2 & \cdots & \bar{\sigma}_{2n} \\ \vdots & \vdots & & \vdots \\ \bar{\sigma}_{n1} & \bar{\sigma}_{n2} & \cdots & \bar{\sigma}_n^2 \end{bmatrix} = \begin{bmatrix} \lambda_{11}\sigma_1^2 & \lambda_{12}\sigma_{12} & \cdots & \lambda_{1n}\sigma_{1n} \\ \lambda_{21}\sigma_{21} & \lambda_{22}\sigma_2^2 & \cdots & \lambda_{2n}\sigma_{2n} \\ \vdots & \vdots & & \cdots \\ \lambda_{n1}\sigma_{n1} & \lambda_{n2}\sigma_{n2} & \cdots & \lambda_{nn}\sigma_n^2 \end{bmatrix} \tag{5-33}$$

方差膨胀因子 λ_{ii}可以取为[1]

$$\lambda_{ii} = \begin{cases} 1 & (|\tilde{\boldsymbol{v}}_i^*| \leqslant b) \\ |\tilde{\boldsymbol{v}}_i^*|/b & (|\tilde{\boldsymbol{v}}_i^*| > b) \end{cases} \tag{5-34}$$

式中:$|\tilde{\boldsymbol{v}}_i^*| = |\tilde{\boldsymbol{v}}_i|/\sigma_{\tilde{v}_i}$为标准化残差,$\sigma_{\tilde{v}_i}^2$为 $\tilde{\boldsymbol{v}}_i$ 的方差因子;b 为常量,b 可以取1.1~1.5。

当观测矢量受到异常污染时,可以用残差矢量 $\tilde{\boldsymbol{v}}_k$ 来判断:若 $|\tilde{\boldsymbol{v}}_k| > \dfrac{6}{S}\sum_{j=0}^{S-1}|\tilde{\boldsymbol{v}}_{k-j}|$,则说明观测矢量受到异常污染,需要采用方差膨胀模型计算观测噪声等价协方差阵$\bar{\boldsymbol{R}}_k$;否则,采用开窗估计观测噪声等价协方差阵$\hat{\boldsymbol{R}}_k$。

而对于过程噪声协方差阵估计,当状态预测矢量异常时,可以通过引入自适应因子来放大状态预测矢量协方差阵,进而调整增益矩阵 $\boldsymbol{K}_k$,使状态估值能够跟踪当前值,从而抑制状态预测矢量异常对滤波性能的影响。

3. 引入自适应因子的抗差自适应 EKF 算法

本节在观测历元的单步抗差解基础上,引入自适应因子 β_k 整体调整状态预测矢量协方差阵的自适应估计$\hat{\boldsymbol{\Sigma}}_{\hat{x}_k^-}$,其极值准则函数为

$$\Omega_k = \tilde{\boldsymbol{v}}_k^{\mathrm{T}} \hat{\boldsymbol{R}}_k^{-1} \tilde{\boldsymbol{v}}_k + \beta_k \cdot \bar{\boldsymbol{v}}_{x_k}^{\mathrm{T}} \hat{\boldsymbol{\Sigma}}_{\hat{\boldsymbol{x}}_k^-}^{-1} \bar{\boldsymbol{v}}_{x_k} = \min \tag{5-35}$$

将式(5－35)对$\hat{\boldsymbol{x}}_k$求极值,可得状态估计矢量的递推解为

$$\hat{\boldsymbol{x}}_k = \hat{\boldsymbol{x}}_k^- + 1/\beta_k \cdot \hat{\Sigma}_{\hat{\boldsymbol{x}}_k^-} \boldsymbol{H}_k^{\mathrm{T}} (1/\beta_k \cdot \boldsymbol{H}_k \hat{\Sigma}_{\hat{\boldsymbol{x}}_k^-} \boldsymbol{H}_k^{\mathrm{T}} + \hat{\boldsymbol{R}}_k^{-1})^{-1} (\boldsymbol{y}_k - \boldsymbol{H}_k \hat{\boldsymbol{x}}_k^-) \tag{5-36}$$

则历元t_k的等价增益矩阵为

$$\bar{\boldsymbol{K}}_k = 1/\beta_k \cdot \hat{\Sigma}_{\hat{\boldsymbol{x}}_k^-} \boldsymbol{H}_k^{\mathrm{T}} (1/\beta_k \cdot \boldsymbol{H}_k \hat{\Sigma}_{\hat{\boldsymbol{x}}_k^-} \boldsymbol{H}_k^{\mathrm{T}} + \hat{R}_k^{-1})^{-1}$$

其状态估计矢量相应的验后协方差阵为

$$\boldsymbol{P}_k = (\boldsymbol{I} - \bar{\boldsymbol{K}}_k \boldsymbol{H}_k) \hat{\Sigma}_{\hat{\boldsymbol{x}}_k^-}$$

由于新息矢量可以较好地反映扰动异常,则可以用来构造自适应因子β_k:

$$\beta_k = \begin{cases} 1 & (|\bar{\boldsymbol{v}}_k^*| \leqslant k_0) \\ [k_0/|\bar{\boldsymbol{v}}_k^*| \cdot (k_1 - \bar{\boldsymbol{v}}_k^*)/(k_1 - k_0)]^2 & (k_0 < |\bar{\boldsymbol{v}}_k^*| \leqslant k_1) \\ 10^{-6} & (|\bar{\boldsymbol{v}}_k^*| > k_1) \end{cases} \tag{5-37}$$

式中:$|\bar{\boldsymbol{v}}_k^*| = |\bar{\boldsymbol{v}}_k| / \sqrt{\mathrm{Tr}(\hat{\Sigma}_{\bar{v}_k})}$,Tr 表示求矩阵的迹;$k_0$、$k_1$为常量,$k_0$取1.0～1.5,$k_1$取3.0～8.0。

对于状态预测矢量存在异常分量的情况,由于其他可靠信息的平衡作用,使异常分量对应的权重得不到相应降低,从而不能抑制异常分量对状态估值的影响[9]。因此,引入自适应矩阵因子β_k,并强制定义β_k为对角矩阵。则极值准则函数式(5－35)改写为

$$\Omega_k = \tilde{\boldsymbol{v}}_k^{\mathrm{T}} \hat{\boldsymbol{R}}_k^{-1} \tilde{\boldsymbol{v}}_k + \bar{\boldsymbol{v}}_{x_k}^{\mathrm{T}} \beta_k^{1/2} \hat{\Sigma}_{\hat{\boldsymbol{x}}_k^-}^{-1} \beta_k^{1/2} \bar{\boldsymbol{v}}_{x_k} = \min \tag{5-38}$$

将式(5－38)对$\hat{\boldsymbol{x}}_k$求极值,可以得到状态估计矢量的递推解为

$$\hat{\boldsymbol{x}}_k = \hat{\boldsymbol{x}}_k^- + \bar{\boldsymbol{K}}_k (y_k - \boldsymbol{H}_k \hat{\boldsymbol{x}}_k^-) \tag{5-39}$$

式中:$\bar{\boldsymbol{K}}_k = \bar{\Sigma}_{\hat{\boldsymbol{x}}_k^-} \boldsymbol{H}_k^{\mathrm{T}} (\boldsymbol{H}_k \bar{\Sigma}_{\hat{\boldsymbol{x}}_k^-} \boldsymbol{H}_k^{\mathrm{T}} + \hat{\boldsymbol{R}}_k^{-1})^{-1}$;$\bar{\Sigma}_{\hat{\boldsymbol{x}}_k^-} = \beta_k^{-1/2} \hat{\Sigma}_{\hat{\boldsymbol{x}}_k^-} \beta_k^{-1/2}$。

考虑到状态矢量预测误差$\bar{\boldsymbol{v}}_{x_k}$来自动力学模型和前一历元状态矢量估计值$\hat{\boldsymbol{x}}_{k-1}$,而$\bar{\boldsymbol{v}}_{x_k}$与$\bar{\boldsymbol{v}}_{x_{k-1}}$的各分量之间是相关的,为保证先验协方差阵$\hat{\boldsymbol{\Sigma}}_{\hat{\boldsymbol{x}}_k^-}$的对称性和相关性不变,引入基于抗差估计原则的方差膨胀模型来构造自适应矩阵因子β_k。由状态矢量预测误差$\bar{\boldsymbol{v}}_{x_k}$确定自适应矩阵因子的主对角线分量$\beta_{ki}$:

$$\beta_{ki} = \begin{cases} 1 & (|\bar{\boldsymbol{v}}_{x_{ki}}^*| \leqslant c) \\ |\bar{\boldsymbol{v}}_{x_{ki}}^*|/c & (|\bar{\boldsymbol{v}}_{x_{ki}}^*| > c) \end{cases} \tag{5-40}$$

式中：$|\bar{\boldsymbol{v}}^{*}_{x_{ki}}| = |\bar{\boldsymbol{v}}_{x_{ki}}|/\sigma_{\bar{v}_{x_{ki}}}$ 为标准化状态预测误差分量；$\sigma_{\bar{v}_{x_{ki}}}$ 为 $\bar{\boldsymbol{v}}_{x_{ki}}$ 的方差因子；c 为常量，c 取 1.0~1.5。

若状态预测矢量协方差阵为

$$\hat{\boldsymbol{\Sigma}}_{\hat{x}_k^-} = \begin{bmatrix} \sigma_1^2 & \sigma_{12} & \cdots & \sigma_{1n} \\ \sigma_{21} & \sigma_2^2 & \cdots & \sigma_{2n} \\ \vdots & \vdots & & \vdots \\ \sigma_{n1} & \sigma_{n2} & \cdots & \sigma_n^2 \end{bmatrix} \tag{5-41}$$

则方差膨胀后的抗差等价协方差阵 $\bar{\boldsymbol{\Sigma}}_{\hat{x}_k^-}$ 可以表示为

$$\bar{\boldsymbol{\Sigma}}_{\hat{x}_k^-} = \begin{bmatrix} \sigma_{11}^2/\beta_{k1} & \sigma_{12}/\sqrt{\beta_{k1}\beta_{k2}} & \cdots & \sigma_{1n}/\sqrt{\beta_{k1}\beta_{kn}} \\ \sigma_{21}/\sqrt{\beta_{k1}\beta_{k2}} & \sigma_{22}^2/\beta_{k2} & \cdots & \sigma_{2n}/\sqrt{\beta_{k2}\beta_{kn}} \\ \vdots & \vdots & & \vdots \\ \sigma_{n1}/\sqrt{\beta_{k1}\beta_{kn}} & \sigma_{n2}/\sqrt{\beta_{k2}\beta_{kn}} & \cdots & \sigma_{n2}^2/\beta_{kn} \end{bmatrix} \tag{5-42}$$

4. 抗差自适应 EKF 算法流程图

抗差自适应 EKF 算法流程图如图 5-1 所示。

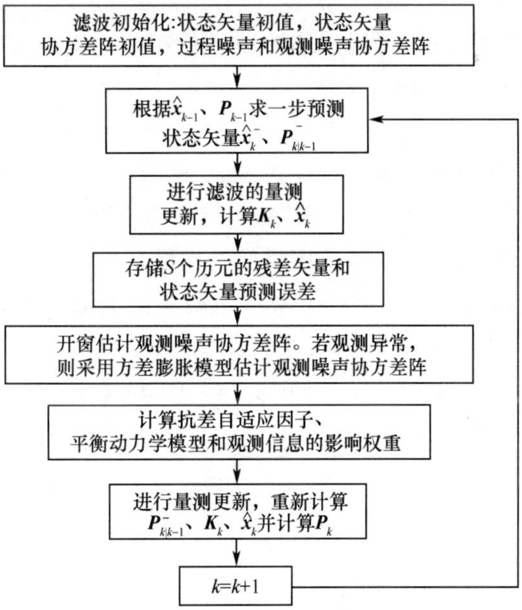

图 5-1　抗差自适应 EKF 算法流程图

5. 仿真实验与分析

为了分析抗差自适应 EKF 跟踪滤波的性能，利用 STK 模拟生成了天基观测平台和空间目标的运行轨道（轨道动力学模型考虑 30×30 阶地球引力场、日月摄动和大气阻力），并把它们作为标称轨道。观测平台 SatO 和空间目标 SatT 的轨道根数见表 5-1，参考轨道历元为 2011 年 1 月 1 日 12:0:0。

表 5-1　观测平台和空间目标的轨道根数（抗差自适应滤波）

	a/km	e	i/(°)	Ω/(°)	ω/(°)	M/(°)
SatO	34000.0	0.01	50.0	110.0	0.0	10
SatT	9000.0	0.02	60.0	100.0	0.0	20

设观测弧段为 2011 年 1 月 1 日 12:0:0 ~ 24:0:0，SatO 对 SatT 的可见情况见表 4-3，选择 1.5h 的连续观测时段。设仿真时长 $T_a = 5000$s，滤波周期 $T_s = 2$s，N 表示滤波点数，则 $N = T_a/T_s$，蒙特卡洛仿真次数 100 次。仿真结果的评价指标采用误差均方根、平均误差均方根及收敛时间。

算例 1：仅在观测数据中加入粗差。

跟踪滤波器的轨道预报模型考虑非球形 J_2、J_3、J_4 项摄动，设视线测量随机误差为 10μrad，初始状态误差为[10km，10km，10km，5m，5m，5m]；滤波稳定阶段在观测数据中加入粗差（分别在历元 t 为 3600s ~ 3608s、3800s ~ 3808s、4000s ~ 4008s 的角度测量数据加入 800μrad 的粗差）；选取初始过程噪声协方差阵 $\boldsymbol{Q}_0 = \mathrm{diag}[8\times10^{-4}, 8\times10^{-4}, 8\times10^{-4}, 2\times10^{-7}, 2\times10^{-7}, 2\times10^{-7}]$，初始观测噪声协方差阵 $\boldsymbol{R}_0 = \mathrm{diag}[10^{-10}, 10^{-10}]$。设计三个场景：Case1，SatO 对 SatT 采用 EKF 算法进行跟踪滤波；Case2，SatO 对 SatT 采用抗差单因子的自适应 EKF 算法进行跟踪滤波（窗口宽度取 $N = 10$，观测噪声等价协方差矩阵的方差膨胀因子选取参数 $b = 1.4$，构造自适应因子所采用的常量 $k_0 = 1.2$，$k_1 = 6.0$）；Case3，SatO 对 SatT 采用抗差多因子自适应 EKF 算法进行跟踪滤波（窗口宽度取 $N = 10$，观测噪声等价协方差矩阵的方差膨胀因子选取参数 $b = 1.4$，构造自适应矩阵因子所采用的常量 $c = 1.5$）。仿真结果如图 5-2、图 5-3 和表 5-2 所示。

表 5-2　观测数据加入粗差的仿真结果

算例	观测误差/μrad	RMSE_R 收敛值/m	RMSE_V 收敛值/(m/s)	ARMSE/m	T_c/s
Case1	10	632.67	0.632	818.84	142
Case2	10	370.21	0.331	797.87	58
Case3	10	339.82	0.318	797.55	58

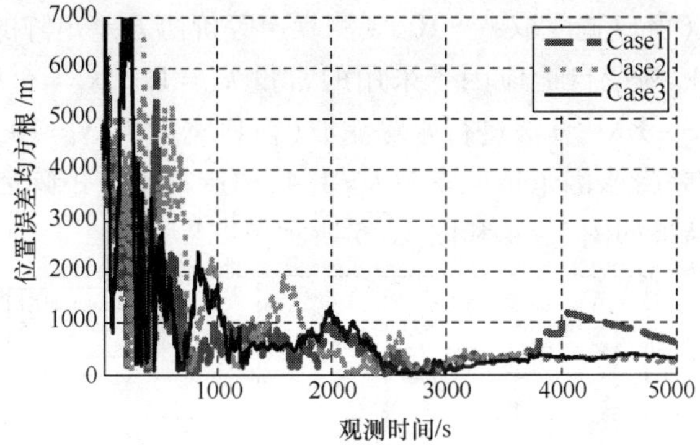

图5-2　位置误差均方根的比较(滤波稳定阶段观测异常)

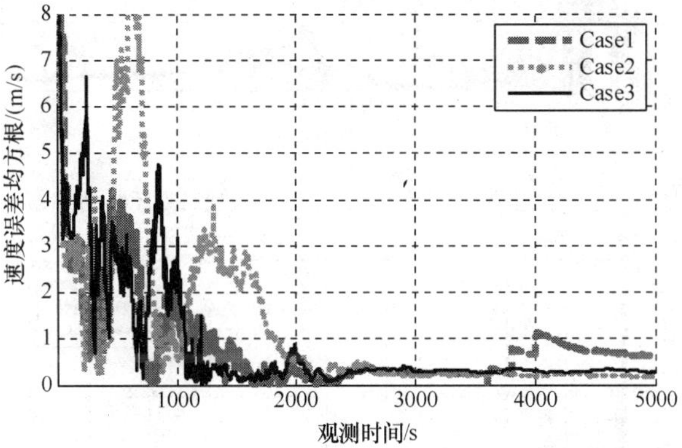

图5-3　速度误差均方根的比较(滤波稳定阶段观测异常)

从仿真结果可知:①在滤波稳定阶段,当观测异常时,EKF滤波由于没有采取措施抵制观测粗差的影响,其位置、速度误差曲线都出现阶跃式抖动,导致滤波结果变差,甚至可能出现发散。②抗差单因子自适应EKF算法(RS-EKF)充分利用了Sage开窗法给出的先验过程噪声矩阵和先验观测噪声矩阵;对于观测异常的情况,采用方差膨胀模型来构造观测噪声等价协方差阵,并引入自适应因子在整体上同时控制观测异常或动力学模型异常对状态估计的影响,提高了滤波精度和稳定性。③抗差多因子自适应EKF算法(MRS-EKF)的平均误差均方根比RS-EKF算法小,位置、速度误差均方根收敛值也相对较小,说明其总体上有一定的优势;但是由于要迭代计算自适应矩阵因子,MRS-EKF所耗费的计算量要比RS-EKF算法大。

为了观察滤波收敛前观测异常(分别在历元t为1600s、1800s、2000s的角度测量数据中加入300μrad的粗差)对滤波结果的影响,设计三个场景:Case4,SatO对SatT采用EKF算法进行跟踪滤波;Case5,SatO对SatT采用RS-EKF算法进行跟踪滤波（窗口宽度取 $N=10$，观测噪声等价协方差矩阵的方差膨胀因子选取参数 $b=1.4$，构造自适应因子采用的常量 $k_0=1.2$，$k_1=6.0$）；Case6，SatO 对 SatT 采用 MRS－EKF 算法进行跟踪滤波（窗口宽度取 $N=10$，观测噪声等价协方差矩阵的方差膨胀因子选取参数 $b=1.4$，构造自适应矩阵因子采用的常量 $c=1.5$）。仿真结果如图 5－4 和图 5－5 所示。

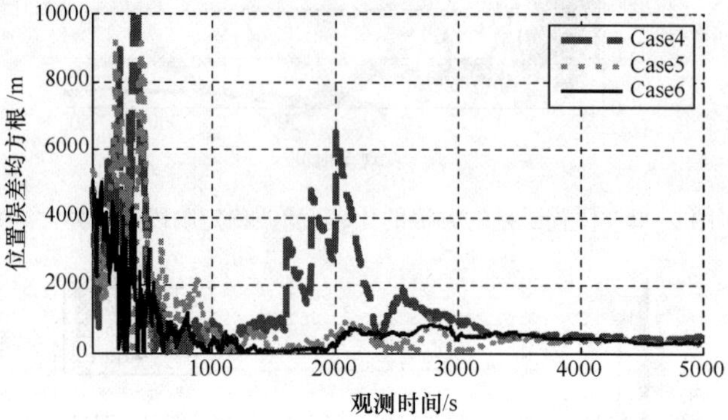

图 5－4　位置误差均方根的比较（滤波收敛前观测异常）

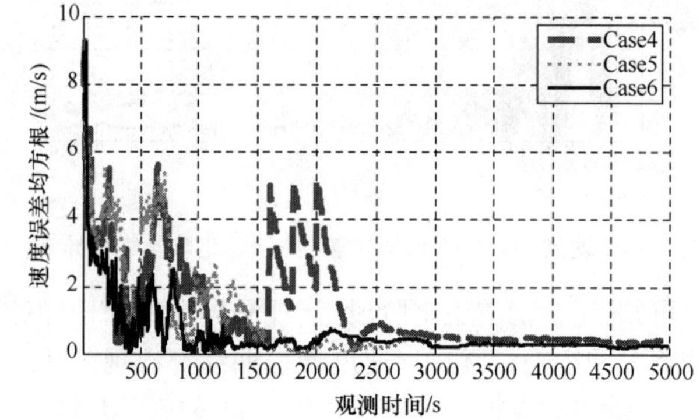

图 5－5　速度误差均方根的比较（滤波收敛前观测异常）

由仿真结果可知，对于滤波收敛前观测异常的情况，普通 EKF 受到影响很大，其位置、速度误差曲线发生脉冲式突变，位置误差均方根最高达到了 6500m，速度误差均方根最高达到了 5.3m/s，并使平均误差均方根也明显增加；而 RS－EKF 算法和 MRS－EKF 算法都具有在滤波收敛前抵制观测粗差对滤波影响的能力，其滤波收敛过程相对平缓，并且滤波稳定阶段的位置、速度误差均方根收敛值均相对较小。

算例 2：在观测数据和状态预测矢量加入粗差。

设视线测量随机误差为 10μrad，初始状态误差为［10km，10km，10km，5m，

5m,5m];分别在历元 t 为 3600s ~ 3605s、3800s ~ 3805s、4000s ~ 4005s 的角度测量数据中加入 800μrad 的粗差,在历元 t 为 3300s、3500s 状态预测矢量中的位置 X 轴分量和速度 X 轴分量分别加入 80m、1m/s 的粗差);选取初始过程噪声协方差阵 $\boldsymbol{Q}=\mathrm{diag}[8\times10^{-4},8\times10^{-4},8\times10^{-4},10^{-7},10^{-7},10^{-7}]$,初始观测噪声协方差阵 $\boldsymbol{R}=\mathrm{diag}[10^{-10},10^{-10}]$。设计三个场景:Case1,SatO 对 SatT 采用 EKF 算法进行跟踪滤波;Case2,SatO 对 SatT 采用 RS - EKF 算法进行跟踪滤波(窗口宽度取 $N=10$,观测噪声等价协方差矩阵的方差膨胀因子选取参数 $b=1.4$,自适应因子初值设为 1,构造自适应因子采用的常量 $k_0=1.2$,$k_1=6.0$);Case3,SatO 对 SatT 采用 MRS - EKF 算法进行跟踪滤波(窗口宽度取 $N=10$,观测噪声等价协方差矩阵的方差膨胀因子选取参数 $b=1.4$;自适应矩阵因子初值设为 6 阶单位阵,构造自适应矩阵因子采用的常量 $c=1.5$)。仿真结果如图 5 - 6 ~ 图 5 - 9 和表 5 - 3 所示。

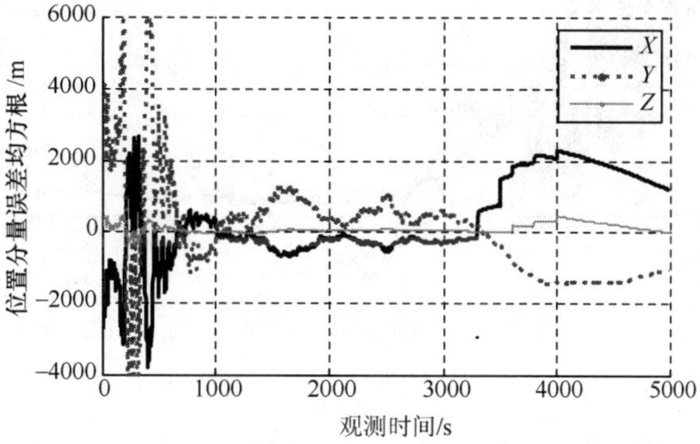

图 5 - 6　位置分量误差均方根变化曲线(Case1)

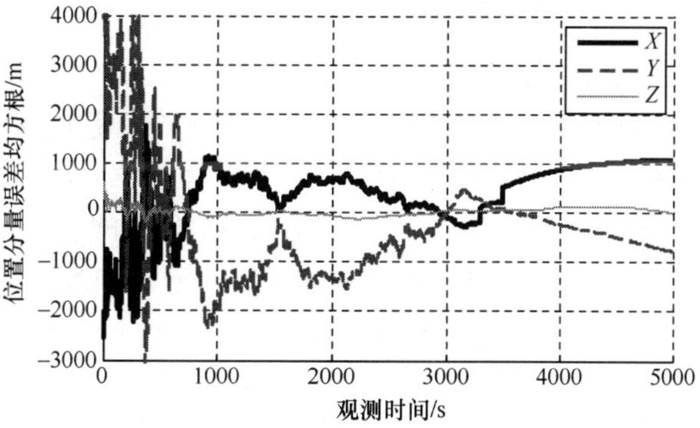

图 5 - 7　位置分量误差均方根变化曲线(Case2)

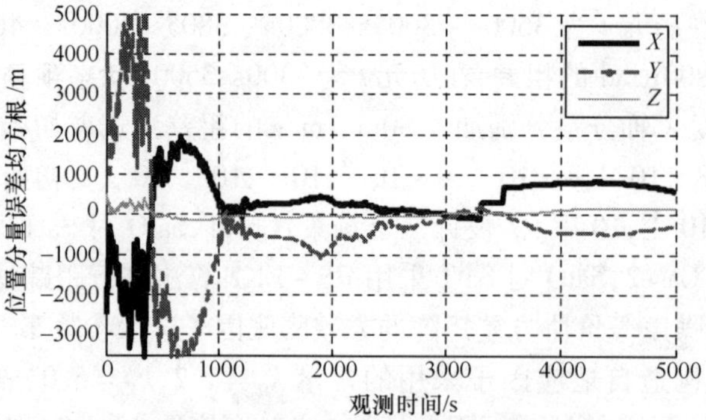

图 5-8 位置分量误差均方根变化曲线(Case3)

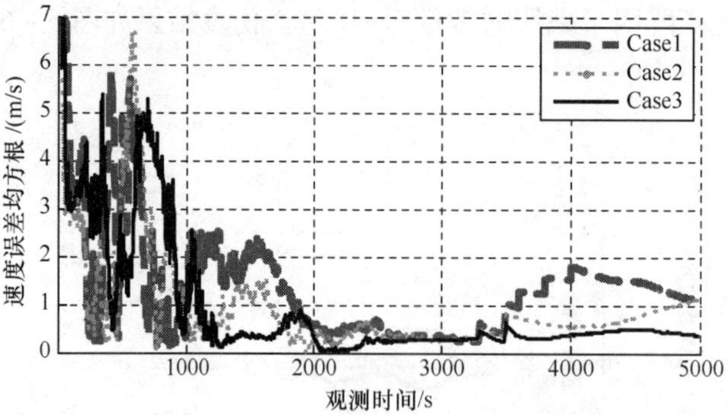

图 5-9 速度误差均方根的比较(滤波稳定阶段加入粗差)

表 5-3 观测数据和状态预测矢量加入粗差的仿真结果

算例	观测误差/μrad	RMSE_*R* 收敛值/m	RMSE_*V* 收敛值/(m/s)	ARMSE/m	T_c/s
Case1	10	1630.25	1.117	1425.44	287
Case2	10	1560.11	1.121	1163.46	285
Case3	10	699.14	0.575	1132.85	285

从仿真结果可知:①滤波稳定阶段在观测数据和状态预测矢量加入粗差,对EKF影响最大,使得位置误差的各向分量与速度误差均发生较大抖动;状态预测矢量虽然仅在位置的 *X* 轴方向加入粗差,但是粗差对位置的三个分量方向都有影响,其中 *X* 轴方向影响最大。从而可知,状态预测矢量 *X* 轴方向位置误差对滤波的影响会传递到状态预测矢量的另外两个方向。这说明,EKF 算法只有在观测数据和状态预测矢量均服从正态分布情况下,才可以给出状态矢量的可靠解,而当两者之一受到异常污染时,EKF 的状态估值将会发生严重偏离。②RS-EKF 算法相对于 EKF 有较好的滤波效果,其滤波的平均误差均方根和稳定阶段的滤波

精度均优于 EKF 滤波，基本可以抵制观测异常和状态预测矢量异常对状态估计的影响，但是其位置、速度误差曲线会出现一定的振荡，且 RS - EKF 算法对状态预测矢量异常的抗差效果相对较差。③MRS - EKF 算法的抗差滤波效果总体上优于 RS - EKF 算法，这是由于 MRS - EKF 算法的自适应矩阵因子是基于状态预测误差来控制状态矢量异常对状态估计的影响，状态预测矢量各分量对应了不同的自适应因子，由多因子确定的状态预测矢量自适应权矩阵仍保持原有对称性，且相关系数保持不变；而 RS - EKF 算法无法区分出状态矢量的某一个分量出现异常，构建自适应因子来抵制粗差影响缺乏一定的针对性。为进一步揭示 RS - EKF 算法和 MRS - EKF 算法在滤波过程中构建自适应因子的特点，图 5 - 10 给出了 RS - EKF 算法的自适应因子随滤波时间变化的曲线，图 5 - 11给出了 MRS - EKF 算法的自适应矩阵因子的迹随滤波时间变化的曲线。

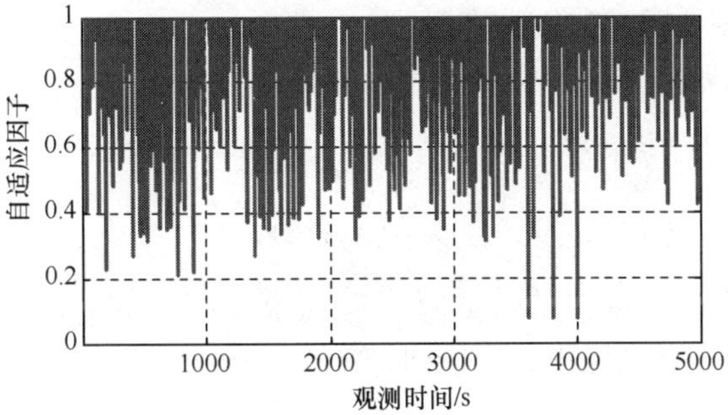

图 5 - 10　自适应因子变化曲线(RS - EKF 算法)

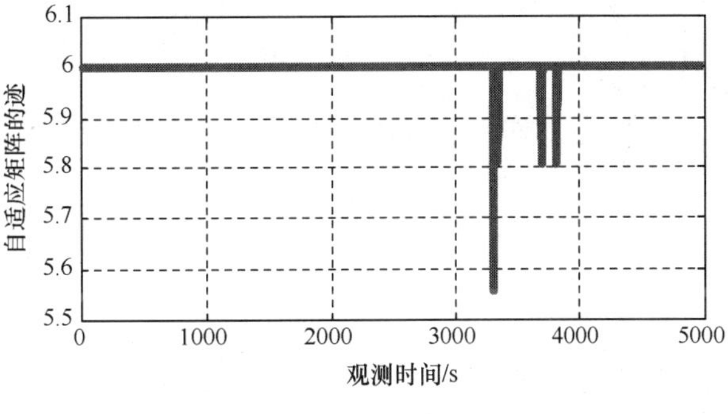

图 5 - 11　自适应矩阵因子的迹变化曲线(MRS - EKF 算法)

由图 5 - 10 可见，RS - EKF 算法的自适应因子在滤波整个阶段都在频繁调整，并且对观测异常较为敏感，其自适应因子的调整幅值相对较大，在观测时间 t 为 3600 ~ 3605s、3800 ~ 3805s、4000 ~ 4005s 均降低到 0. 078，而对于状态预测矢量异常并不敏感,所做的调整相对较小;而 RS – EKF 算法的自适应因子减小,将会整体膨胀状态预测估计的协方差阵和模型误差协方差阵,从而提高了滤波抵制观测粗差影响的能力。由图 5 – 11 可见,MRS – EKF 算法的自适应矩阵因子主要针对的是状态预测矢量异常情况(自适应矩阵因子的迹降低到 5.55),对于观测异常也会有一定的反应(自适应矩阵因子的迹降低到 5.8),而在其他情况下不做调整。这是由于未受粗差影响时,MRS – EKF 算法主要是采用 Sage 开窗估计过程噪声与观测噪声矩阵进行自适应滤波。此外,MRS – EKF 算法的自适应矩阵主对角线的各分量变化虽然比较细微,但是可以针对状态预测矢量各分量的异常对状态预测估计协方差阵进行调整,其对于状态预测矢量异常和观测异常的整体抗差效果相对较好。

5.2.2 带时变噪声统计特性估计器的抗差自适应 UKF 算法

1. 天基仅测角跟踪非线性模型

天基仅测角跟踪非线性模型为

$$\boldsymbol{x}_k = \boldsymbol{f}(\boldsymbol{x}_{k-1}) + \boldsymbol{w}_{k-1} \tag{5-43}$$

$$\boldsymbol{y}_k = \boldsymbol{h}(\boldsymbol{x}_k) + \boldsymbol{v}_k \tag{5-44}$$

在实际应用中,设非线性模型(5 – 43)、模型(5 – 44)中的 $\boldsymbol{w}_k$ 和 $\boldsymbol{v}_k$ 是互不相关的非零均值高斯白噪声,且具有时变统计特性:

$$\begin{cases} E[\boldsymbol{w}_k] = \boldsymbol{q}_k, \operatorname{cov}[(\boldsymbol{w}_k - \boldsymbol{q}_k)(\boldsymbol{w}_j - \boldsymbol{q}_j)^{\mathrm{T}}] = \boldsymbol{Q}_k \delta_{kj} \\ E[\boldsymbol{v}_k] = \boldsymbol{r}_k, \operatorname{cov}[(\boldsymbol{v}_k - \boldsymbol{r}_k)(\boldsymbol{v}_j - \boldsymbol{r}_j)^{\mathrm{T}}] = \boldsymbol{R}_k \delta_{kj} \\ \operatorname{cov}[(\boldsymbol{w}_k - \boldsymbol{q}_k)(\boldsymbol{v}_j - \boldsymbol{r}_j)^{\mathrm{T}}] = \boldsymbol{0} \end{cases} \tag{5-45}$$

式中:$\boldsymbol{Q}_k$ 为过程噪声协方差阵,是非负定对称阵;$\boldsymbol{R}_k$ 为观测噪声协方差阵,是正定对称阵。

设初始状态 $\boldsymbol{x}_0$ 与 $\boldsymbol{w}_k$、$\boldsymbol{v}_k$ 互不相关,服从高斯正态分布,其均值和协方差矩阵为

$$\begin{cases} \hat{\boldsymbol{x}}_0 = E[\boldsymbol{x}_0], \quad \boldsymbol{P}_0 = E[(\boldsymbol{x}_0 - \hat{\boldsymbol{x}}_0)(\boldsymbol{x}_0 - \hat{\boldsymbol{x}}_0)^{\mathrm{T}}] \\ \operatorname{cov}[\boldsymbol{x}_0 \cdot (\boldsymbol{v}_j - \boldsymbol{r}_j)^{\mathrm{T}}] = \boldsymbol{0}, \operatorname{cov}[\boldsymbol{x}_0 \cdot (\boldsymbol{w}_j - \boldsymbol{q}_j)^{\mathrm{T}}] = \boldsymbol{0} \end{cases} \tag{5-46}$$

2. 带时变噪声统计特性估计器的抗差自适应 UKF 算法

定理 5.1 基于极大验后估计理论[15],在假设(5 – 45)和假设(5 – 46)情况下,抗差自适应 UKF 算法关于时变噪声统计特性的次优极大验后估计公式为

$$\hat{\boldsymbol{q}}_{k-1} = \sum_{j=1}^{k}\left[\tau_{k+1-j}\left(\hat{\boldsymbol{x}}_j - \sum_{i=0}^{2n} W_i^{(m)}\boldsymbol{f}(\boldsymbol{\chi}_{i,j-1})\right)\right],$$

$$\hat{\boldsymbol{r}}_k = \sum_{j=1}^{k}\left[\tau_{k+1-j}\left(y_j - \sum_{i=0}^{2n} W_i^{(m)}\boldsymbol{h}(\boldsymbol{\chi}_{i,j|j-1})\right)\right] \quad (5-47)$$

$$\hat{\boldsymbol{Q}}_{k-1} = \sum_{j=1}^{k}\left\{\tau_{k+1-j}\left[\boldsymbol{K}_j\boldsymbol{\varepsilon}_j\boldsymbol{\varepsilon}_j^{\mathrm{T}}\boldsymbol{K}_j^{\mathrm{T}} + \boldsymbol{P}_j - \sum_{i=0}^{2n} W_i^{(c)}(\boldsymbol{\chi}_{i,j|j-1} - \hat{\boldsymbol{x}}_j^-)(\boldsymbol{\chi}_{i,j|j-1} - \hat{\boldsymbol{x}}_j^-)^{\mathrm{T}}\right]\right\} \quad (5-48)$$

$$\hat{\boldsymbol{R}}_k = \sum_{j=1}^{k}\left\{\tau_{k+1-j}\left[\boldsymbol{\varepsilon}_j\boldsymbol{\varepsilon}_j^{\mathrm{T}} - \sum_{i=0}^{2n} W_i^{(c)}(\boldsymbol{y}_{i,j|j-1} - \hat{\boldsymbol{y}}_j^-)(\boldsymbol{y}_{i,j|j-1} - \hat{\boldsymbol{y}}_j^-)^{\mathrm{T}}\right]\right\} \quad (5-49)$$

式中：$\tau_{k+1-j} = d_k\omega^{k-j}, d_k = (1-\omega)/(1-\omega^k), \tau_j = \tau_{j-1}\omega(0<\omega<1), \sum_{j=1}^{k}\tau_j = 1$ $(j=1,\cdots,k)$；$\hat{\boldsymbol{x}}_k^- = \sum_{i=0}^{2n} W_i^{(m)}\boldsymbol{f}(\boldsymbol{\chi}_{i,k-1}) + \boldsymbol{q}_{k-1}$；$\hat{\boldsymbol{y}}_k^- = \sum_{i=0}^{2n} W_i^{(m)}\boldsymbol{h}(\boldsymbol{\chi}_{i,k|k-1}) + \boldsymbol{r}_k$。

证明：由假设(5-45)和假设(5-46)可知，系统为高斯-马尔科夫序列[16]，$\boldsymbol{q}_{k-1}$、$\boldsymbol{Q}_{k-1}$、$\boldsymbol{r}_k$、$\boldsymbol{R}_k$ 未知，设测量序列 $\boldsymbol{Y}_k = \{\boldsymbol{y}_1, \boldsymbol{y}_2, \cdots, \boldsymbol{y}_k\}$ 已知且相互独立，状态矢量 $\boldsymbol{X}_k = \{\boldsymbol{x}_0, \boldsymbol{x}_1, \cdots, \boldsymbol{x}_k\}$ 待求，欲求极大验后估值 $\hat{\boldsymbol{q}}_{k-1}$、$\hat{\boldsymbol{Q}}_{k-1}$、$\hat{\boldsymbol{r}}_k$、$\hat{\boldsymbol{R}}_k$ 及 $\hat{\boldsymbol{X}}_k$，则须求极大验后条件概率密度[15]：

$$J = p[\boldsymbol{q}_{k-1}, \boldsymbol{Q}_{k-1}, \boldsymbol{r}_k, \boldsymbol{R}_k, \boldsymbol{X}_k | \boldsymbol{Y}_k] = p[\boldsymbol{Y}_k | \boldsymbol{q}_{k-1}, \boldsymbol{Q}_{k-1}, \boldsymbol{r}_k, \boldsymbol{R}_k, \boldsymbol{X}_k]\cdot$$
$$p[\boldsymbol{X}_k | \boldsymbol{q}_{k-1}, \boldsymbol{Q}_{k-1}, \boldsymbol{r}_k, \boldsymbol{R}_k]p[\boldsymbol{q}_{k-1}, \boldsymbol{Q}_{k-1}, \boldsymbol{r}_k, \boldsymbol{R}_k]/p[\boldsymbol{Y}_k] \quad (5-50)$$

由假设知时变噪声 $\boldsymbol{w}_k$、$\boldsymbol{v}_k$ 相互独立，为方便推导，不妨暂时设 $\boldsymbol{w}_k$、$\boldsymbol{v}_k$ 具有常值统计特性：$E[\boldsymbol{w}_k] = \boldsymbol{q}$，$\mathrm{cov}[(\boldsymbol{w}_k - \boldsymbol{q}_k)(\boldsymbol{w}_j - \boldsymbol{q}_j)^{\mathrm{T}}] = \boldsymbol{Q}\delta_{kj}$，$E[\boldsymbol{v}_k] = \boldsymbol{r}$，$\mathrm{cov}[(\boldsymbol{v}_k - \boldsymbol{r}_k)(\boldsymbol{v}_j - \boldsymbol{r}_j)^{\mathrm{T}}] = \boldsymbol{R}\delta_{kj}$

则根据条件概率分布密度的乘法定理[15]可得

$$p[\boldsymbol{X}_k | \boldsymbol{q}_{k-1}, \boldsymbol{Q}_{k-1}, \boldsymbol{r}_k, \boldsymbol{R}_k] = p[\boldsymbol{x}_0]\cdot\prod_{j=1}^{k} p[\boldsymbol{x}_j | \boldsymbol{x}_{j-1}, \boldsymbol{q}, \boldsymbol{Q}]$$

$$= (2\pi)^{-n/2}|\boldsymbol{P}_0|^{-1/2}\exp\left[-\frac{1}{2}\|\boldsymbol{x}_0 - \hat{\boldsymbol{x}}_0\|^2_{\boldsymbol{P}_0^{-1}}\right]\cdot$$

$$\prod_{j=1}^{k}\left\{(2\pi)^{-n/2}|\boldsymbol{Q}|^{-1/2}\exp\left[-\frac{1}{2}\|\boldsymbol{x}_j - f(\boldsymbol{x}_{j-1}) - \boldsymbol{q}\|^2_{Q^{-1}}\right]\right\}$$

$$= A_1\cdot|\boldsymbol{P}_0|^{-1/2}\cdot|\boldsymbol{Q}|^{-k/2}\exp\left[-\frac{1}{2}\|\boldsymbol{x}_0 - \hat{\boldsymbol{x}}_0\|^2_{\boldsymbol{P}_0^{-1}} -\right.$$

$$\frac{1}{2}\sum_{j=1}^{k}\|\boldsymbol{x}_j-f(x_{j-1})-\boldsymbol{q}\|_{\boldsymbol{Q}^{-1}}^2\Big]\tag{5-51}$$

$$\begin{aligned}p[\boldsymbol{Y}_k\mid\boldsymbol{q}_{k-1},\boldsymbol{Q}_{k-1},\boldsymbol{r}_k,\boldsymbol{R}_k,\boldsymbol{X}_k]&=\prod_{j=1}^{k}p[\boldsymbol{y}_j\mid\boldsymbol{x}_j,\boldsymbol{r},\boldsymbol{R}]\\&=\prod_{j=1}^{k}\left\{(2\pi)^{-m/2}\mid\boldsymbol{R}\mid^{-1/2}\exp\left[-\frac{1}{2}\|\boldsymbol{y}_j-h(\boldsymbol{x}_j)-\boldsymbol{r}\|_{\boldsymbol{R}^{-1}}^2\right]\right\}\\&=A_2\cdot\mid\boldsymbol{R}\mid^{-k/2}\exp\left[-\frac{1}{2}\sum_{j=1}^{k}\|\boldsymbol{y}_j-h(x_j)-\boldsymbol{r}\|_{\boldsymbol{R}^{-1}}^2\right]\end{aligned}\tag{5-52}$$

式中:$A_1=(2\pi)^{-n(k+1)/2}$,n 为系统状态矢量的维数;$A_2=(2\pi)^{-mk/2}$,m 为测量序列的维数;$|\boldsymbol{B}|$为矩阵 $\boldsymbol{B}$ 的行列式,$\|\boldsymbol{x}\|_{\boldsymbol{B}}^2=\boldsymbol{x}^{\mathrm{T}}\cdot\boldsymbol{B}\cdot\boldsymbol{x}$。

从而有

$$\begin{aligned}J&=A_1\cdot A_2\cdot\mid\boldsymbol{P}_0\mid^{-1/2}\cdot\mid\boldsymbol{Q}\mid^{-k/2}\cdot\mid\boldsymbol{R}\mid^{-k/2}\cdot\{p[\boldsymbol{q}_{k-1},\boldsymbol{Q}_{k-1},\boldsymbol{r}_k,\boldsymbol{R}_k]/p[\boldsymbol{Y}_k]\}\cdot\\&\quad\exp\left\{-\frac{1}{2}\|\boldsymbol{x}_0-\hat{\boldsymbol{x}}_0\|_{\boldsymbol{P}_0^{-1}}^2-\frac{1}{2}\sum_{j=1}^{k}[\|\boldsymbol{x}_j-f(\boldsymbol{x}_{j-1})-\right.\\&\quad\left.\boldsymbol{q}\|_{\boldsymbol{Q}^{-1}}^2+\|\boldsymbol{y}_j-h(\boldsymbol{x}_j)-\boldsymbol{r}\|_{\boldsymbol{R}^{-1}}^2]\right\}\\&=A\cdot\mid\boldsymbol{Q}\mid^{-k/2}\mid\boldsymbol{R}\mid^{-k/2}\exp\left\{-\frac{1}{2}\sum_{j=1}^{k}[\|\boldsymbol{x}_j-f(\boldsymbol{x}_{j-1})-\right.\\&\quad\left.\boldsymbol{q}\|_{\boldsymbol{Q}^{-1}}^2+\|\boldsymbol{y}_j-h(\boldsymbol{x}_j)-\boldsymbol{r}\|_{\boldsymbol{R}^{-1}}^2]\right\}\end{aligned}\tag{5-53}$$

式中:$A=A_1\cdot A_2\cdot\{p[\boldsymbol{q}_{k-1},\boldsymbol{Q}_{k-1},\boldsymbol{r}_k,\boldsymbol{R}_k]/p[\boldsymbol{Y}_k]\}\cdot|\boldsymbol{P}_0|^{-1/2}\cdot\exp(-1/2\cdot\|\boldsymbol{x}_0-\hat{\boldsymbol{x}}_0\|_{\boldsymbol{P}_0^{-1}}^2)$为常数项。

由于 J 和 $\ln J$ 极值相同,式(5-53)可以改写为

$$\begin{aligned}\ln J&=\ln A-\frac{k}{2}\ln\mid\boldsymbol{Q}\mid-\frac{k}{2}\ln\mid\boldsymbol{R}\mid-\frac{1}{2}\sum_{j=1}^{k}[\|\boldsymbol{x}_j-f(\boldsymbol{x}_{j-1})-\\&\quad\boldsymbol{q}\|_{Q^{-1}}^2+\|\boldsymbol{y}_j-h(x_j)-\boldsymbol{r}\|_{\boldsymbol{R}^{-1}}^2]\end{aligned}\tag{5-54}$$

设$\hat{\boldsymbol{x}}_{j|k}$、$\hat{\boldsymbol{x}}_{j-1|k}$已知,基于极大验后估计理论,可得最优极大验后噪声估计为

$$\hat{\boldsymbol{q}}_{k-1}=\frac{1}{k}\sum_{j=1}^{k}(\hat{\boldsymbol{x}}_{j|k}-f(\hat{\boldsymbol{x}}_{j-1|k})),\quad\hat{\boldsymbol{r}}_k=\frac{1}{k}\sum_{j=1}^{k}(\boldsymbol{y}_j-h(\hat{\boldsymbol{x}}_{j|k}))\tag{5-55}$$

$$\hat{\boldsymbol{Q}}_{k-1}=\frac{1}{k}\sum_{j=1}^{k}[(\hat{\boldsymbol{x}}_{j|k}-f(\hat{\boldsymbol{x}}_{j-1|k})-\boldsymbol{q})(\hat{\boldsymbol{x}}_{j|k}-f(\hat{\boldsymbol{x}}_{j-1|k})-\boldsymbol{q})^{\mathrm{T}}]\tag{5-56}$$

$$\hat{\boldsymbol{R}}_k=\frac{1}{k}\sum_{j=1}^{k}[(\boldsymbol{y}_j-h(\hat{\boldsymbol{x}}_{j|k})-\boldsymbol{r})(\boldsymbol{y}_j-h(\hat{\boldsymbol{x}}_{j|k})-\boldsymbol{r})^{\mathrm{T}}]\tag{5-57}$$

以滤波估值$\hat{\boldsymbol{x}}_j$ 或预测估值$\hat{\boldsymbol{x}}_{j|j-1}$近似代替计算复杂的平滑估值$\hat{\boldsymbol{x}}_{j|k}$、$\hat{\boldsymbol{x}}_{j-1|k}$，且有

$$f(\hat{\boldsymbol{x}}_{j-1}) = \sum_{i=0}^{2n} W_i^{(m)} \boldsymbol{f}(\boldsymbol{\chi}_{i,j-1}), h(\hat{\boldsymbol{x}}_{j|j-1}) = \sum_{i=0}^{2n} W_i^{(m)} \boldsymbol{h}(\boldsymbol{\chi}_{i,j|j-1})$$

可得次优极大验后噪声估计为

$$\begin{aligned} \hat{\boldsymbol{q}}_{k-1} &= \frac{1}{k}\sum_{j=1}^{k}\left(\hat{\boldsymbol{x}}_j - \sum_{i=0}^{2n} W_i^{(m)} \boldsymbol{f}(\boldsymbol{\chi}_{i,j-1})\right), \\ \hat{\boldsymbol{r}}_k &= \frac{1}{k}\sum_{j=1}^{k}\left(\boldsymbol{y}_j - \sum_{i=0}^{2n} W_i^{(m)} \boldsymbol{h}(\boldsymbol{\chi}_{i,j|j-1})\right) \end{aligned} \tag{5-58}$$

$$\hat{\boldsymbol{Q}}_{k-1} = \frac{1}{k}\sum_{j=1}^{k}\left[\left(\hat{\boldsymbol{x}}_j - \sum_{i=0}^{2n} W_i^{(m)} \boldsymbol{f}(\boldsymbol{\chi}_{i,j-1}) - \boldsymbol{q}\right)^{\mathrm{T}}\left(\hat{\boldsymbol{x}}_j - \sum_{i=0}^{2n} W_i^{(m)} \boldsymbol{f}(\boldsymbol{\chi}_{i,j-1}) - \boldsymbol{q}\right)^{\mathrm{T}}\right] \tag{5-59}$$

$$\hat{\boldsymbol{R}}_k = \frac{1}{k}\sum_{j=1}^{k}\left[\left(\boldsymbol{y}_j - \sum_{i=0}^{2n} W_i^{(m)} \boldsymbol{h}(\boldsymbol{\chi}_{i,j|j-1}) - \boldsymbol{r}\right)\left(\boldsymbol{y}_j - \sum_{i=0}^{2n} W_i^{(m)} \boldsymbol{h}(\boldsymbol{\chi}_{i,j|j-1}) - \boldsymbol{r}\right)^{\mathrm{T}}\right] \tag{5-60}$$

对于基于假设式(5－45)表示的时变噪声，若其变化较慢时，可以采取渐消记忆时变噪声统计，对和式中的每一项乘以不同的加权系数。为了强调新近数据的权重，逐渐降低陈旧数据的权重。在式(5－58)～式(5－60)中引入加权系数 τ_{k+1-j}代替 $1/k$[17]，得

$$\begin{aligned} \hat{\boldsymbol{q}}_{k-1} &= \sum_{j=1}^{k}\left[\tau_{k+1-j}\left(\hat{\boldsymbol{x}}_j - \sum_{i=0}^{2n} W_i^{(m)} \boldsymbol{f}(\boldsymbol{\chi}_{i,j-1})\right)\right], \\ \hat{\boldsymbol{r}}_k &= \sum_{j=1}^{k}\left[\tau_{k+1-j}\left(\boldsymbol{y}_j - \sum_{i=0}^{2n} W_i^{(m)} \boldsymbol{h}(\boldsymbol{\chi}_{i,j|j-1})\right)\right] \end{aligned} \tag{5-61}$$

$$\begin{aligned} \hat{\boldsymbol{Q}}_{k-1} = \sum_{j=1}^{k}\Bigg[\tau_{k+1-j}&\left(\hat{\boldsymbol{x}}_j - \sum_{i=0}^{2n} W_i^{(m)} \boldsymbol{f}(\boldsymbol{\chi}_{i,j-1}) - \boldsymbol{q}_{j-1}\right)\cdot \\ &\left(\hat{\boldsymbol{x}}_j - \sum_{i=0}^{2n} W_i^{(m)} \boldsymbol{f}(\boldsymbol{\chi}_{i,j-1}) - \boldsymbol{q}_{j-1}\right)^{\mathrm{T}}\Bigg] \end{aligned} \tag{5-62}$$

$$\begin{aligned} \hat{\boldsymbol{R}}_k = \sum_{j=1}^{k}\Bigg[\tau_{k+1-j}&\left(\boldsymbol{y}_j - \sum_{i=0}^{2n} W_i^{(m)} \boldsymbol{h}(\boldsymbol{\chi}_{i,j|j-1}) - \boldsymbol{r}_j\right)\cdot \\ &\left(\boldsymbol{y}_j - \sum_{i=0}^{2n} W_i^{(m)} \boldsymbol{h}(\boldsymbol{\chi}_{i,j|j-1}) - \boldsymbol{r}_j\right)^{\mathrm{T}}\Bigg] \end{aligned} \tag{5-63}$$

注意到非线性系统服从高斯正态分布，可以认为 UKF 输出的新息序列 $\bar{\boldsymbol{v}}_k$

近似为零均值高斯白噪声序列，即

$$E[\bar{\boldsymbol{v}}_k]=0, E[\bar{\boldsymbol{v}}_k\bar{\boldsymbol{v}}_k^{\mathrm{T}}]=\boldsymbol{P}_{\boldsymbol{v}_k\boldsymbol{v}_k}=\boldsymbol{P}_{y_k y_k}+\boldsymbol{R}_k$$

从而有[18]

$$\begin{aligned} E[\hat{\boldsymbol{q}}_{k-1}] &= \sum_{j=1}^{k} E[\tau_{k+1-j}(\boldsymbol{K}_j\bar{\boldsymbol{v}}_j+\boldsymbol{q}_{j-1})] = \boldsymbol{q}_{k-1}, \\ E[\hat{\boldsymbol{r}}_k] &= \sum_{j=1}^{k} E[\tau_{k+1-j}(\bar{\boldsymbol{v}}_j+\boldsymbol{r}_j)] = \boldsymbol{r}_k \end{aligned} \tag{5-64}$$

由式(5－64)可知，次优极大验后噪声估值$\hat{\boldsymbol{q}}_{k-1}$，$\hat{\boldsymbol{r}}_k$是无偏的，且有

$$\begin{aligned} E[\hat{\boldsymbol{R}}_k] &= \sum_{j=1}^{k} E[\tau_{k+1-j}(\bar{\boldsymbol{v}}_j\bar{\boldsymbol{v}}_j^{\mathrm{T}})] = \sum_{j=1}^{k}[\tau_{k+1-j}(\boldsymbol{P}_{y_jy_j}+\boldsymbol{R}_j)] \\ &= \sum_{j=1}^{k}\left\{\tau_{k+1-j}\left[\sum_{i=0}^{2n} W_i^{(c)}(\boldsymbol{y}_{i,j|j-1}-\hat{\boldsymbol{y}}_j^-)(\boldsymbol{y}_{i,j|j-1}-\hat{\boldsymbol{y}}_j^-)^{\mathrm{T}}+\boldsymbol{R}_j\right]\right\} \end{aligned} \tag{5-65}$$

从而可知$\hat{\boldsymbol{R}}_k$是有偏的，进而得到次优无偏极大验后估值为

$$\hat{\boldsymbol{R}}_k = \sum_{j=1}^{k}\left\{\tau_{k+1-j}\left[\bar{\boldsymbol{v}}_j\bar{\boldsymbol{v}}_j^{\mathrm{T}}-\sum_{i=0}^{2n} W_i^{(c)}(\boldsymbol{y}_{i,j|j-1}-\hat{\boldsymbol{y}}_j^-)(\boldsymbol{y}_{i,j|j-1}-\hat{\boldsymbol{y}}_j^-)^{\mathrm{T}}\right]\right\} \tag{5-66}$$

类似的，有

$$\begin{aligned} E[\hat{\boldsymbol{Q}}_{k-1}] &= \sum_{j=1}^{k} E[\tau_{k+1-j}(\boldsymbol{K}_j\bar{\boldsymbol{v}}_j\bar{\boldsymbol{v}}_j^{\mathrm{T}}\boldsymbol{K}_j^{\mathrm{T}})] = \sum_{j=1}^{k}[\tau_{k+1-j}(\boldsymbol{P}_k^- - \boldsymbol{P}_k)] \\ &= \sum_{j=1}^{k}\left\{\tau_{k+1-j}\left[\sum_{i=0}^{2n} W_i^{(c)}(\boldsymbol{\chi}_{i,j|j-1}-\hat{\boldsymbol{x}}_j^-)(\boldsymbol{\chi}_{i,j|j-1}-\hat{\boldsymbol{x}}_j^-)^{\mathrm{T}}-\boldsymbol{P}_j+\boldsymbol{Q}_{j-1}\right]\right\} \end{aligned} \tag{5-67}$$

从而可知$\hat{\boldsymbol{Q}}_{k-1}$是有偏的，进而得到次优无偏极大验后估值为

$$\hat{\boldsymbol{Q}}_{k-1} = \sum_{j=1}^{k}\left\{\tau_{k+1-j}\left[\boldsymbol{K}_j\bar{\boldsymbol{v}}_j\bar{\boldsymbol{v}}_j^{\mathrm{T}}\boldsymbol{K}_j^{\mathrm{T}}+\boldsymbol{P}_j-\sum_{i=0}^{2n} W_i^{(c)}(\boldsymbol{\chi}_{i,j|j-1}-\hat{\boldsymbol{x}}_j^-)(\boldsymbol{\chi}_{i,j|j-1}-\hat{\boldsymbol{x}}_j^-)^{\mathrm{T}}\right]\right\} \tag{5-68}$$

证毕。

为了方便在线计算，这里给出渐消时变噪声统计的次优极大验后估计递推公式。以$\hat{\boldsymbol{q}}_k$为例推导极大验后噪声估值的递推公式[17]：

$$\begin{aligned} \hat{\boldsymbol{q}}_k &= d_k\sum_{j=1}^{k}\omega^{k-j}\left(\hat{\boldsymbol{x}}_j-\sum_{i=0}^{2n} W_i^{(m)}\boldsymbol{f}(\boldsymbol{\chi}_{i,j-1})\right) \\ &= d_k\left(\hat{\boldsymbol{x}}_k-\sum_{i=0}^{2n} W_i^{(m)}\boldsymbol{f}(\boldsymbol{\chi}_{i,k-1})\right)+d_k\sum_{j=1}^{k-1}\omega^{k-j}\left(\hat{\boldsymbol{x}}_j-\sum_{i=0}^{2n} W_i^{(m)}\boldsymbol{f}(\boldsymbol{\chi}_{i,j-1})\right) \end{aligned}$$

$$= d_k \left(\hat{\boldsymbol{x}}_k - \sum_{i=0}^{2n} W_i^{(m)} \boldsymbol{f}(\boldsymbol{\chi}_{i,k-1}) \right) + \frac{d_k \omega}{d_{k-1}} \sum_{j=1}^{k-1} d_{k-1} \omega^{k-j-1} \left(\hat{\boldsymbol{x}}_j - \sum_{i=0}^{2n} W_i^{(m)} \boldsymbol{f}(\boldsymbol{\chi}_{i,j-1}) \right)$$

$$= (1 - d_k) \hat{\boldsymbol{q}}_{k-1} + d_k \left(\hat{\boldsymbol{x}}_k - \sum_{i=0}^{2n} W_i^{(m)} \boldsymbol{f}(\boldsymbol{\chi}_{i,k-1}) \right) \tag{5-69}$$

类似的,可以得到$\hat{\boldsymbol{r}}_k$、$\hat{\boldsymbol{Q}}_k$、$\hat{\boldsymbol{R}}_k$ 的递推公式为

$$\hat{\boldsymbol{r}}_k = (1 - d_k) \hat{\boldsymbol{r}}_{k-1} + d_k \left(\boldsymbol{y}_k - \sum_{i=0}^{2n} W_i^{(m)} \boldsymbol{h}(\boldsymbol{\chi}_{i,k|k-1}) \right) \tag{5-70}$$

$$\hat{\boldsymbol{Q}}_k = (1 - d_k) \hat{\boldsymbol{Q}}_{k-1} + d_k \left(\boldsymbol{K}_k \bar{\boldsymbol{v}}_k \bar{\boldsymbol{v}}_k^{\mathrm{T}} \boldsymbol{K}_k^{\mathrm{T}} + \boldsymbol{P}_k - \sum_{i=0}^{2n} W_i^{(c)} (\boldsymbol{\chi}_{i,k|k-1} - \hat{\boldsymbol{x}}_k^-)(\boldsymbol{\chi}_{i,k|k-1} - \hat{\boldsymbol{x}}_k^-)^{\mathrm{T}} \right) \tag{5-71}$$

$$\hat{\boldsymbol{R}}_k = (1 - d_k) \hat{\boldsymbol{R}}_{k-1} + d_k \left(\bar{\boldsymbol{v}}_k \bar{\boldsymbol{v}}_k^{\mathrm{T}} - \sum_{i=0}^{2n} W_i^{(c)} (\boldsymbol{y}_{i,k|k-1} - \hat{\boldsymbol{y}}_k^-)(\boldsymbol{y}_{i,k|k-1} - \hat{\boldsymbol{y}}_k^-)^{\mathrm{T}} \right) \tag{5-72}$$

分析极大验后噪声估值的递推公式可知:由于$\hat{\boldsymbol{Q}}_k$,$\hat{\boldsymbol{R}}_k$ 的计算公式有减号,以及数值计算存在舍入误差和截断误差累积等因素,在迭代求解过程中$\hat{\boldsymbol{Q}}_k$、$\hat{\boldsymbol{R}}_k$ 可能会失去半正定性,从而导致 UKF 滤波失败。此外,在实际应用中,滤波过程中可能会出现观测异常和状态预测扰动的情况。为解决噪声协方差阵估值可能负定和粗差影响的问题,可以引入自适应因子 β_k,整体上控制观测异常或动力学模型异常对状态估计的影响,并充分利用当前观测信息作用来避免$\hat{\boldsymbol{Q}}_k$、$\hat{\boldsymbol{R}}_k$ 出现负定,实现抗差自适应滤波。

带时变噪声估计器的抗差自适应 UKF 算法:

(1) 滤波初始化。给定状态估计及状态协方差矩阵的初值:$\hat{\boldsymbol{x}}_0 = E[\boldsymbol{x}_0]$,$\boldsymbol{P}_0 = E[(\boldsymbol{x}_0 - \hat{\boldsymbol{x}}_0)(\boldsymbol{x}_0 - \hat{\boldsymbol{x}}_0)^{\mathrm{T}}]$。设定噪声统计特性初值$\hat{\boldsymbol{q}}_0$、$\hat{\boldsymbol{Q}}_0$、$\hat{\boldsymbol{r}}_0$、$\hat{\boldsymbol{R}}_0$。对于 $k \geqslant 1$,执行步骤(2)~(5)。

(2) 计算样本点:

$$\boldsymbol{\chi}_{k-1} = \left[\hat{\boldsymbol{x}}_{k-1} \quad \hat{\boldsymbol{x}}_{k-1} \pm \left(\sqrt{(n+\lambda)\boldsymbol{P}_k^-} \right)_i \right]$$

式中:$(\boldsymbol{P})_i$ 表示取矩阵 $\boldsymbol{P}$ 的第 i 行。

$$W_0^{(m)} = \lambda/(n+\lambda), W_0^{(c)} = \lambda/(n+\lambda) + (1-\alpha^2+\beta);$$

$$W_i^{(m)} = W_i^{(c)} = 1/2(n+\lambda) \quad (i = 1, 2, \cdots, n)$$

（3）时间更新：

$$\boldsymbol{\chi}_{i,k|k-1}=\boldsymbol{f}(\boldsymbol{\chi}_{i,k-1}),\quad \hat{\boldsymbol{x}}_k^-=\sum_{i=0}^{2n}W_i^{(m)}\boldsymbol{\chi}_{i,k|k-1}+\hat{\boldsymbol{q}}_{k-1}$$

$$\boldsymbol{P}_k^-=\sum_{i=0}^{2n}W_i^{(c)}(\boldsymbol{\chi}_{i,k|k-1}-\hat{\boldsymbol{x}}_k^-)(\boldsymbol{\chi}_{i,k|k-1}-\hat{\boldsymbol{x}}_k^-)^{\mathrm{T}}+\hat{\boldsymbol{Q}}_{k-1}$$

（4）量测更新：

$$\boldsymbol{y}_{k|k-1}=\boldsymbol{h}(\boldsymbol{\chi}_j),\quad \hat{\boldsymbol{y}}_k^-=\sum_{i=0}^{2n}W_i^{(m)}\boldsymbol{y}_{i,k|k-1}+\hat{\boldsymbol{r}}_k$$

$$\boldsymbol{P}_{\boldsymbol{v}_k\boldsymbol{v}_k}=\sum_{i=0}^{2n}W_i^{(c)}(\boldsymbol{y}_{i,k|k-1}-\bar{\boldsymbol{y}}_j^-)(\boldsymbol{y}_{i,k|k-1}-\bar{\boldsymbol{y}}_j^-)^{\mathrm{T}}+\hat{\boldsymbol{R}}_k$$

$$\boldsymbol{P}_{x_ky_k}=\sum_{i=0}^{2n}W_i^{(c)}(\boldsymbol{\chi}_{i,k|k-1}-\hat{\boldsymbol{x}}_k^-)(\boldsymbol{y}_{i,k|k-1}-\bar{\boldsymbol{y}}_j^-)^{\mathrm{T}}$$

$$\boldsymbol{K}_{k,j}=\boldsymbol{P}_{x_ky_k}(\boldsymbol{P}_{\boldsymbol{v}_k\boldsymbol{v}_k})^{-1},\quad \hat{\boldsymbol{x}}_k=\hat{\boldsymbol{x}}_k^-+\boldsymbol{K}_k(\boldsymbol{y}_k-\hat{\boldsymbol{y}}_k^-)$$

（5）计算抗差自适应因子 β_k，再次进行量测更新：

$$\bar{\boldsymbol{P}}_{\boldsymbol{v}_k\boldsymbol{v}_k}=1/\beta_k\cdot\sum_{i=0}^{2n}W_i^{(c)}(\boldsymbol{y}_{i,k|k-1}-\bar{\boldsymbol{y}}_j^-)(\boldsymbol{y}_{i,k|k-1}-\bar{\boldsymbol{y}}_j^-)^{\mathrm{T}}+\hat{\boldsymbol{R}}_k$$

$$\bar{\boldsymbol{P}}_{x_ky_k}=1/\beta_k\cdot\sum_{i=0}^{2n}W_i^{(c)}(\boldsymbol{\chi}_{i,k|k-1}-\hat{\boldsymbol{x}}_k^-)(\boldsymbol{y}_{i,k|k-1}-\hat{\boldsymbol{y}}_k^-)^{\mathrm{T}}$$

$$\bar{\boldsymbol{K}}_k=\bar{\boldsymbol{P}}_{x_ky_k}(\bar{\boldsymbol{P}}_{\boldsymbol{v}_k\boldsymbol{v}_k})^{-1},\quad \hat{\boldsymbol{x}}_k=\hat{\boldsymbol{x}}_k^-+\bar{\boldsymbol{K}}_k(\boldsymbol{y}_k-\hat{\boldsymbol{y}}_k^-)$$

$$\boldsymbol{P}_k=\boldsymbol{P}_k^--\bar{\boldsymbol{K}}_k\bar{\boldsymbol{P}}_{\boldsymbol{v}_k\boldsymbol{v}_k}\bar{\boldsymbol{K}}_k^{\mathrm{T}}$$

3. 带时变噪声统计特性估计器的自适应 UKF 性能分析

参考传统 UKF 算法的稳定性分析[19]和 CRLB 理论[20]，对抗差自适应 UKF 算法进行性能分析（为理论分析方便，这里暂不考虑自适应因子 β_k 的影响）。

1）稳定性分析

对于式（5－43）、式（5－44）描述的离散非线性随机系统，设时变噪声先验统计满足假设（5－45），且精确已知。定义状态估计误差 $\tilde{\boldsymbol{x}}_k=x_k-\hat{\boldsymbol{x}}_k$ 和状态预测误差 $\tilde{\boldsymbol{x}}_k^-=x_k-\hat{\boldsymbol{x}}_k^-$，将 $f(\boldsymbol{x})$ 在 $\hat{\boldsymbol{x}}_{k-1}$ 处一阶泰勒近似展开，并引入时变对角阵 $\boldsymbol{\theta}_k$，可得状态预测误差为

$$\tilde{\boldsymbol{x}}_k^-=\boldsymbol{\theta}_k\cdot F_k\tilde{\boldsymbol{x}}_{k-1}+\boldsymbol{w}_{k-1} \tag{5-73}$$

式中：$\boldsymbol{F}_k=(\partial f(\boldsymbol{x})/\partial\boldsymbol{x})_{\boldsymbol{x}=\hat{\boldsymbol{x}}_{k-1}}$。

类似的，测量新息 $\tilde{\boldsymbol{y}}_k$ 可以写为

$$\tilde{\boldsymbol{y}}_k=\boldsymbol{\alpha}_k\cdot\boldsymbol{H}_k\tilde{\boldsymbol{x}}_k^-+\boldsymbol{v}_k \tag{5-74}$$

式中：$\boldsymbol{H}_k=(\partial h(\boldsymbol{x})/\partial\boldsymbol{x})_{\boldsymbol{x}=\hat{\boldsymbol{x}}_k^-}$；$\boldsymbol{\alpha}_k$ 为时变对角阵。

则状态预测协方差阵可以表示为

$$\boldsymbol{P}_k^- = \boldsymbol{\theta}_k \boldsymbol{F}_k \boldsymbol{P}_{k-1} \boldsymbol{F}_k^{\mathrm{T}} \boldsymbol{\theta}_k + \boldsymbol{\Xi}_k \tag{5-75}$$

式中：$\boldsymbol{\Xi}_k = \delta \boldsymbol{P}_k^- + \boldsymbol{Q}_{k-1}$。

为方便理论推导，引入时变矩阵 $\boldsymbol{\gamma}_k$，可以将 $\boldsymbol{P}_{x_k y_k}$ 表示为

$$\boldsymbol{P}_{x_k y_k} = \boldsymbol{P}_k^- \cdot \boldsymbol{\gamma}_k \boldsymbol{H}_k^{\mathrm{T}} \boldsymbol{\alpha}_k \tag{5-76}$$

则新息方差阵为

$$\boldsymbol{P}_{v_k v_k} = \boldsymbol{\alpha}_k \boldsymbol{H}_k \boldsymbol{\gamma}_k^{\mathrm{T}} \boldsymbol{P}_k^- \boldsymbol{\gamma}_k \boldsymbol{H}_k^{\mathrm{T}} \boldsymbol{\alpha}_k + \boldsymbol{\Sigma}_k \tag{5-77}$$

式中：$\boldsymbol{\Sigma}_k = \delta \boldsymbol{P}_{v_k v_k} + \boldsymbol{R}_k$。

式(5－73)、式(5－76)、式(5－77)中引入的时变矩阵 $\boldsymbol{\theta}_k$、$\boldsymbol{\alpha}_k$、$\boldsymbol{\gamma}_k$ 是用来描述由于 UT 变换产生的预测误差。若状态估值$\hat{\boldsymbol{x}}_k$ 非常接近于真值 $\boldsymbol{x}_k$，则矩阵 $\boldsymbol{\theta}_k$、$\boldsymbol{\alpha}_k$、$\boldsymbol{\gamma}_k$ 将近似于单位阵；若状态估计误差 $\tilde{\boldsymbol{x}}_k$ 增大，则矩阵 $\boldsymbol{\theta}_k$、$\boldsymbol{\alpha}_k$、$\boldsymbol{\gamma}_k$ 将逐渐偏离单位阵。

由式(5－73)～式(5－77)可得状态估计误差和相应的方差矩阵分别为

$$\tilde{\boldsymbol{x}}_k = \boldsymbol{A}_k \tilde{\boldsymbol{x}}_{k-1} - \boldsymbol{K}_k \boldsymbol{B}_k \boldsymbol{A}_k \tilde{\boldsymbol{x}}_{k-1} + \boldsymbol{C}_k \boldsymbol{w}_{k-1} - \boldsymbol{K}_k \boldsymbol{v}_k \tag{5-78}$$

$$\boldsymbol{P}_k = (\boldsymbol{I} - \boldsymbol{K}_k \boldsymbol{G}_k) \boldsymbol{P}_k^- \tag{5-79}$$

式中：$\boldsymbol{K}_k = \boldsymbol{P}_k^- \boldsymbol{G}_k^{\mathrm{T}} (\boldsymbol{G}_k \boldsymbol{P}_k^- \boldsymbol{G}_k^{\mathrm{T}} + \Sigma_k)^{-1}$；$\boldsymbol{A}_k = \boldsymbol{\theta}_k \boldsymbol{F}_k$，$\boldsymbol{B}_k = \boldsymbol{\alpha}_k \boldsymbol{H}_k$，$\boldsymbol{C}_k = \boldsymbol{I} - \boldsymbol{K}_k \boldsymbol{\alpha}_k \boldsymbol{H}_k$，$\boldsymbol{G}_k = \boldsymbol{\alpha}_k \boldsymbol{H}_k \boldsymbol{\gamma}_k^{\mathrm{T}}$。

定理 5.2[21]　对于式(5－43)、式(5－44)描述的非线性系统，其噪声 $\boldsymbol{w}_k$、$\boldsymbol{v}_k$ 是相互独立的零均值高斯白噪声，若满足以下充分条件：

(1) 当 $k \geqslant 0$，存在非零实数 $a_{\min}$、$b_{\min}$、$c_{\min}$、$g_{\min}$、$a_{\max}$、$b_{\max}$、$g_{\max}$ 使得

$$a_{\min}^2 \boldsymbol{I} \leqslant \boldsymbol{A}_k \boldsymbol{A}_k^{\mathrm{T}} \leqslant a_{\max}^2 \boldsymbol{I}, \boldsymbol{B}_k \boldsymbol{B}_k^{\mathrm{T}} \leqslant b_{\max}^2 \boldsymbol{I}, \boldsymbol{C}_k \boldsymbol{C}_k^{\mathrm{T}} \leqslant c_{\max}^2 \boldsymbol{I},$$

$$g_{\min}^2 \boldsymbol{I} \leqslant \boldsymbol{G}_k \boldsymbol{G}_k^{\mathrm{T}} \leqslant g_{\max}^2 \boldsymbol{I}, (\boldsymbol{G}_k - B_k)(\boldsymbol{G}_k - \boldsymbol{B}_k)^{\mathrm{T}} \leqslant (g_{\max}^2 - b_{\min}^2) \boldsymbol{I}$$

成立。

(2) 存在正实数 $p_{\min}$、$p_{\max}$、$q_{\max}$、$r_{\max}$、$\Xi_{\min}$、$\Xi_{\max}$、$\Sigma_{\min}$，使得 $p_{\min} \boldsymbol{I} \leqslant \boldsymbol{P}_k \leqslant p_{\max} \boldsymbol{I}$，$\boldsymbol{Q}_k \leqslant q_{\max} \boldsymbol{I}$，$\boldsymbol{R}_k \leqslant r_{\max} \boldsymbol{I}$，$\boldsymbol{\Xi}_{\min} \boldsymbol{I} \leqslant \boldsymbol{\Xi}_k \leqslant \boldsymbol{\Xi}_{\max} \boldsymbol{I}$，$\Sigma_{\min} I < \Sigma_k$

成立，则存在常数 $0 < \lambda_{\min} \leqslant 1$，$\mu_{\max} > 0$ 使得下式成立：

$$E\{\|\tilde{\boldsymbol{x}}_k\|^2\} \leqslant \frac{p_{\max}}{p_{\min}} E\{\|\tilde{\boldsymbol{x}}_0\|^2\} (1 - \lambda_{\min})^k + \frac{\mu_{\max}}{p_{\min}} \sum_{i=1}^{k-1} (1 - \lambda_{\min})^i \tag{5-80}$$

即传统 UKF 的状态估计误差在均方意义下指数有界。

关于带时变噪声统计特性估计器的 UKF 稳定性分析说明如下：

(1) 由式(5－80)可知，当传统 UKF 满足条件(1)和条件(2)，初始估计误

差 $\tilde{\boldsymbol{x}}_0$ 对状态估计误差上界的影响随滤波时间逐渐减小,并且若时变噪声先验统计精确已知,则滤波稳定收敛。然而,当时变噪声先验统计未知时,由于动力学模型不确定和测量信息发生扰动,不准确的时变噪声先验统计(即噪声协方差阵偏离真实值 $\boldsymbol{Q}_{k-1}$、$\boldsymbol{R}_k$)将会导致 $\boldsymbol{\Xi}_{\min}\boldsymbol{I} \leqslant \boldsymbol{\Xi}_k \leqslant \boldsymbol{\Xi}_{\max}\boldsymbol{I}$ 和 $\boldsymbol{\Sigma}_{\min}\boldsymbol{I} < \boldsymbol{\Sigma}_k$ 不成立,从而造成滤波精度快速下降甚至发散。虽然适当增加 $\hat{\boldsymbol{Q}}_{k-1}$、$\hat{\boldsymbol{R}}_k$ 有利于保证 UKF 稳定,但是若无法选取合适的 $\hat{\boldsymbol{Q}}_{k-1}$、$\hat{\boldsymbol{R}}_k$ 而盲目增大噪声统计估值,将无法满足条件(1),从而导致滤波不稳定。

(2) 对于带时变噪声统计特性估计器的 UKF,矩阵 $\boldsymbol{\Xi}_k$、$\boldsymbol{\Sigma}_k$ 可以改写为:$\boldsymbol{\Xi}_k' = \delta\boldsymbol{P}_k^- + \hat{\boldsymbol{Q}}_{k-1}$,$\boldsymbol{\Sigma}_k' = \delta\boldsymbol{P}_{\boldsymbol{v}_k\boldsymbol{v}_k} + \hat{\boldsymbol{R}}_k$。虽然时变噪声先验统计未知,但是在线估计 $\hat{\boldsymbol{Q}}_{k-1}$、$\hat{\boldsymbol{R}}_k$ 可以有效跟踪噪声真实值 $\boldsymbol{Q}_{k-1}$、$\boldsymbol{R}_k$,使 $\boldsymbol{\Xi}_k'$、$\boldsymbol{\Sigma}_k'$满足条件(2),从而保证了抗差自适应 UKF 滤波的收敛性。为了计算简单和增强抗差自适应 UKF 稳定性,可以在 $\boldsymbol{\Xi}_k'$、$\boldsymbol{\Sigma}_k'$中引入适当附加正定矩阵 $\Delta\boldsymbol{Q}_{k-1}$、$\Delta\boldsymbol{R}_k$,使得 $\boldsymbol{\Xi}_{\min}\boldsymbol{I} \leqslant \delta\boldsymbol{P}_k^- + \hat{\boldsymbol{Q}}_{k-1} + \Delta\boldsymbol{Q}_{k-1} \leqslant \boldsymbol{\Xi}_{\max}\boldsymbol{I}$,$\boldsymbol{\Sigma}_{\min}\boldsymbol{I} < \delta\boldsymbol{P}_{\boldsymbol{v}_k\boldsymbol{v}_k} + \hat{\boldsymbol{R}}_k + \Delta\boldsymbol{R}_k$

但是如何选择合适的 $\Delta\boldsymbol{Q}_{k-1}$、$\Delta\boldsymbol{R}_k$ 同时保证滤波稳定性和滤波精度,需要进一步研究。

(3) 定理 5.2 的证明是基于噪声统计为零均值白噪声,对于噪声统计均值非零且未知时变的非线性系统,还需进行进一步分析。设已知噪声统计均值真实值分别为 $\boldsymbol{q}_k$、$\boldsymbol{r}_k$,其估值分别为$\hat{\boldsymbol{q}}_k$、$\hat{\boldsymbol{r}}_k$,则噪声协方差估值$\hat{\boldsymbol{Q}}_k$、$\hat{\boldsymbol{R}}_k$ 可以表示为

$$\begin{aligned}\hat{\boldsymbol{Q}}_k &= \operatorname{cov}[(\boldsymbol{w}_k - \hat{\boldsymbol{q}}_k)(\boldsymbol{w}_k - \hat{\boldsymbol{q}}_k)^{\mathrm{T}}] \\ &= \operatorname{cov}\{[\boldsymbol{w}_k - (\boldsymbol{q}_k - \Delta\boldsymbol{q}_k)][\boldsymbol{w}_k - (\boldsymbol{q}_k - \Delta\boldsymbol{q}_k)]^{\mathrm{T}}\} \\ &= \operatorname{cov}[(\boldsymbol{w}_k - \boldsymbol{q}_k)(\boldsymbol{w}_k - \boldsymbol{q}_k)^{\mathrm{T}}] + (\Delta\boldsymbol{q}_k)^2 \\ &= \boldsymbol{Q}_k + (\Delta\boldsymbol{q}_k)^2\end{aligned} \tag{5-81}$$

$$\begin{aligned}\hat{\boldsymbol{R}}_k &= \operatorname{cov}[(\boldsymbol{v}_k - \hat{\boldsymbol{r}}_k)(\boldsymbol{v}_k - \hat{\boldsymbol{r}}_k)^{\mathrm{T}}] \\ &= \operatorname{cov}\{[\boldsymbol{v}_k - (\boldsymbol{r}_k - \Delta\boldsymbol{r}_k)][\boldsymbol{v}_k - (\boldsymbol{r}_k - \Delta\boldsymbol{r}_k)]^{\mathrm{T}}\} \\ &= \operatorname{cov}[(\boldsymbol{v}_k - \boldsymbol{r}_k)(\boldsymbol{v}_k - \boldsymbol{r}_k)^{\mathrm{T}}] + (\Delta\boldsymbol{r}_k)^2 \\ &= \boldsymbol{R}_k + (\Delta\boldsymbol{r}_k)^2\end{aligned} \tag{5-82}$$

由于$(\Delta\boldsymbol{q}_k)^2$、$(\Delta\boldsymbol{r}_k)^2$ 是非负定的对称阵,根据前面理论分析可知噪声统计均值非零基本不影响滤波稳定性,一般只会影响滤波精度[22]。

2) 滤波精度分析

在非线性跟踪条件下,最优滤波算法很难建立,实际应用的滤波一般都是次

优滤波算法，而 CRLB 可以给出在设定模型条件下状态估计的统计平均误差下限[20]。这里采用 PCRLB 理论来评估抗差自适应 UKF 算法的滤波精度。

设 $\boldsymbol{X}_0^k=\{\boldsymbol{x}_0,\boldsymbol{x}_1,\cdots,\boldsymbol{x}_k\}$ 为状态矢量序列，$\boldsymbol{Y}_0^k=\{y_0,y_1,\cdots,y_k\}$ 为观测序列，$p(\boldsymbol{X}_0^k,\boldsymbol{Y}_0^k)$ 为 $(\boldsymbol{X}_0^k,\boldsymbol{Y}_0^k)$ 的联合概率密度函数，$\boldsymbol{x}_k$ 的无偏估计为 $\hat{\boldsymbol{x}}_k$，则状态估计误差的 PCRLB 可以定义为系统验后 Fisher 信息阵 $\boldsymbol{J}_k$ 的倒数，即

$$\boldsymbol{P}_k=E[(\boldsymbol{x}_k-\hat{\boldsymbol{x}}_k)(\boldsymbol{x}_k-\hat{\boldsymbol{x}}_k)^{\mathrm{T}}]\geqslant(\boldsymbol{J}_k)^{-1} \tag{5-83}$$

式中：$\boldsymbol{J}_k=E[-\partial^2\ln p(\boldsymbol{X}_0^k,\boldsymbol{Y}_0^k)/\partial\boldsymbol{x}_k^2]$。

而对于式（5-43）、式（5-44）描述的离散非线性系统的伪线性化系统[23]：

$$\begin{aligned}\tilde{\boldsymbol{x}}_k^-&=\boldsymbol{\theta}_k\cdot\boldsymbol{F}_k\tilde{\boldsymbol{x}}_{k-1}+\boldsymbol{w}_{k-1}\\ \tilde{\boldsymbol{y}}_k&=\boldsymbol{\alpha}_k\cdot\boldsymbol{H}_k\tilde{\boldsymbol{x}}_k^-+\boldsymbol{v}_k\end{aligned} \tag{5-84}$$

式中：$\boldsymbol{F}_k=(\partial f(\boldsymbol{x})/\partial\boldsymbol{x})_{\boldsymbol{x}=\hat{\boldsymbol{x}}_{k-1}}$；$\boldsymbol{H}_k=(\partial h(\boldsymbol{x})/\partial\boldsymbol{x})_{\boldsymbol{x}=\hat{\boldsymbol{x}}_k^-}$。

则系统验后 Fisher 信息阵可以表示为

$$\boldsymbol{J}_k=\boldsymbol{Q}_{k-1}^{-1}+\boldsymbol{H}_k^{\mathrm{T}}\cdot\boldsymbol{R}_k^{-1}\cdot\boldsymbol{H}_k-\boldsymbol{Q}_{k-1}^{-1}\boldsymbol{F}_k(\boldsymbol{J}_{k-1}+\boldsymbol{F}_k^{\mathrm{T}}\boldsymbol{Q}_{k-1}^{-1}\boldsymbol{F}_k)^{-1}\boldsymbol{F}_k^{\mathrm{T}}\boldsymbol{Q}_{k-1}^{-1} \tag{5-85}$$

为了进一步评估抗差自适应 UKF 算法的滤波精度，引入自适应 UKF 的误差均方根与状态估计误差的 PCRLB 比较。根据定义，可知状态估计误差的协方差阵为

$$\begin{aligned}\boldsymbol{P}_k&=E[\tilde{\boldsymbol{x}}_k\cdot\tilde{\boldsymbol{x}}_k^{\mathrm{T}}]=E[(\tilde{\boldsymbol{x}}_k^--\boldsymbol{K}_k\cdot\tilde{y}_k)(\tilde{\boldsymbol{x}}_k^--\boldsymbol{K}_k\cdot\tilde{y}_k)^{\mathrm{T}}]\\&=\hat{\boldsymbol{P}}_k^--\hat{\boldsymbol{P}}_k^-\boldsymbol{H}_k^{\mathrm{T}}\boldsymbol{K}_k^{\mathrm{T}}-\boldsymbol{K}_k\boldsymbol{H}_k\hat{\boldsymbol{P}}_k^-+\boldsymbol{K}_k(\boldsymbol{H}_k\hat{\boldsymbol{P}}_k^-\boldsymbol{H}_k^{\mathrm{T}}+R_k)\boldsymbol{K}_k^{\mathrm{T}}+\Delta\boldsymbol{P}_k\end{aligned} \tag{5-86}$$

式中：$\Delta\boldsymbol{P}_k=(\boldsymbol{I}-\boldsymbol{K}_k\boldsymbol{H}_k)(\boldsymbol{P}_k^--\hat{\boldsymbol{P}}_k^-)(\boldsymbol{I}-\boldsymbol{K}_k\boldsymbol{H}_k)^{\mathrm{T}}$。

将 $\mathit{\Xi}_k'=\delta\boldsymbol{P}_k^-+\hat{\boldsymbol{Q}}_{k-1}$ 代替 $\mathit{\Xi}_k$，由式（5-75）可得

$$\hat{\boldsymbol{P}}_k^-=\boldsymbol{\theta}_k\boldsymbol{F}_k\hat{\boldsymbol{P}}_{k-1}\boldsymbol{F}_k^{\mathrm{T}}\boldsymbol{\theta}_k+\delta\boldsymbol{P}_k^-+\hat{\boldsymbol{Q}}_{k-1} \tag{5-87}$$

将 $\mathit{\Sigma}_k'=\delta\boldsymbol{P}_{\boldsymbol{v}_k\boldsymbol{v}_k}+\hat{\boldsymbol{R}}_k$ 代替 $\mathit{\Sigma}_k$，由式（5-79）可得

$$\boldsymbol{K}_k=\boldsymbol{P}_k^-\gamma_k\boldsymbol{H}_k^{\mathrm{T}}\boldsymbol{\alpha}_k^{\mathrm{T}}(\boldsymbol{\alpha}_k\boldsymbol{H}_k\gamma_k^{\mathrm{T}}\boldsymbol{P}_k^-\gamma_k\boldsymbol{H}_k^{\mathrm{T}}\boldsymbol{\alpha}_k^{\mathrm{T}}+\delta\boldsymbol{P}_{\boldsymbol{v}_k\boldsymbol{v}_k}+\hat{\boldsymbol{R}}_k)^{-1} \tag{5-88}$$

则式（5-86）可以改写为

$$\begin{aligned}\boldsymbol{P}_k=[&\boldsymbol{Q}_{k-1}^{-1}+\gamma_k\boldsymbol{H}_k^{\mathrm{T}}\boldsymbol{\alpha}_k^{\mathrm{T}}\hat{\boldsymbol{R}}_k^{-1}\boldsymbol{\alpha}_k\boldsymbol{H}_k\gamma_k^{\mathrm{T}}-\boldsymbol{Q}_{k-1}^{-1}\boldsymbol{\theta}_k\boldsymbol{F}_k\\&(\boldsymbol{P}_{k-1}^{-1}+\boldsymbol{F}_k^{\mathrm{T}}\boldsymbol{\theta}_k\boldsymbol{Q}_{k-1}^{-1}\boldsymbol{\theta}_k\boldsymbol{F}_k)^{-1}\boldsymbol{F}_k^{\mathrm{T}}\boldsymbol{\theta}_k\boldsymbol{Q}_{k-1}^{-1}]^{-1}+\Delta\boldsymbol{P}_k\end{aligned} \tag{5-89}$$

比较分析式(5-85)、式(5-89)可得:状态估计误差的 PCRLB 与噪声 $\boldsymbol{Q}_{k-1}$、$\boldsymbol{R}_k$ 相关,而自适应 UKF 的 RMSE 取决于矩阵 $\boldsymbol{\theta}_k$、$\boldsymbol{\alpha}_k$、$\boldsymbol{\gamma}_k$ 和噪声估计$\hat{\boldsymbol{Q}}_{k-1}$、$\hat{\boldsymbol{R}}_k$。若 UT 转换引入的线性化误差可以被忽略且$\hat{\boldsymbol{Q}}_{k-1}=\boldsymbol{Q}_{k-1}$,$\hat{\boldsymbol{R}}_k=\boldsymbol{R}_k$,或者是$\boldsymbol{\theta}_k=\boldsymbol{I}$,$\boldsymbol{\alpha}_k=\boldsymbol{I}$,$\boldsymbol{\gamma}_k=\boldsymbol{I}$,$\Delta\boldsymbol{P}_k=0$,则有状态估计误差的 PCRLB 与自适应 UKF 的 RMSE 相等。若泰勒近似展开式的高阶项被忽略且 $\boldsymbol{Q}_{k-1}$、$\boldsymbol{R}_k$ 与$\hat{\boldsymbol{Q}}_{k-1}$、$\hat{\boldsymbol{R}}_k$ 差值足够小,则可以认为抗差自适应 UKF 具有最优滤波性能。上述分析说明:如果增大噪声估计矩阵$\hat{\boldsymbol{Q}}_{k-1}$、$\hat{\boldsymbol{R}}_k$,抗差自适应 UKF 的稳定性将增强,但是其滤波精度有可能降低。

4. 仿真与分析

设观测平台 SatO 和空间目标 SatT 的轨道根数见表 5-1,轨道参考历元为 2011 年 1 月 1 日 12:0:0。利用 STK 模拟生成了天基观测平台和空间目标的运行轨道,作为标称轨道。为了对比分析上面提出的抗差自适应 UKF 滤波算法的性能,标称轨道计算模型和滤波器的轨道预报模型均仅考虑非球形 J_2、J_3、J_4 项摄动。设仿真时长 $T_a=5000$s,设滤波周期 $T_s=2$s,N 表示滤波点数,蒙特卡洛仿真次数 $M=100$ 次。仿真结果的评价指标采用误差均方根、平均误差均方根及收敛时间。

算例 1:过程噪声统计 $\boldsymbol{q}$、$\boldsymbol{Q}$ 精确已知,观测噪声统计 $\boldsymbol{r}$、$\boldsymbol{R}$ 未知且 $\boldsymbol{R}$ 时变。

设初始状态误差为[5km,5km,5km,1m,1m,1m],观测数据的随机误差取 3μrad($\boldsymbol{r}=\boldsymbol{0}$,$\boldsymbol{R}=\mathrm{diag}[9\times10^{-12},9\times10^{-12}]$),在历元 $t=3600$s 后测量随机误差改为 30μrad;加入的过程噪声统计特性为 $\boldsymbol{q}=[1,1,1,0,0,0]$,$\boldsymbol{Q}=\mathrm{diag}[10^{-6},10^{-6},10^{-6},10^{-10},10^{-10},10^{-10}]$。选取初始过程噪声均值和协方差阵分别为$\boldsymbol{q}_0=\boldsymbol{q}$,$\boldsymbol{Q}_0=\boldsymbol{Q}$,初始观测噪声均值和协方差阵分别为 $\boldsymbol{r}_0=[0,0]$,$\boldsymbol{R}_0=\mathrm{diag}[10^{-10},10^{-10}]$。设计两个场景:Case1,SatO 对 SatT 采用普通 UKF 算法进行跟踪滤波;Case2,SatO 对 SatT 采用抗差自适应 UKF 算法进行跟踪滤波(未引入抗差自适应因子,遗忘因子 $\omega=0.95$)。仿真结果如图 5-12 ~ 图 5-15 和表 5-4 所示(图中所示的矩阵范数是指 2-范数,以下同)。

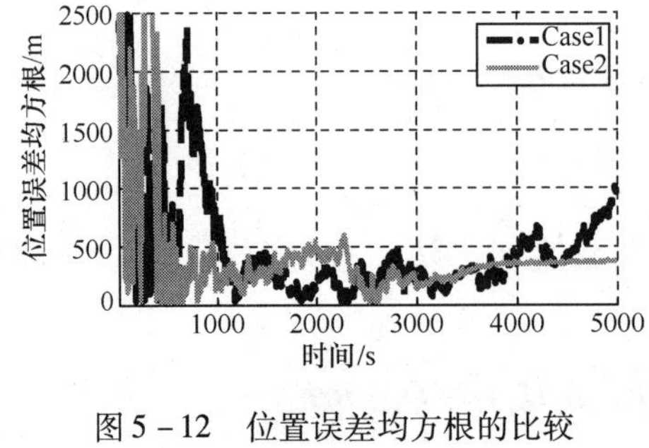

图 5-12　位置误差均方根的比较(观测噪声协方差阵时变)

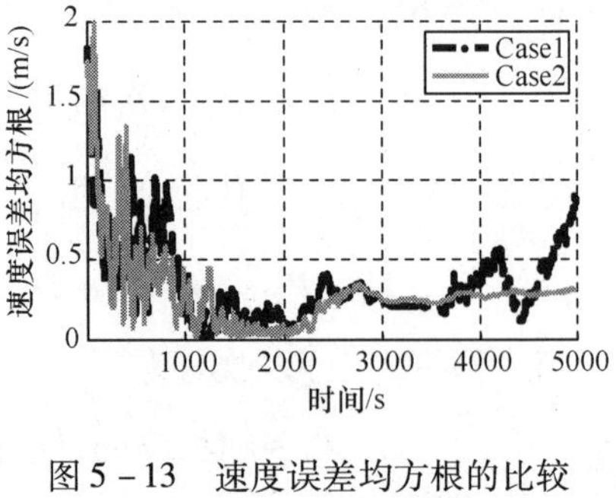

图 5-13　速度误差均方根的比较(观测噪声协方差阵时变)

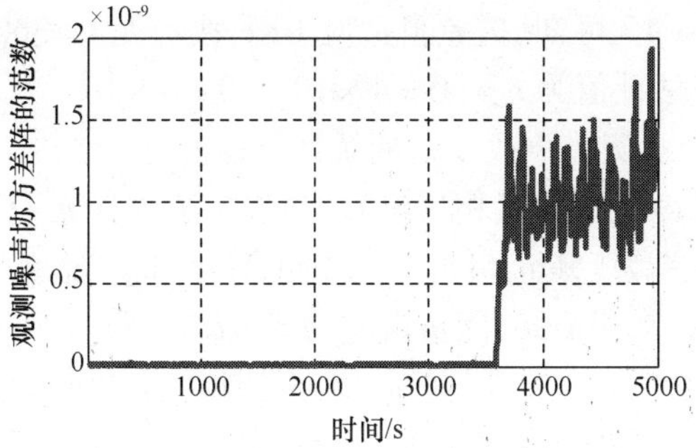

图 5-14　抗差自适应 UKF 的观测噪声协方差阵估计值的范数曲线

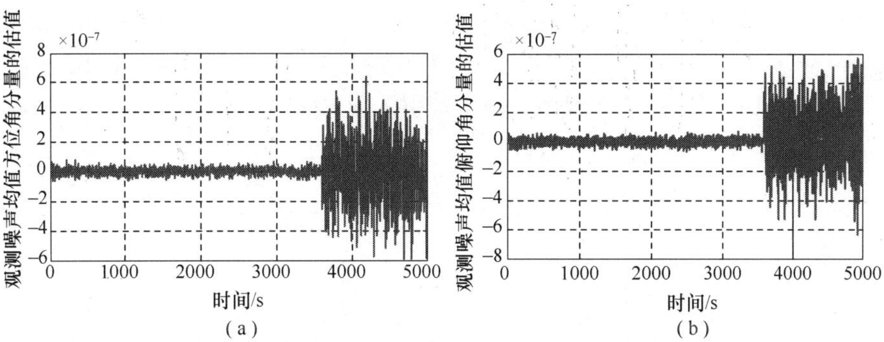

图 5-15　抗差自适应 UKF 的观测噪声统计均值的估计值曲线

表 5-4　观测噪声协方差阵时变的仿真结果

算例	观测误差/μrad	RMSE_R 收敛值/m	RMSE_V 收敛值/(m/s)	ARMSE/m	T_c/s
Case1	3→30	975.61	0.784	485.82	132
Case2	3→30	370.0	0.258	423.55	126

由仿真结果可知:①在历元 $t=3600$s 之前(即视线测量随机误差 3μrad),普通 UKF 的非线性滤波效果正常,实现了快速收敛($T_c=132$s)。但是当视线测量随机误差改变为 30μrad 后(即观测噪声协方差阵发生变化),普通 UKF 逐渐失效,其滤波精度严重下降并出现了发散(RMSE_R 和RMSE_V分别快速增加到了 975.61m、0.784m/s)。②抗差自适应 UKF 可以克服观测噪声协方差阵时变的问题,其 RMSE_R 和 RMSE_V 的收敛值分别保持在 370m、0.258m/s;尽管由于观测噪声的初始协方差阵不准确,滤波开始时位置、速度误差曲线相对振荡较大,但是随着时变噪声统计估计器对观测噪声协方差阵 $\boldsymbol{R}$ 的跟踪估计,总体上其平均误差均方根(ARMSE=423.55m)要比普通 UKF(ARMSE=485.82m)小。

③由图5－14、图5－15可知，抗差自适应UKF在历元 $t=3600s$ 后，对观测噪声协方差阵 $\boldsymbol{R}$ 的跟踪估计值为 $\boldsymbol{r}=[0\pm4\times10^{-7},0\pm4\times10^{-7}]$，$\boldsymbol{R}=\mathrm{diag}[9\times10^{-9},9\times10^{-9}]$，基本符合观测噪声改变值的统计特性。

算例2：观测噪声统计 $\boldsymbol{r}$、$\boldsymbol{R}$ 精确已知，过程噪声统计 $\boldsymbol{q}$、$\boldsymbol{Q}$ 未知且 $\boldsymbol{Q}$ 时变。

设初始状态误差为[5km,5km,5km,1m,1m,1m]，观测数据误差为60μrad（其中常值系统误差为10μrad，随机误差为50μrad，则 $\boldsymbol{r}=[10^{-5},10^{-5}]$，$\boldsymbol{R}=\mathrm{diag}[2.5\times10^{-9},2.5\times10^{-9}]$）；加入的过程噪声统计特性为 $\boldsymbol{q}=[50,50,50,0,0,0]$，$\boldsymbol{Q}=\mathrm{diag}[10^2,10^2,10^2,10^{-6},10^{-6},10^{-6}]$，在历元 $t=3200s$ 后过程噪声统计协方差阵改为 $\boldsymbol{Q}=\mathrm{diag}[2\times10^4,2\times10^4,2\times10^4,10^{-6},10^{-6},10^{-6}]$。选取初始观测噪声均值和协方差阵分别为 $\boldsymbol{r}_0=\boldsymbol{r}$，$\boldsymbol{R}_0=\boldsymbol{R}$，初始过程噪声均值和协方差阵分别为 $\boldsymbol{q}_0=[0,0,0,0,0,0]$，$\boldsymbol{Q}_0=\mathrm{diag}[1,1,1,10^{-6},10^{-6},10^{-6}]$。设计两个场景：Case1，SatO对SatT采用普通UKF算法进行跟踪滤波；Case2，SatO对SatT采用抗差自适应UKF算法进行跟踪滤波（未引入抗差自适应因子，遗忘因子 $\omega=0.95$）。仿真结果如图5－16～图5－19和表5－5所示。

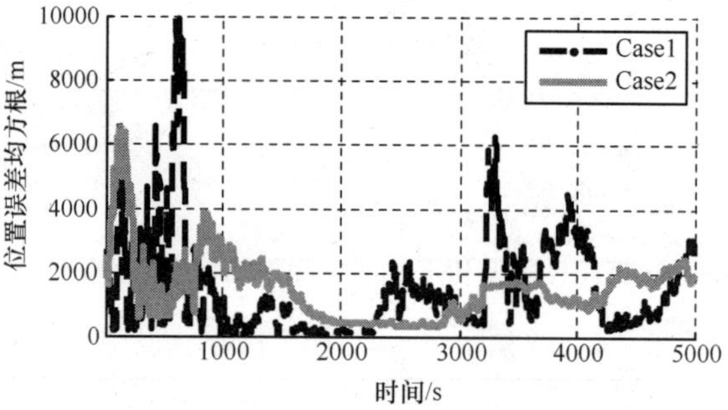

图5－16　位置误差均方根的比较（过程噪声协方差阵时变）

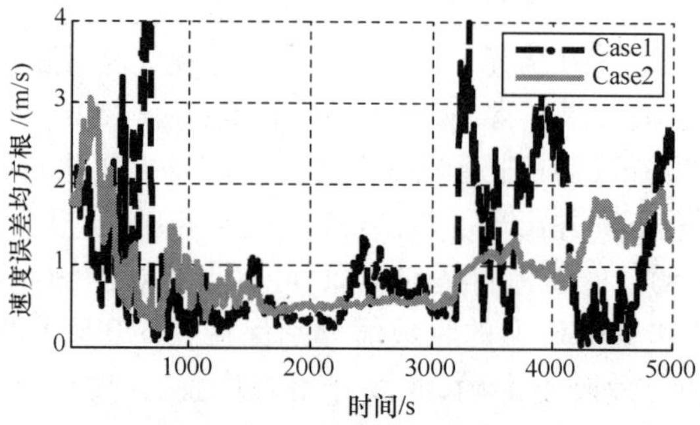

图5－17　速度误差均方根的比较（过程噪声协方差阵时变）

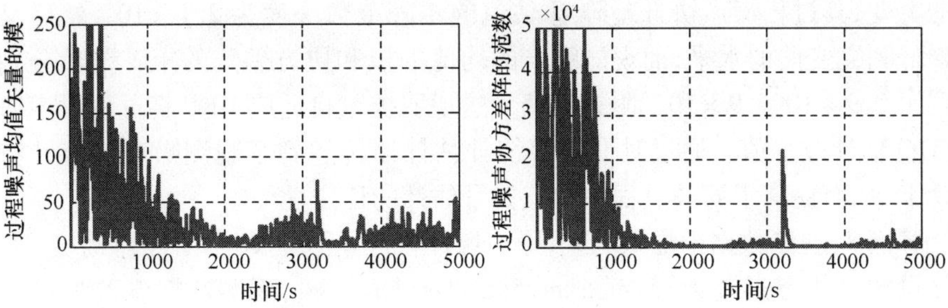

(a)　　(b)

图5-18　抗差自适应UKF的过程噪声统计特性的估值曲线

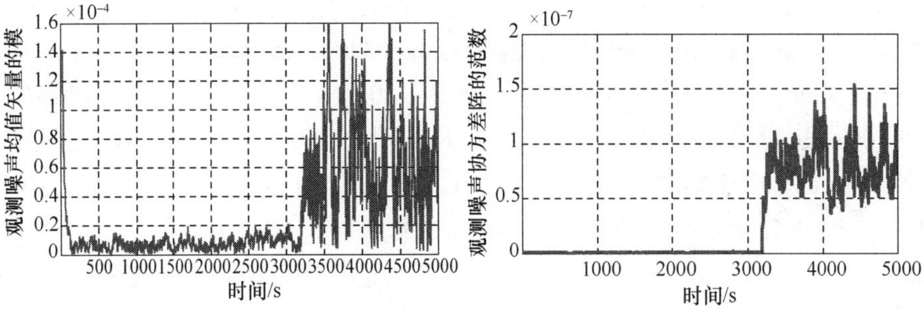

(a)　　(b)

图5-19　抗差自适应UKF的观测噪声统计特性的估值曲线

表5-5　过程噪声协方差阵时变的仿真结果

算例	观测误差/μrad	RMSE_R 收敛值/m	RMSE_V 收敛值/(m/s)	ARMSE/m	T_c/s
Case1	60	2565.11	2.162	1529.50	292
Case2	60	1789.56	1.457	1437.66	276

由仿真结果可知：①在历元 $t=3200$s 之前（即过程噪声协方差阵未改变之前），普通UKF的滤波效果正常，但是收敛过程中RMSE_R和RMSE_V曲线出现较大振荡，收敛时间相对较长（$T_c=292$s）；特别是当过程噪声协方差阵改变后，普通UKF逐渐失效，其滤波精度严重下降并出现了发散（RMSE_R和RMSE_V分别快速增加到了2565.11m、2.162m/s）。②抗差自适应UKF可以克服过程噪声协方差阵时变的问题，其RMSE_R和RMSE_V的收敛值分别保持在1789.56m、1.457m/s；尽管由于过程噪声初始协方差阵不准确，滤波开始时位置、速度误差曲线的振荡幅度并不大，但随着时变噪声统计估计器对过程噪声协方差阵 $\boldsymbol{Q}$ 的跟踪估计，总体上其平均误差均方根（ARMSE=1437.66m）要比普通UKF（ARMSE=1529.50m）小得多。③由图5-18、图5-19可知，抗差自适应UKF在历元 $t=3200$s 时，对过程噪声协方差阵 $\boldsymbol{Q}$ 的跟踪估计值发生了脉冲

式的突变，其过程噪声协方差阵 $\boldsymbol{Q}$ 估值的矩阵范数一度为 2.1×10^{4}，然后又迅速降低到突变前的水平，而观测噪声的均值的模和协方差阵的矩阵范数分别阶跃到了 0.9×10^{-4}、9×10^{-8} 附近振荡。这说明抗差自适应 UKF 将过程噪声协方差阵 $\boldsymbol{Q}$ 估计改变值。通过时变噪声统计估计器传递到了观测噪声的统计特性估计上，从而提高了滤波过程中状态矢量估计的稳定性。

算例 3：观测数据中加入粗差，噪声统计特性 $\boldsymbol{q}$、$\boldsymbol{Q}$、$\boldsymbol{r}$、$\boldsymbol{R}$ 未知且 $\boldsymbol{Q}$ 时变

设初始状态误差为[5km,5km,5km,1m,1m,1m]，观测数据误差为 40μrad（其中常值系统误差为 10μrad，随机误差为 30μrad，则 $\boldsymbol{r}=[10^{-5},10^{-5}]$，$\boldsymbol{R}=\mathrm{diag}[9\times10^{-10},9\times10^{-10}]$）；加入的过程噪声统计特性为 $\boldsymbol{q}=[50,50,50,0,0,0]$，$\boldsymbol{Q}=\mathrm{diag}[10^{2},10^{2},10^{2},10^{-6},10^{-6},10^{-6}]$。仿真过程中在历元 t 为 3800s、4000s 观测数据中加入 400μrad 的粗差，并在历元 $t=3200$s 后过程噪声统计协方差阵改为 $\boldsymbol{Q}=\mathrm{diag}[1.5\times10^{4},1.5\times10^{4},1.5\times10^{4},10^{-6},10^{-6},10^{-6}]$。选取初始观测噪声均值和协方差阵分别为 $\boldsymbol{r}_0=[0,0]$，$\boldsymbol{R}_0=\mathrm{diag}[10^{-10},10^{-10}]$，初始过程噪声均值和协方差阵分别为 $\boldsymbol{q}_0=[0,0,0,0,0,0]$，$\boldsymbol{Q}_0=\mathrm{diag}[1,1,1,10^{-6},10^{-6},10^{-6}]$。设计两个场景：Case1，SatO 对 SatT 采用普通 UKF 算法进行跟踪滤波，Case2，SatO 对 SatT 采用抗差自适应 UKF 算法进行跟踪滤波（引入抗差自适应因子，初值设为 1，构造自适应因子采用的常量 $k_0=1.3$，$k_1=6.0$，遗忘因子 $\omega=0.95$）。仿真结果如图 5－20～图 5－23 和表 5－6 所示。

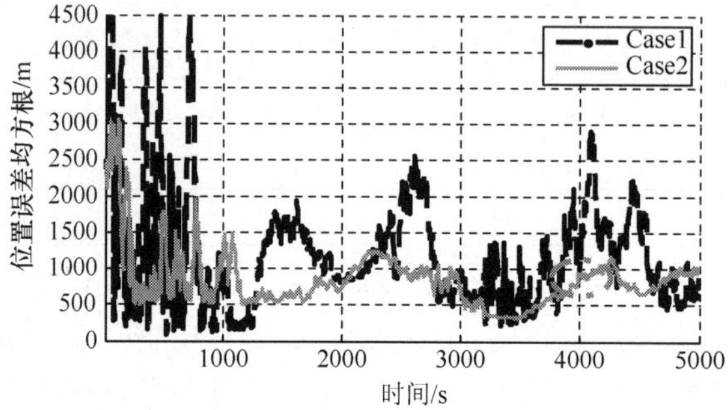

图 5－20　位置误差均方根的比较（观测异常，过程噪声协方差阵时变）

由仿真结果可知：①在历元 $t=3200$s 之前（即过程噪声协方差阵未改变之前），普通 UKF 的非线性滤波效果正常，但是收敛过程中 RMSE_R 和 RMSE_V 曲线振荡较大，收敛时间相对较长（$T_c=255$s）。当过程噪声协方差阵改变后，普通 UKF 逐渐失效，其滤波精度振荡降低并有发散的趋势。特别是在历元 t 为 3800s、4000s 观测数据中加入粗差后，振荡幅值快速增大，RMSE_R 最高达到 2900m，RMSE_V 最高达到 2m/s。尽管经过一段时间误差曲线的振荡幅值逐渐

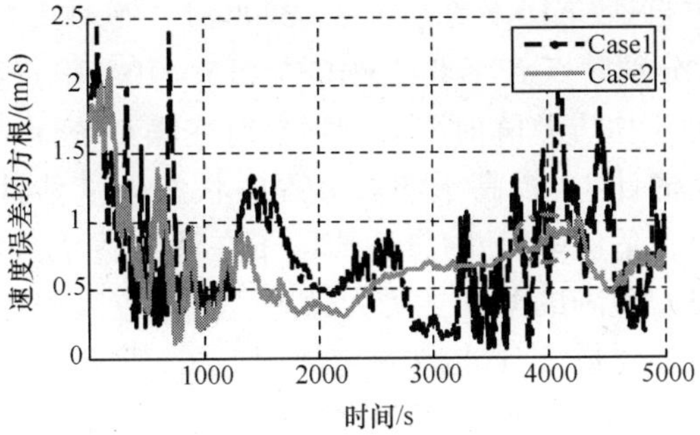

图 5－21　速度误差均方根的比较(观测异常,过程噪声协方差阵时变)

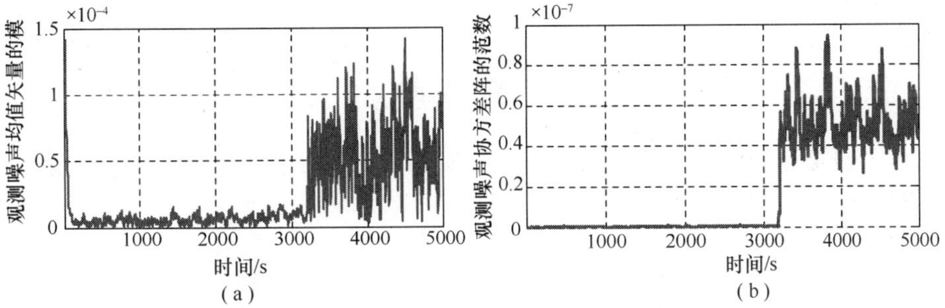

图 5－22　抗差自适应 UKF 的观测噪声统计特性的估值曲线(Case2)

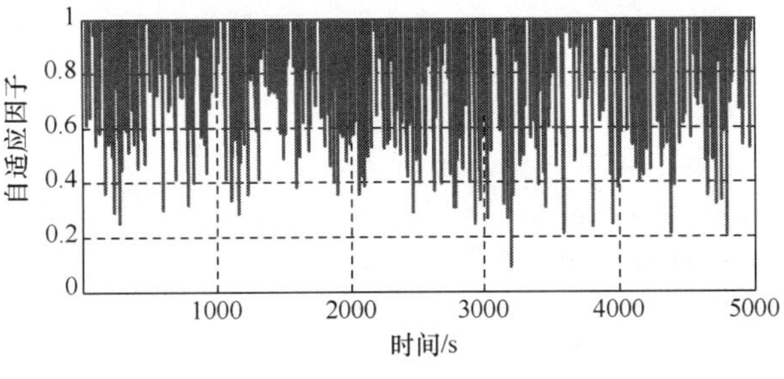

图 5－23　抗差自适应 UKF 的自适应因子变化曲线(Case2)

表 5－6　观测异常且过程噪声协方差阵时变的仿真结果

算例	观测误差/μrad	RMSE_*R* 收敛值/m	RMSE_*V* 收敛值/(m/s)	ARMSE/m	T_c/s
Case1	40	899.31	0.762	1179.78	255
Case2	40	940.22	0.685	845.65	208

收窄,但是极易受到扰动影响而出现发散。②抗差自适应 UKF 可以克服过程噪声协方差阵时变和观测异常的问题,其 RMSE_*R* 和 RMSE_*V* 的收敛值最终分别保持在 940.22m、0.685m/s,并且振荡幅值很小,具有较高的稳定性。③由

图 5 - 22可知，抗差自适应 UKF 在历元 $t = 3200$s 后，观测噪声的均值的模和协方差阵的矩阵范数分别阶跃到了 0.7×10^{-4}、0.5×10^{-7} 附近振荡，说明抗差自适应 UKF 将过程噪声协方差阵时变影响通过时变噪声统计估计器传递到了观测噪声的统计特性估计上，提高了滤波过程中状态矢量估计的稳定性。④由图 5 - 23可知，抗差自适应 UKF 的自适应因子在滤波整个阶段都在频繁调整，并且对过程噪声协方差阵的时变性更为敏感。自适应因子在历元 $t = 3200$s 降低到 0.1，调整幅值相对最大，这也在一定程度上减轻了时变噪声统计估计器的工作负担。自适应因子对于观测异常的幅值调整并不明显，这与观测粗差不算太"恶劣"有一定关系，或者说抗差自适应 UKF 的自适应因子主要在于整体上提高滤波对观测异常和状态扰动的抵制能力。

参考文献

[1] 杨元喜. 抗差估计理论及其在大地测量中的应用[D]. 武汉：中国科学院测量与地球物理研究所, 1991.

[2] Huber P J. Robust Statistics[M]. New York: Wiley, 1981.

[3] Turkey J W. A Survey of Sampling from Contaminated Distribution in Cotribution to Probability and Statistics [M]. Stanford Calf: Stanford University Press, 1960.

[4] Hampel F R, Ronchetti E M. The Approach Based on Influence Function[M]. Robust Statistics, 1986.

[5] 文援兰. 航天器精密轨道抗差估计理论与应用研究[D]. 郑州：中国人民解放军信息工程大学, 2001.

[6] 周江文，黄幼才，杨元喜，等. 抗差最小二乘法[M]. 武汉：华中理工大学出版社, 1997.

[7] Yang Y X. Estimators of covariance Matrix at Robust Estimation Based on Influence Functions[J]. Zeitschrift Fuer Vermessungswesen, 1997, 122(4):166 - 174.

[8] 杨元喜. 抗差估计理论及其应用[M]. 北京：八一出版社, 1993.

[9] 杨元喜. 自适应动态导航定位[M]. 北京：测绘出版社, 2006.

[10] Wan E A, Van der Merwe R. The Unscented Kalman Filter for Nonlinear Estimation[C]. Proceedings of Symposium 2000 on Adaptive Systems for Signal Processing, Communication and Control (AS - SPCC), IEEE. Lake Louise, 2000.

[11] Mohamed A H. Adaptive Kalman Filtering for INS/GPS[J]. Journal of Geodesy, 1999, 73(4): 193 - 203.

[12] 杨元喜，何海波，徐天河. 论动态自适应滤波[J]. 测绘学报, 2001, 30(4):293 - 298.

[13] 崔先强. 噪声协方差矩阵加权估计的 Sage 自适应滤波[J]. 测绘科学, 2002, 27(2):26 - 30.

[14] 徐天河，杨元喜. 改进的 Sage 自适应滤波方法[J]. 测绘科学, 2000, 25(3):22 - 24.

[15] Sage A P, Husa G W. Adaptive Filtering with Unknown Prior Statistics[C]. Joint Automatic Control Conference, 1969:760 - 769.

[16] 张金槐. 线性模型参数估计及其改进[M]. 长沙：国防科学技术大学出版社, 1999.

[17] 赵琳，王小旭，孙明，等. 基于极大后验估计和指数加权的自适应 UKF 滤波算法[J]. 自动化学报,

2010, (7):57 - 61.

[18] Maybeck P S. Stochastic Models, Estimation and Control[M]. New York: Academic Press, 1979.

[19] 潘泉,杨峰,叶亮,等. 一类非线性滤波器 - UKF 综述[J]. 控制与决策, 2005, 20(5):481 - 489.

[20] Tichavsky P, Muravchik C H, Nehorai A. Posterior Cramer - Rao Bounds for Discrete - time Nonlinear Filtering[J]. IEEE Transactions on Signal Processing, 1998, 46(5):1386 - 1396.

[21] Xiong K, Zhang H Y, Chan C W. Performance Evaluation of UKF - based Nonlinear Filtering[J]. Automatic, 2006, 42(2):261 - 270.

[22] Xiong K, Zhang H Y, Chan C W. Author's reply to Comments on Performance Evaluation of UKF - BAsed Nonlinear Filtering[J]. Automatic, 2007, 43(3):569 - 570.

[23] Fagin S L. Comments on a Method for Improving Extends Kalman Filter Performance for Angle - only Passive Ranging[J]. IEEE Transactions on Aerospace and Electronic Systems, 1995, 31(3):1148 - 1150.

第6章　空间目标的双行轨道根数生成方法

6.1　双行轨道根数和SGP4模型介绍

双行轨道根数(TLE)主要参数项包括平均角速度 n(圈/天)、轨道倾角 i(°)、偏心率 e、升交点赤经 Ω(°)、近地点辐角 ω(°)、平近点角 M(°)、平均角速度的一阶时间导数 $\dot{n}$(圈/天^2)和归一化大气阻尼调制系数 B^*(单位 $1/R_E$,R_E 为地球赤道半径)。TLE 是包含主要摄动项的平均轨道根数,采用类似平均根数方法去除周期扰动项,且必须用同样方法重构周期扰动项,因此只有利用北美防空司令部(North American Aerospace Defense Command, NORAD)发布的简化普适摄动模型(Simplified General Perturbations 4,SGP4)或简化深空摄动模型(Simplified Deep - space Perturbation 4, SDP4)才能保证轨道计算与预测精度。1959年,Kozai 针对主要带谐项摄动,提出基于非线性动力学中渐近平均法的平均根数法,构造相应摄动方程的幂级数解[1];Brouwer 采用 Von - Zeipel 变换方法完整的给出了相应的摄动解[8]。在此基础上,NORAD 提出了基于开普勒轨道根数的 TLE 以及相应的 SGP4 轨道计算和预报模型算法。

NORAD 将空间目标按运行周期分为近地目标(Near - Earth,周期小于225min)和(Deep - Space,周期大于或等于225min)两类,SGP4 预报模型适用于近地目标,而 SDP4 预报模型适用于深空目标[2]。目前,美国空间目标监视系统主要使用 SGP4 模型,其摄动模型考虑包括地球非球形摄动(低轨目标考虑 J_2、J_3、J_4 项摄动,对于同步轨道或半同步轨道还考虑轨道面的地球田谐项共振引起的摄动影响)、大气阻力摄动(静态非自旋的球形对称的大气模型,其密度模型可以用幂级数加权函数表示)以及日月引力摄动一阶项三种主要摄动因素影响。1980 年,Hoots 等公布了适用于 TLE 的 SGP4 和 SDP4 公式及 Fortran 程序源代码[3]。

利用 SGP4 模型计算空间目标运动状态与利用平根数进行轨道计算方法类似,其主要计算流程图如图 6 - 1 所示[3,4]。

由于低轨目标受地球非球形摄动和大气阻力摄动影响较大,而 SGP4 模型是以简化地球引力场模型和大气模型来提高计算速度的。因此,SGP4 模型的轨道预报精度与空间目标的轨道高度有关[5]：对于轨道高度为500～1500km的空间目标，各种摄动影响都相对较小，其轨道预报精度较高；而当轨道高度低于450km时，高度越低其计算偏差越大。对于高轨目标，日月引力摄动成为相对主要摄动影响，并且由于地球自转和月球绕地球旋转的相对运动叠加影响，使得月球引力摄动变化非常复杂[6]，由于SGP4模型考虑的日月引力摄动模型简单，因此其轨道预报精度会快速下降。本章主要研究适用于SGP4模型的近地目标，其轨道高度为300～2000km。

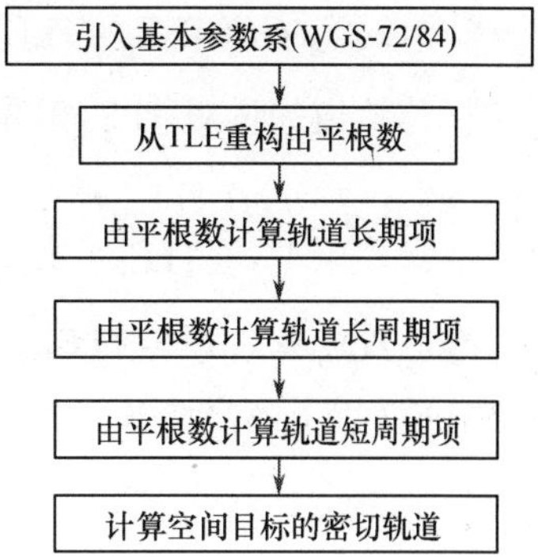

图6－1　SGP4模型主要计算流程图

6.2　空间目标的TLE拟合算法

根据观测数据输入长度的不同，空间目标TLE拟合分为单点拟合和区间采样拟合。单点拟合方法的计算量相对较小、求解速度较快，但是无法估计出归一化大气阻尼调制系数B^*，拟合误差和外推轨道误差相对较大，不适宜用于长时间轨道预报[7]。区间采样拟合方法的计算量较大，求解速度较低，但是在采样区间内拟合误差分布均匀，拟合误差小，且轨道预报精度相对较高，可以用于TLE的定期发布。

6.2.1　非线性最小二乘估计

选取统一的TEME坐标系，设空间目标在$t_r(t_r \in [t_0, t_m])$时刻的TLE主要参数值为$\mathrm{TLE}_r = [\bar{n}_r, \bar{e}_r, \bar{i}_r, \bar{\Omega}_r, \bar{\omega}_r, \bar{M}_r, \dot{\bar{n}}_r, \bar{B}_r^*]^{\mathrm{T}}$，标称轨道$\boldsymbol{r}_{\mathrm{TEME}} = [\boldsymbol{r}_1, \cdots, \boldsymbol{r}_m]^{\mathrm{T}}$，由$\mathrm{TLE}_r$计算得到的拟合轨道为$\boldsymbol{r}_{\mathrm{fit}} = [f(\mathrm{TLE}_r, t_1), \cdots, f(\mathrm{TLE}_r, t_m)]^{\mathrm{T}}$。则观测误差方程为

$$\boldsymbol{r}_{\mathrm{TEME}} = \boldsymbol{r}_{\mathrm{fit}} + \boldsymbol{\varepsilon} \tag{6-1}$$

定义空间目标TLE的区间采样拟合的目标函数为

$$J(\mathrm{TLE}_r) = (\boldsymbol{r}_{\mathrm{fit}} - \boldsymbol{r}_{\mathrm{TEME}})^{\mathrm{T}}(\boldsymbol{r}_{\mathrm{fit}} - \boldsymbol{r}_{\mathrm{TEME}}) \tag{6-2}$$

设TLE主要参数的估值TLE_i在第i次迭代的初值$\mathrm{TLE}_{i/0}$与标称轨道足够接近，则可以将式(6－1)在$\mathrm{TLE}_{i/0}$处进行泰勒展开：

$$\boldsymbol{r}_{\mathrm{TEME}} = f(\mathrm{TLE}_{i/0}, t_0, t) + \left(\frac{\partial f(\mathrm{TLE}_r, t)}{\partial \mathrm{TLE}_r}\right)_{\mathrm{TLE}_r = \mathrm{TLE}_{i/0}} (\mathrm{TLE}_r - \mathrm{TLE}_{i/0}) +$$

$$O((\mathrm{TLE_r}-\mathrm{TLE}_{i/0})^2) \tag{6-3}$$

标称轨道矢量对 $\mathrm{TLE_r}$ 的偏导数矩阵为

$$\boldsymbol{H}=\left(\frac{\partial f(\mathrm{TLE_r},t)}{\partial \mathrm{TLE_r}}\right)_{\mathrm{TLE_r}=\mathrm{TLE}_{i/0}}=\left(\frac{\partial f(\mathrm{TLE_r},t)}{\partial \mathrm{TLE}}\cdot\frac{\partial \mathrm{TLE}}{\partial \mathrm{TLE_r}}\right)_{\mathrm{TLE_r}=\mathrm{TLE}_{i/0}} \tag{6-4}$$

令 $\Delta\mathrm{TLE_r}=\mathrm{TLE_r}-\mathrm{TLE}_{i/0}$，$\Delta\boldsymbol{r}=\boldsymbol{r}_{\mathrm{TEME}}-f(\mathrm{TLE}_{i/0},t_0,t)$，且略去式(6-3)中 $O(\Delta\mathrm{TLE_r^2})$ 以上的高阶项可得

$$\Delta\boldsymbol{r}=\boldsymbol{H}\cdot\Delta\mathrm{TLE_r}+\boldsymbol{\varepsilon} \tag{6-5}$$

根据最小二乘估值原理，可以得到 $\mathrm{TLE_r}$ 的最优估计值为

$$\widehat{\mathrm{TLE}}_\mathrm{r}=(\boldsymbol{H}^\mathrm{T}H)^{-1}\boldsymbol{H}^\mathrm{T}\Delta r \tag{6-6}$$

由于 $f(\mathrm{TLE}_{i/0},t_0,t)$ 具有非线性，则式(6-2)为非线性最小二乘问题，不能简单套用式(6-6)求解 $\widehat{\mathrm{TLE}}_\mathrm{r}$。解这类问题的基本思想是通过一系列线性最小二乘问题求解非线性最小二乘问题[8]。设 $\mathrm{TLE}_{i/0}$ 为 $\widehat{\mathrm{TLE}}_\mathrm{r}$ 的第 i 次近似，将原来问题转化为线性最小二乘问题，利用式(6-6)求出这个问题的极小点 $\mathrm{TLE}_{(i+1)/0}$，把它作为非线性最小二乘问题解的第 $i+1$ 次近似，再从 $\mathrm{TLE}_{(i+1)/0}$ 出发，重复以上过程。令

$$\phi(\mathrm{TLE}_{i/0})=(r_{\mathrm{fit}}^{(i)}-\boldsymbol{r}_{\mathrm{TEME}})^\mathrm{T}(r_{\mathrm{fit}}^{(i)}-\boldsymbol{r}_{\mathrm{TEME}}) \tag{6-7}$$

从而将求解目标函数(6-2)最小值问题转化为对于第 i 次迭代近似值 $\mathrm{TLE}_{i/0}$ 求解 $\phi(\mathrm{TLE}_{i/0})$ 的最小值。记

$$\boldsymbol{A}_i=\left(\frac{\partial f(\mathrm{TLE_r},t)}{\partial \mathrm{TLE_r}}\right)_{\mathrm{TLE_r}=\mathrm{TLE}_{i/0}},\quad \boldsymbol{b}=\left(\frac{\partial f(\mathrm{TLE_r},t)}{\partial \mathrm{TLE_r}}\right)_{\mathrm{TLE}_{i/0}}\cdot\mathrm{TLE}_{i/0}-\boldsymbol{f}_{i/0}$$

式中：$f_{i/0}=f(\mathrm{TLE}_{i/0},t_0,t)-\boldsymbol{r}_{\mathrm{TEME}}$。

则式(6-7)可以写成

$$\boldsymbol{A}_i^\mathrm{T}\boldsymbol{A}_i\cdot(\mathrm{TLE_r}-\mathrm{TLE}_{i/0})=-\boldsymbol{A}_i^\mathrm{T}\cdot\boldsymbol{f}_{i/0} \tag{6-8}$$

若 $\boldsymbol{A}_i$ 为列满秩，则 $\boldsymbol{A}_i^\mathrm{T}\boldsymbol{A}_i$ 为对称正定矩阵。可以得到极小点：

$$\mathrm{TLE}_{(i+1)/0}=\mathrm{TLE}_{i/0}-(\boldsymbol{A}_i^\mathrm{T}\boldsymbol{A}_i)^{-1}\boldsymbol{A}_i^\mathrm{T}\cdot\boldsymbol{f}_{i/0} \tag{6-9}$$

6.2.2 无奇异轨道根数及偏导数推导

位置矢量 $\boldsymbol{r}$ 对开普勒根数 $\boldsymbol{\sigma}=[n,e,i,\Omega,\omega,M]^\mathrm{T}$ 的偏导数矩阵有(具体解析表达式参见文献[9])

$$\frac{\partial \boldsymbol{r}}{\partial \sigma}=\left(\frac{\partial \boldsymbol{r}}{\partial a}\quad \frac{\partial \boldsymbol{r}}{\partial e}\quad \frac{\partial \boldsymbol{r}}{\partial i}\quad \frac{\partial \boldsymbol{r}}{\partial \Omega}\quad \frac{\partial \boldsymbol{r}}{\partial \omega}\quad \frac{\partial \boldsymbol{r}}{\partial M}\right) \tag{6-10}$$

对于列矢量组合$\partial \boldsymbol{r}/\partial\omega$、$\partial \boldsymbol{r}/\partial M$和$\partial \boldsymbol{r}/\partial\omega$、$\partial \boldsymbol{r}/\partial\Omega$，不难得到[10]

$$\left|\frac{\partial \boldsymbol{r}}{\partial \omega}-\frac{\partial \boldsymbol{r}}{\partial M}\right|=\left|(\hat{\boldsymbol{h}}\times \boldsymbol{r})-\frac{\dot{\boldsymbol{r}}}{n}\right|=O(e) \tag{6-11}$$

$$\left|\frac{\partial \boldsymbol{r}}{\partial \omega}-\frac{\partial \boldsymbol{r}}{\partial \Omega}\right|=|(\hat{\boldsymbol{h}}\times \boldsymbol{r})-(\hat{\boldsymbol{j}}_z\times \boldsymbol{r})|=O(\sin i) \tag{6-12}$$

式中：$\hat{\boldsymbol{h}}=(\boldsymbol{r}\times\dot{\boldsymbol{r}})/\sqrt{\mu p}$；$\hat{\boldsymbol{j}}_z=[0\quad 0\quad 1]^{\mathrm{T}}$；$n$为平均角速度。

式(6－11)、式(6－12)表明，矩阵$\partial \boldsymbol{r}/\partial\sigma$存在两列元素之差分别为$O(e)$、$O(\sin i)$量级，当出现$e=0$和$i=0°$或$180°$两种奇点的情况，相应的矩阵行列式为0，导致法化矩阵非正定，将破坏系统可观性。为避免出现奇点，引入无奇异轨道根数a、h、k、ξ、η、λ替换开普勒根数a、e、i、Ω、ω、M，即

$$\begin{aligned}&a=a,h=\sin i\cos\Omega,k=-\sin i\sin\Omega,\xi=e\cos(\omega+\Omega),\\&\eta=-e\sin(\omega+\Omega),\lambda=M+\omega+\Omega\end{aligned} \tag{6-13}$$

基于无奇异轨道根数的TLE瞬时参数n、h、k、ξ、η、λ、$\dot{n}$、B^*的偏导数$\partial f(\mathrm{TLE}_r,t)/\partial\mathrm{TLE}$表达式为

$$\frac{\partial \boldsymbol{r}}{\partial n}=-\frac{2}{3\sqrt{\mu}}a^{1.5}\cdot\boldsymbol{r},\quad \frac{\partial \boldsymbol{r}}{\partial \dot{n}}=-\frac{2}{3\sqrt{\mu}}a^{1.5}\cdot(t-t_0)\cdot\boldsymbol{r} \tag{6-14}$$

$$\frac{\partial \boldsymbol{r}}{\partial h}=\begin{bmatrix}\dfrac{k}{\cos i}\left(\dfrac{y}{1+\cos i}-r\sin u^*\right)\\ \dfrac{h}{\cos i}\left(\dfrac{y}{1+\cos i}-r\sin u^*\right)-\dfrac{z}{1+\cos i}\\ r\sin u^*\end{bmatrix} \tag{6-15}$$

$$\frac{\partial \boldsymbol{r}}{\partial k}=\begin{bmatrix}\dfrac{k}{\cos i}\left(\dfrac{x}{1+\cos i}-r\cos u^*\right)-\dfrac{z}{1+\cos i}\\ \dfrac{h}{\cos i}\left(\dfrac{x}{1+\cos i}-r\cos u^*\right)\\ r\cos u^*\end{bmatrix} \tag{6-16}$$

$$\frac{\partial \boldsymbol{r}}{\partial \xi}=\xi_1 r+\xi_2\dot{\boldsymbol{r}},\quad \frac{\partial \boldsymbol{r}}{\partial \eta}=\eta_1\boldsymbol{r}+\eta_2\dot{\boldsymbol{r}} \tag{6-17}$$

$$\frac{\partial \boldsymbol{r}}{\partial \lambda}=\frac{\dot{\boldsymbol{r}}}{n} \tag{6-18}$$

$$\frac{\partial \boldsymbol{r}}{\partial B^*}=\frac{2m(r-\boldsymbol{r}_0)^2}{C_d A R_E \cdot \rho_0 H}\cdot \exp\left(\frac{H}{r-\boldsymbol{r}_0}\right)\cdot \boldsymbol{r}^0 \tag{6-19}$$

式中：

$$\begin{cases}\xi_1=[-a(\cos u^*+\xi)-r(\sin u^*-\eta)(\xi\sin u^*+\eta\cos u^*)/(1-e^2)]/p\\ \xi_2=r[a\sin u^*-a^2\eta\sqrt{1-e^2}/(r(1+\sqrt{1-e^2}))+r(\sin u^*-\eta)/(1-e^2)]/\sqrt{\mu p}\end{cases}$$

$$\begin{cases}\eta_1=[a(\sin u^*-\eta)-r(\cos u^*+\xi)(\xi\sin u^*+\eta\cos u^*)/(1-e^2)]/p\\ \eta_2=r[a\cos u^*-a^2\xi\sqrt{1-e^2}/(r(1+\sqrt{1-e^2}))+r(\cos u^*+\xi)/(1-e^2)]/\sqrt{\mu p}\end{cases}$$

$\boldsymbol{r}^0$ 为 $\boldsymbol{r}$ 的单位矢量；a 为轨道半长轴；$u^*=f+\omega+\Omega$；

$$B^*=0.5\cdot C_d\rho_p R_E\cdot A/m$$

其中：C_d 为阻尼系数，一般取2.1~2.2；A/m 为空间目标的面质比；ρ_p 为目标近地点的大气密度；R_E 为地球赤道半径。采用静止非自旋、常标高球面大气密度模型

$$\rho_p=\rho_0\cdot\exp(H/(\boldsymbol{r}_0-r))$$

式中：ρ_p、ρ_0 分别为 r、r_0 处大气密度，一般选 r、r_0 为轨道近地点；H 为 r 处的密度标高。

注：①式(6-19)仅适用于轨道高度低于2000km的近地目标，对于中高轨空间目标，由于大气密度相对很小，式(6-19)将改写为 $\partial\boldsymbol{r}/\partial B^*=0$；②理论上，无奇异轨道根数几乎适用于任意椭圆轨道，但是当 $i=90°$ 时，有 $\cos i=0$，则式(6-15)、式(6-16)会出现奇点。为解决这个问题，不妨在拟合求解过程中将 $i=i+5°$ 进行变量替换，迭代收敛后再进行变量还原。

已知TLE参数估值在线性化过程中忽略了改正量的二阶以上各项，且在迭代过程中改正量越来越小。因此，TLE瞬时参数与待估状态量 $\text{TLE}_r=(\bar{n}_r,\bar{h}_r,\bar{k}_r,\bar{\xi}_r,\bar{\eta}_r,\bar{\lambda}_r,\dot{\bar{n}}_r,\bar{B}_r^*)^T$ 的关系可简化，相应的法化矩阵无需严格计算。根据拟平均根数法，仅保留一阶长期项[10]，无奇异轨道根数摄动变化的计算公式为

$$\begin{cases}n=\bar{n}_r+\dot{\bar{n}}_r(t-t_r)\\ h=\bar{h}_r\cos[\Omega_1(t-t_r)]+\bar{k}_r\sin[\Omega_1(t-t_r)]\\ k=\bar{k}_r\cos[\Omega_1(t-t_r)]-\bar{h}_r\sin[\Omega_1(t-t_r)]\\ \xi=\bar{\xi}_r\cos[(\omega_1+\Omega_1)(t-t_r)]+\bar{\eta}_r\sin[(\omega_1+\Omega_1)(t-t_r)]\\ \eta=\bar{\eta}_r\cos[(\omega_1+\Omega_1)(t-t_r)]-\bar{\xi}_r\sin[(\omega_1+\Omega_1)(t-t_r)]\\ \lambda=\bar{\lambda}_r+(\lambda_1+\bar{n}_r)(t-t_r)+0.5\times\dot{\bar{n}}_r(t-t_r)^2\end{cases} \tag{6-20}$$

式中

$\bar{p}_r = \bar{a}_r(1 - \bar{e}_r^2), \Omega_1 = -1.5 \times J_2 \bar{n}_r \cos\bar{i}_r / \bar{p}_r^2$

$\omega_1 = 1.5 \times J_2 \bar{n}_r (2 - 2.5\sin^2\bar{i}_r)/\bar{p}_r^2, M_1 = 1.5 \times J_2 \bar{n}_r (1 - 1.5\sin^2\bar{i}_r)\sqrt{1 - \bar{e}_r^2}/\bar{p}_r^2$

$\lambda_1 = 1.5 \times J_2 \bar{n}_r [-\cos\bar{i}_r + (2 - 2.5\sin^2\bar{i}_r) + (1 - 1.5\sin^2\bar{i}_r)\sqrt{1 - \bar{e}_r^2}]/\bar{p}_r^2$

则偏导数$\partial \mathrm{TLE}/\partial \mathrm{TLE}_r$计算公式为

$$\frac{\partial n}{\partial \bar{n}_r} = \frac{\partial h}{\partial \bar{h}_r} = \frac{\partial k}{\partial \bar{k}_r} = \frac{\partial \xi}{\partial \bar{\xi}_r} = \frac{\partial \eta}{\partial \bar{\eta}_r} = \frac{\partial \lambda}{\partial \bar{\lambda}_r} = \frac{\partial \dot{n}}{\partial \dot{\bar{n}}_r} = \frac{\partial B^*}{\partial \bar{B}_r^*} = 1 \tag{6-21}$$

$$\begin{cases} \dfrac{\partial h}{\partial \bar{n}_r} = \dfrac{7}{3\bar{n}_r}\Omega_1(t - t_r) \times \{-\bar{h}_r \sin[\Omega_1(t - t_r)] + \bar{k}_r \cos[\Omega_1(t - t_r)]\} \\ \dfrac{\partial h}{\partial \bar{h}_r} = \cos[\Omega_1(t - t_r)] - \dfrac{\bar{h}_r}{\cos^2\bar{i}_r}\Omega_1(t - t_r) \times \{-\bar{h}_r \sin[\Omega_1(t - t_r)] + \\ \qquad \bar{k}_r \cos[\Omega_1(t - t_r)]\} \\ \dfrac{\partial h}{\partial \bar{k}_r} = \sin[\Omega_1(t - t_r)] - \dfrac{\bar{k}_r}{\cos^2\bar{i}_r}\Omega_1(t - t_r) \times \{-\bar{h}_r \sin[\Omega_1(t - t_r)] + \\ \qquad \bar{k}_r \cos[\Omega_1(t - t_r)]\} \\ \dfrac{\partial h}{\partial \bar{\xi}_r} = \dfrac{4\bar{\xi}_r}{1 - \bar{e}_r^2}\Omega_1(t - t_r) \times \{-\bar{h}_r \sin[\Omega_1(t - t_r)] + \bar{k}_r \cos[\Omega_1(t - t_r)]\} \\ \dfrac{\partial h}{\partial \bar{\eta}_r} = \dfrac{4\bar{\eta}_r}{1 - \bar{e}_r^2}\Omega_1(t - t_r) \times \{-\bar{h}_r \sin[\Omega_1(t - t_r)] + \bar{k}_r \cos[\Omega_1(t - t_r)]\} \end{cases} \tag{6-22}$$

$$\begin{cases} \dfrac{\partial k}{\partial \bar{n}_r} = \dfrac{7}{3\bar{n}_r}\Omega_1(t - t_r) \times \{-\bar{k}_r \sin[\Omega_1(t - t_r)] - \bar{h}_r \cos[\Omega_1(t - t_r)]\} \\ \dfrac{\partial k}{\partial \bar{h}_r} = -\sin[\Omega_1(t - t_r)] - \dfrac{\bar{h}_r}{\cos^2\bar{i}_r}\Omega_1(t - t_r) \times \{-\bar{k}_r \sin[\Omega_1(t - t_r)] - \\ \qquad \bar{h}_r \cos[\Omega_1(t - t_r)]\} \\ \dfrac{\partial k}{\partial \bar{k}_r} = \cos[\Omega_1(t - t_r)] - \dfrac{\bar{k}_r}{\cos^2\bar{i}_r}\Omega_1(t - t_r) \times \{-\bar{k}_r \sin[\Omega_1(t - t_r)] - \\ \qquad \bar{h}_r \cos[\Omega_1(t - t_r)]\} \\ \dfrac{\partial k}{\partial \bar{\xi}_r} = \dfrac{4\bar{\xi}_r}{1 - \bar{e}_r^2}\Omega_1(t - t_r) \times \{-\bar{k}_r \sin[\Omega_1(t - t_r)] - \bar{h}_r \cos[\Omega_1(t - t_r)]\} \\ \dfrac{\partial k}{\partial \bar{\eta}_r} = \dfrac{4\bar{\eta}_r}{1 - \bar{e}_r^2}\Omega_1(t - t_r) \times \{-\bar{k}_r \sin[\Omega_1(t - t_r)] - \bar{h}_r \cos[\Omega_1(t - t_r)]\} \end{cases} \tag{6-23}$$

$$
\left\{
\begin{aligned}
&\frac{\partial \xi}{\partial \bar{n}_r}=\frac{7}{3\bar{n}_r}(\omega_1+\Omega_1)(t-t_r)\times\{-\bar{\xi}_r\sin[(\omega_1+\Omega_1)(t-t_r)]+\\
&\qquad \bar{\eta}_r\cos[(\omega_1+\Omega_1)(t-t_r)]\}\\
&\frac{\partial \xi}{\partial \bar{h}_r}=\left[\frac{-\bar{h}_r}{\cos^2\bar{i}_r}\Omega_1(t-t_r)-\frac{10\bar{h}_r}{4-5\sin^2\bar{i}_r}\omega_1(t-t_r)\right]\times\\
&\qquad\{-\bar{\xi}_r\sin[(\omega_1+\Omega_1)(t-t_r)]+\bar{\eta}_r\cos[(\omega_1+\Omega_1)(t-t_r)]\}\\
&\frac{\partial \xi}{\partial \bar{k}_r}=\left[\frac{-\bar{k}_r}{\cos^2\bar{i}_r}\Omega_1(t-t_r)-\frac{10\bar{k}_r}{4-5\sin^2\bar{i}_r}\omega_1(t-t_r)\right]\times\\
&\qquad\{-\bar{\xi}_r\sin[(\omega_1+\Omega_1)(t-t_r)]+\bar{\eta}_r\cos[(\omega_1+\Omega_1)(t-t_r)]\}\\
&\frac{\partial \xi}{\partial \bar{\xi}_r}=\cos[(\omega_1+\Omega_1)(t-t_r)]+\frac{4\bar{\xi}_r}{1-\bar{e}_r^2}(\omega_1+\Omega_1)(t-t_r)\times\\
&\qquad\{-\bar{\xi}_r\sin[(\omega_1+\Omega_1)(t-t_r)]+\bar{\eta}_r\cos[(\omega_1+\Omega_1)(t-t_r)]\}\\
&\frac{\partial \xi}{\partial \bar{\eta}_r}=\sin[(\omega_1+\Omega_1)(t-t_r)]+\frac{4\bar{\eta}_r}{1-\bar{e}_r^2}(\omega_1+\Omega_1)(t-t_r)\times\\
&\qquad\{-\bar{\xi}_r\sin[(\omega_1+\Omega_1)(t-t_r)]+\bar{\eta}_r\cos[(\omega_1+\Omega_1)(t-t_r)]\}
\end{aligned}
\right.
\tag{6-24}
$$

$$
\left\{
\begin{aligned}
&\frac{\partial \eta}{\partial \bar{n}_r}=\frac{7}{3\bar{n}_r}(\omega_1+\Omega_1)(t-t_r)\times\{-\bar{\eta}_r\sin[(\omega_1+\Omega_1)(t-t_r)]-\\
&\qquad \bar{\xi}_r\cos[(\omega_1+\Omega_1)(t-t_r)]\}\\
&\frac{\partial \eta}{\partial \bar{h}_r}=\left[\frac{-\bar{h}_r}{\cos^2\bar{i}_r}\Omega_1(t-t_r)-\frac{10\bar{h}_r}{4-5\sin^2\bar{i}_r}\omega_1(t-t_r)\right]\times\\
&\qquad\{-\bar{\eta}_r\sin[(\omega_1+\Omega_1)(t-t_r)]-\bar{\xi}_r\cos[(\omega_1+\Omega_1)(t-t_r)]\}\\
&\frac{\partial \eta}{\partial \bar{k}_r}=\left[\frac{-\bar{k}_r}{\cos^2\bar{i}_r}\Omega_1(t-t_r)-\frac{10\bar{k}_r}{4-5\sin^2\bar{i}_r}\omega_1(t-t_r)\right]\times\\
&\qquad\{-\bar{\eta}_r\sin[(\omega_1+\Omega_1)(t-t_r)]-\bar{\xi}_r\cos[(\omega_1+\Omega_1)(t-t_r)]\}\\
&\frac{\partial \eta}{\partial \bar{\xi}_r}=-\sin[(\omega_1+\Omega_1)(t-t_r)]+\frac{-4\bar{\xi}_r}{1-\bar{e}_r^2}(\omega_1+\Omega_1)(t-t_r)\times\\
&\qquad\{\bar{\eta}_r\sin[(\omega_1+\Omega_1)(t-t_r)]+\bar{\xi}_r\cos[(\omega_1+\Omega_1)(t-t_r)]\}\\
&\frac{\partial \eta}{\partial \bar{\eta}_r}=\cos[(\omega_1+\Omega_1)(t-t_r)]+\frac{4\bar{\eta}_r}{1-\bar{e}_r^2}(\omega_1+\Omega_1)(t-t_r)\times\\
&\qquad\{-\bar{\eta}_r\sin[(\omega_1+\Omega_1)(t-t_r)]-\bar{\xi}_r\cos[(\omega_1+\Omega_1)(t-t_r)]\}
\end{aligned}
\right.
\tag{6-25}
$$

$$\begin{cases}\dfrac{\partial\lambda}{\partial\bar{n}_r}=\dfrac{7}{3\bar{n}_r}\lambda_1(t-t_r)+(t-t_r)\\[2mm] \dfrac{\partial\lambda}{\partial\bar{h}_r}=\left(\dfrac{-10\bar{h}_r}{4-5\sin^2\bar{i}_r}\omega_1-\dfrac{\bar{h}_r}{\cos^2\bar{i}_r}\Omega_1-\dfrac{6\bar{h}_r}{2-3\sin^2\bar{i}_r}M_1\right)(t-t_r)\\[2mm] \dfrac{\partial\lambda}{\partial\bar{k}_r}=\left(\dfrac{-10\bar{k}_r}{4-5\sin^2\bar{i}_r}\omega_1-\dfrac{\bar{k}_r}{\cos^2\bar{i}_r}\Omega_1-\dfrac{6\bar{k}_r}{2-3\sin^2\bar{i}_r}M_1\right)(t-t_r)\\[2mm] \dfrac{\partial\lambda}{\partial\bar{\xi}_r}=\dfrac{4\bar{\xi}_r}{1-\bar{e}_r^2}(\omega_1+\Omega_1)(t-t_r)+\dfrac{3\bar{\xi}_r}{1-\bar{e}_r^2}M_1(t-t_r)\\[2mm] \dfrac{\partial\lambda}{\partial\bar{\eta}_r}=\dfrac{4\bar{\eta}_r}{1-\bar{e}_r^2}(\omega_1+\Omega_1)(t-t_r)+\dfrac{3\bar{\eta}_r}{1-\bar{e}_r^2}M_1(t-t_r)\\[2mm] \dfrac{\partial\lambda}{\partial\dot{\bar{n}}_r}=0.5\times(t-t_r)^2\end{cases} \tag{6-26}$$

$$\frac{\partial n}{\partial\dot{\bar{n}}_r}=t-t_r \tag{6-27}$$

除上面列出的偏导数以外，$\partial\mathrm{TLE}/\partial\mathrm{TLE}_r$ 的其他偏导数均为0。

6.2.3　仿真算例与分析

空间目标的轨道根数见表6-1(参考轨道历元为2011年1月1日12:0:0)。

表6-1　空间目标的轨道根数

目标编号(类型)	a/km	e	i/(°)	Ω/(°)	ω/(°)	M/(°)
0151(LEO1)	7678.0	0.08	55.0	150.0	20.0	0
0142(LEO2)	7678.0	0.00001	55.0	150.0	20.0	0
0913(GEO1)	42164.0	0.00001	0.00001	0	170.0	0

基于表6-1所列的轨道根数，利用STK模拟生成了空间目标在TEME坐标系下的摄动轨道(轨道动力学模型考虑70×70阶地球引力场、日月摄动、大气阻力摄动和光压摄动)作为标称轨道。以空间目标TEME坐标系下2h摄动轨道弧长(仿真步长为30s,240个均匀采样点)为观测数据，对所拟合弧长的中心时刻的目标TLE进行采样拟合。仿真结果见表6-2。

表6-2　空间目标的TLE拟合结果

目标	n/(圈/天)	e	i/(°)	Ω/(°)	ω/(°)	M/(°)	$\dot{n}$/(圈/天^2)	B^*
LEO1	12.9182	0.0791	54.957	150.022	19.324	194.435	-7.722×10^{-13}	1.87×10^{-6}
LEO2	12.9151	0.00117	54.960	150.026	251.773	321.947	-3.032×10^{-13}	1.34×10^{-5}
GEO1	1.00287	4.18×10^{-5}	0.057	270.753	59.931	214.489	-8.502×10^{-5}	0

图 6－2 给出了三个空间目标 TLE 在 2h 拟合弧段内的位置、速度误差。

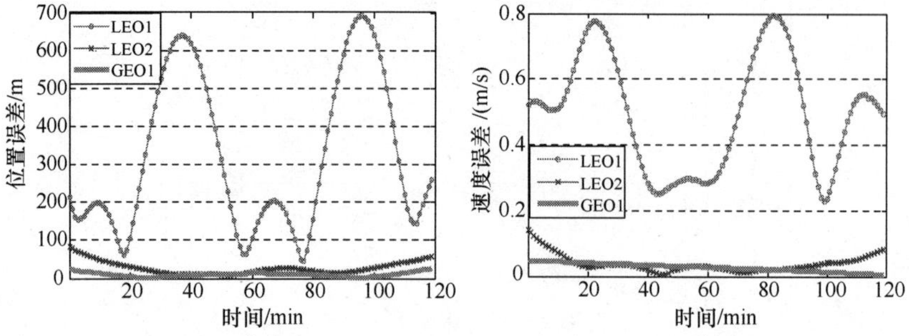

(a)　　(b)

图 6－2　空间目标 TLE 在拟合弧段内的位置、速度误差

(a)位置误差；(b)速度误差。

由图 6－2 可知，对于小偏心率的低轨目标 LEO2 和小偏心率、小倾角的高轨目标 GEO1，提出的 TLE 拟合算法可以克服由于轨道奇点存在而导致迭代求解失败的问题，且拟合精度较高，拟合弧段内位置误差小于 100m，速度误差小于 0.2m/s；而对于偏心率为 0.08 的低轨目标 LEO1，其位置、速度误差曲线波动相对较大，位置误差小于 700m，速度误差小于 0.8m/s。这是由于偏心率为 0.08 的椭圆轨道在一个轨道周期内轨道高度变化较大，导致目标 LEO1 受到大气阻力摄动影响不均；而 TLE 中 B^* 是基于轨道近地点的大气密度 ρ_p 拟合得到的，采用的是静止非自旋、常标高球面大气密度模型，因此 TLE 拟合误差会相对较大且出现类似周期性的波动。

为检验空间目标 TLE 的轨道预报精度，利用拟合生成的 TLE，基于 SGP4 模型向后预报 22h 弧长，与标称轨道进行比较，得到 TLE 的轨道预报残差。图 6－3～图 6－5 分别给出了 24h 仿真时间内，三个空间目标在 RTN 坐标系下的 TLE 位置预报残差。

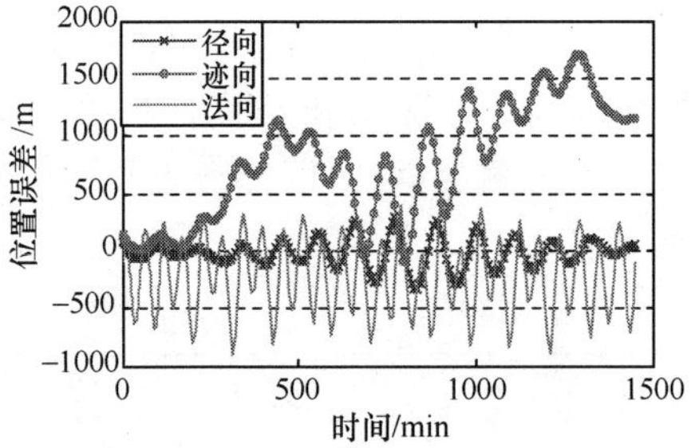

图 6－3　目标 LEO1 的 TLE 预报位置残差(RTN 坐标系)

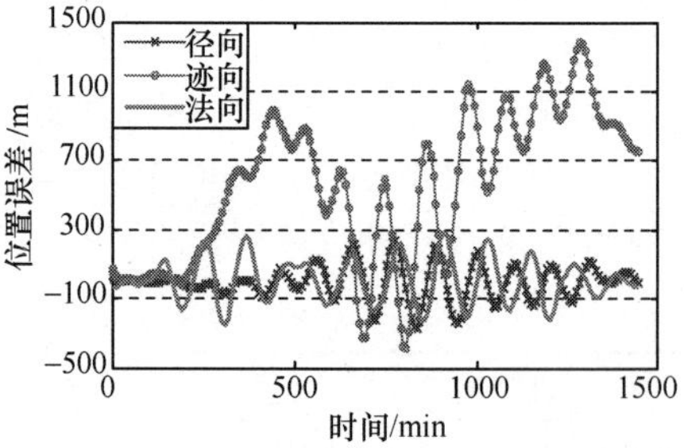

图 6－4　目标 LEO2 的 TLE 预报位置残差(RTN 坐标系)

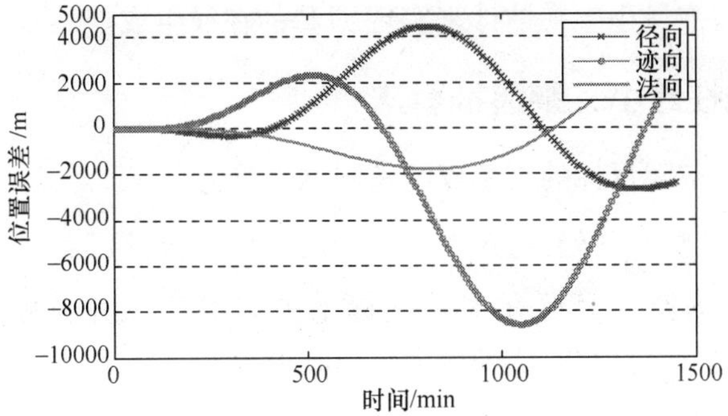

图 6-5　目标 GEO1 的 TLE 预报位置残差(RTN 坐标系)

由此可以看出:①空间目标的 TLE 位置预报残差主要表现在 RTN 坐标系的迹向,其中目标 LEO1、LEO2 沿迹向的位置预报残差呈周期性波动且平缓增加,24h 内位置预报残差分别小于 1.72km、1.38km。这是由于 SGP4 轨道预测模型通过简化地球引力场模型和大气模型来提高运算速度,则考虑到模型误差累积,TLE 的位置预报残差会随时间平缓增大。而目标 GEO1 沿迹向的位置预报残差波动幅度较大且随时间迅速增加,在距参考历元 20h 附近达 -8.6km。②目标 LEO1 在 RTN 坐标系的径向和法向位置预报残差分别在 -11m、-215m 附近呈周期性小幅振荡,其最大振荡幅值分别小于 328m、900m,未出现发散。目标 LEO2 在 RTN 坐标系的径向和法向位置预报残差分别 -1.7m、1m 附近呈周期性小幅振荡,其最大振荡幅值分别小于 270m、290m,未出现发散;而低轨目标的法向振动幅值大于径向振动幅值。目标 GEO1 在 RTN 坐标系的径向和法向位置预报残差分别在幅值 4.5km、3.5km 范围内平缓波动。③高轨目标 TLE 的位置预报残差大于低轨目标且波动幅度也较大。这主要是由于高轨目标 GEO1 的轨道周期为 1436min,大于近地目标周期阈值 225min,应采用充分考虑日月引力摄动和太阳光压摄动的 SDP4 轨道预测模型,而 TLE 拟合算法仍采用 SGP4 轨道预测模型进行轨道预报,从而导致位置预报残差随时间迅速增加。

6.3　面向天基仅测角跟踪应用的 TLE 生成算法

基于批处理最小二乘估计的采样拟合方法计算量较大,而由于天基观测平台的数据处理能力有限[11],无法实时估计空间目标的运动状态。因此,引入递推最小二乘估计来序贯处理观测数据以提高数据处理速度,而为解决递推估计过程中出现的"数据饱和"问题[12]和及时跟踪系统的动态特性变化,引入自适应遗忘因子。在利用空间目标的天基测角数据基础上,下面介绍一种带有自适应遗忘因子的递推最小二乘估计来实现 TLE 的在线生成。

6.3.1 非线性最小二乘递推算法

观测平台对空间目标的天基仅测角观测矢量为

$$\boldsymbol{Y}(k)=[\beta_k,\varepsilon_k]^{\mathrm{T}}=h_{\mathrm{J2000}}(\boldsymbol{r}_{\mathrm{T}})+\eta(k) \tag{6-28}$$

式中：$\boldsymbol{h}_{\mathrm{J2000}}(\cdot)$为空间目标在 ECI 坐标系中非线性观测函数；$\eta(k)=[\eta_{\beta k},\eta_{\varepsilon k}]^{\mathrm{T}}$为测量噪声矢量，其对应的协方差矩阵$\boldsymbol{R}(k)=E[\eta(k)\eta(k)^{\mathrm{T}}]$。

设空间目标在t_{r}时刻的$\mathrm{TLE_r}=(\bar{n}_{\mathrm{r}},\bar{e}_{\mathrm{r}},\bar{i}_{\mathrm{r}},\bar{\Omega}_{\mathrm{r}},\bar{\omega}_{\mathrm{r}},\bar{M}_{\mathrm{r}},\dot{\bar{n}}_{\mathrm{r}},\bar{B}_{\mathrm{r}}^{*})^{\mathrm{T}}$，由 SGP4 模型可计算目标在 TEME 坐标系的位置矢量$\boldsymbol{r}_{\mathrm{TEME}}=h_{\mathrm{TEME}}(\mathrm{TLE_r})$，有$\boldsymbol{r}_{\mathrm{T}}=(M_{\mathrm{J2000}}^{\mathrm{TEME}})^{\mathrm{T}}\cdot\boldsymbol{r}_{\mathrm{TEME}}$，则观测矢量为

$$\boldsymbol{Y}(k)=h(\mathrm{TLE_r})=\boldsymbol{h}_{\mathrm{J2000}}((\boldsymbol{M}_{\mathrm{J2000}}^{\mathrm{TEME}})^{\mathrm{T}}\cdot\boldsymbol{h}_{\mathrm{TEME}}(\mathrm{TLE_r}))+\boldsymbol{\eta}(k) \tag{6-29}$$

设空间目标的测角数据$\boldsymbol{Y}=[\boldsymbol{y}_1,\boldsymbol{y}_2,\cdots,\boldsymbol{y}_m]^{\mathrm{T}}=[\beta_1,\varepsilon_1,\beta_2,\varepsilon_2,\cdots,\beta_m,\varepsilon_m]^{\mathrm{T}}$，$\boldsymbol{W}$为权矩阵，定义观测残差加权平方和的目标函数为

$$J(\mathrm{TLE_r})=(\boldsymbol{Y}-\boldsymbol{h}(\mathrm{TLE_r}))^{\mathrm{T}}\boldsymbol{W}(\boldsymbol{Y}-\boldsymbol{h}(\mathrm{TLE_r})) \tag{6-30}$$

假定由第i次迭代的初值$\mathrm{TLE}_{i/0}$计算获得的测角数据与观测矢量足够接近，将式(6-30)在$\mathrm{TLE}_{i/0}$处进行泰勒展开：

$$\begin{aligned}\boldsymbol{Y}=&\boldsymbol{h}(\mathrm{TLE}_{i/0},t_0,t)+(\partial\boldsymbol{h}(\mathrm{TLE_r},t)/\partial\mathrm{TLE_r})_{\mathrm{TLE_r}=\mathrm{TLE}_{i/0}}(\mathrm{TLE_r}-\mathrm{TLE}_{i/0})+\\&O((\mathrm{TLE_r}-\mathrm{TLE}_{i/0})^2)\end{aligned} \tag{6-31}$$

令$\Delta\mathrm{TLE_r}=\mathrm{TLE_r}-\mathrm{TLE}_{i/0}$，$\Delta\boldsymbol{Y}=\boldsymbol{Y}-\boldsymbol{h}(\mathrm{TLE}_{i/0},t_0,t)$，矢量$\boldsymbol{Y}$对$\mathrm{TLE_r}$的偏导数矩阵为

$$\boldsymbol{H}=(\partial h(\mathrm{TLE_r},t)/\partial\mathrm{TLE_r})=(\boldsymbol{H}_{\mathrm{obs}}(\boldsymbol{M}_{\mathrm{J2000}}^{\mathrm{TEME}})^{\mathrm{T}}\boldsymbol{H}_{\mathrm{TLE}})_{\mathrm{TLE_r}=\mathrm{TLE}_{i/0}} \tag{6-32}$$

式中

$$\boldsymbol{H}_{\mathrm{obs}}=\begin{pmatrix}\dfrac{\partial\beta}{\partial\boldsymbol{r}} & \dfrac{\partial\varepsilon}{\partial\boldsymbol{r}}\end{pmatrix}_{2\times3}^{\mathrm{T}}=\begin{pmatrix}\dfrac{\partial\beta}{\partial\rho}\cdot\dfrac{\partial\rho}{\partial\boldsymbol{r}} & \dfrac{\partial\varepsilon}{\partial\rho}\cdot\dfrac{\partial\rho}{\partial\boldsymbol{r}}\end{pmatrix}^{\mathrm{T}}$$

$$\frac{\partial\beta}{\partial\rho}=\begin{bmatrix}\dfrac{-\rho_y}{\rho_x^2+\rho_y^2} & \dfrac{\rho_x}{\rho_x^2+\rho_y^2} & 0\end{bmatrix},\frac{\partial\varepsilon}{\partial\rho}=\begin{bmatrix}\dfrac{-\rho_x\rho_z}{\rho^2\sqrt{\rho_x^2+\rho_y^2}} & \dfrac{-\rho_y\rho_z}{\rho^2\sqrt{\rho_x^2+\rho_y^2}} & \dfrac{\sqrt{\rho_x^2+\rho_y^2}}{\rho^2}\end{bmatrix}$$

$$\frac{\partial\rho}{\partial\boldsymbol{r}}=\boldsymbol{G}_O^{\mathrm{T}},\rho=\sqrt{\rho_x^2+\rho_y^2+\rho_z^2},\boldsymbol{H}_{\mathrm{TLE}}=\frac{\partial\boldsymbol{r}_{\mathrm{TEME}}}{\partial\mathrm{TLE}}\cdot\frac{\partial\mathrm{TLE}}{\partial\mathrm{TLE_r}},\boldsymbol{H}=[\boldsymbol{h}_1,\boldsymbol{h}_2,\cdots,\boldsymbol{h}_m]^{\mathrm{T}}$$

略去方程(6-31)中$O(\Delta\mathrm{TLE_r^2})$以上的高阶项，得

$$\Delta\boldsymbol{Y}=\boldsymbol{H}\cdot\Delta\mathrm{TLE_r}+\varepsilon \tag{6-33}$$

根据最小二乘估值原理,可得到 $\mathrm{TLE_r}$ 的最优估计值为

$$\widehat{\mathrm{TLE}}_{\mathrm{r}} = (\boldsymbol{H}^{\mathrm{T}}\boldsymbol{W}\boldsymbol{H})^{-1}\boldsymbol{H}^{\mathrm{T}}\boldsymbol{W}\Delta\boldsymbol{Y} \tag{6-34}$$

第 $i+1$ 次迭代得到的 TLE 参数为

$$\mathrm{TLE}_{(i+1)/0} = \mathrm{TLE}_{i/0} + \widehat{\mathrm{TLE}}_{\mathrm{r}} \tag{6-35}$$

由于递推过程中信息矩阵的正定性会逐渐减小,新的测角数据对估值的改进作用降低,会出现"数据饱和"[12]。为此,引入自适应遗忘因子来提高算法稳定性和动态跟踪性能。其思想是:根据系统动态特性变化,针对观测信息特点构建基于观测验后误差的代价函数,在线修正遗忘因子,从而使估值有较快的动态跟踪速度和较小的稳态误差。

带有自适应遗忘因子的非线性最小二乘递推算法:

(1) 选取估值和信息矩阵初值 $\widehat{\mathrm{TLE}}_0$、$\boldsymbol{P}_0$(采用前 q 次观测数据计算 $\widehat{\mathrm{TLE}}_0 = \boldsymbol{P}_0\boldsymbol{H}_q^{\mathrm{T}}\boldsymbol{W}_q\boldsymbol{Y}_q$,$\boldsymbol{P}_0 = (\boldsymbol{H}_q^{\mathrm{T}}\boldsymbol{W}_q\boldsymbol{H}_q)^{-1}$,若矩阵 $\boldsymbol{H}_q$ 列降秩时,$\boldsymbol{P}_0 = (\boldsymbol{H}_q^{\mathrm{T}}\boldsymbol{W}_q\boldsymbol{H}_q)^{+}$),设遗忘因子初值 $\lambda_0 = 1$。

(2) 获取第 $j+1$ 次观测矢量和观测矩阵,计算增益矩阵 $\boldsymbol{K}_{j+1} = \boldsymbol{P}_j\boldsymbol{h}_{j+1}^{\mathrm{T}}(\lambda_j\boldsymbol{w}_{j+1}^{-1} + \boldsymbol{h}_{j+1}\boldsymbol{P}_j\boldsymbol{h}_{j+1}^{\mathrm{T}})^{-1}$,参数估值 $\widehat{\mathrm{TLE}}_{j+1} = \widehat{\mathrm{TLE}}_j + \boldsymbol{K}_{j+1}(\boldsymbol{y}_{j+1} - \boldsymbol{h}_{j+1}\cdot\hat{\theta}_j)$。

(3) 定义观测后验误差 $\boldsymbol{\nu}_{j+1} = \boldsymbol{y}_{j+1} - \boldsymbol{h}_{j+1}\cdot\widehat{\mathrm{TLE}}_{j+1}$,先验误差 $\boldsymbol{\nu}_{j+1}^{*} = \boldsymbol{y}_{j+1} - \boldsymbol{h}_{j+1}\cdot\widehat{\mathrm{TLE}}_j$,取关于遗忘因子 λ 的代价函数 $J(\lambda_j) = 0.5\cdot\boldsymbol{\nu}_{j+1}^{\mathrm{T}}\cdot\boldsymbol{w}_{j+1}\cdot\boldsymbol{\nu}_{j+1}$,依据最速下降法可得遗忘因子的修正值 $\lambda_{j+1} = \lambda_j^{*} = \lambda_j + \boldsymbol{\tau}\cdot\nabla_{\lambda}J(\lambda_j)$,其中,$\boldsymbol{\tau}$ 为松弛因子,$\nabla_{\lambda}J(\lambda_j) = \boldsymbol{\nu}_{j+1}^{\mathrm{T}}\cdot(-h_{j+1}\cdot\boldsymbol{\Phi}_{j+1})$。它的选取是通过线性搜索使 $J(\lambda_{j+1}) < J(\lambda_j)$。更新增益矩阵 $\boldsymbol{K}_{j+1}^{*} = \boldsymbol{P}_j\boldsymbol{h}_{j+1}^{\mathrm{T}}(\lambda_j^{*}\boldsymbol{w}_{j+1}^{-1} + \boldsymbol{h}_{j+1}\boldsymbol{P}_j\boldsymbol{h}_{j+1}^{\mathrm{T}})^{-1}$ 和参数估值 $\widehat{\mathrm{TLE}}_{j+1} = \widehat{\mathrm{TLE}}_j + \boldsymbol{K}_{j+1}^{*}\cdot\boldsymbol{\nu}_{j+1}^{*}$,计算信息矩阵 $\boldsymbol{P}_{j+1} = (\boldsymbol{I} - \boldsymbol{K}_{j+1}^{*}\boldsymbol{h}_{j+1})\cdot\boldsymbol{P}_j/\lambda_j^{*}$。为了提高算法稳定性,遗忘因子需要设定阈值 $\lambda_{\min} \leqslant \lambda_{j+1} \leqslant 1$。

(4) 若连续三次出现 $|(\widehat{\mathrm{TLE}}_{j+1} - \widehat{\mathrm{TLE}}_j)^{\mathrm{T}}(\widehat{\mathrm{TLE}}_{j+1} - \widehat{\mathrm{TLE}}_j)| < \delta$,则停止递推计算,$\widehat{\mathrm{TLE}}_{j+1}$ 为所求估值;否则返回步骤(2)继续递推迭代,以获得较为准确的估计值。

从上述算法可知,遗忘因子可以根据系统动态特性变化进行在线修正:当系统发生突变时,减小遗忘因子值来提高滤波收敛速度;当系统趋于稳定时,增加遗忘因子值,延长数据记忆长度,以获得较小的稳态误差。该算法中遗忘因子的在线修正可以使观测后验误差的加权均方误差保持小量,从而在较为复杂的实际系统中可以表现出良好的估计效果。

6.3.2 仿真算例与分析

观测平台 SatO 为大倾角近圆轨道,LEO1 为低轨椭圆轨道,LEO2 为低轨近圆轨道,其轨道根数见表 6-3(参考历元为 2011 年 1 月 1 日 12:0:0)。

表 6-3 空间目标和观测平台的轨道根数

	a/km	e	i/(°)	Ω/(°)	ω/(°)	M/(°)
LEO1	7300.0	0.05	40.0	30.0	10.0	0
LEO2	8200.0	0.00	0.0	50.0	0.0	80
SatO	9000.0	0.00	97.0	30.0	0.0	20

基于表 6-3 所列的轨道根数,利用 STK 模拟生成了空间目标在 TEME 坐标系下的摄动轨道(轨道动力学模型考虑 70×70 阶地球引力场、日月摄动、大气阻力摄动和光压摄动)作为标称轨道。设观测弧长为 7200s,观测间隔为 30s,视线测量随机误差为 100μrad,观测弧段内平台对空间目标可以连续观测(暂不考虑地球遮挡和太阳照射条件限制)。

设空间目标的位置初始误差为 80km,速度初始误差 20m/s。设计四个仿真场景:Case1,对于 LEO1,采用批处理最小二乘估计进行区间采样拟合;Case 2,对于 LEO1,采用非线性最小二乘递推估计,序贯处理测量数据;Case 3,对于 LEO1,采用带有自适应遗忘因子的非线性最小二乘递推估计,序贯处理测量数据(遗忘因子 λ 初值设为 0.95,阈值为 $0.7 \leqslant \lambda \leqslant 1$),Case4,对于 LEO2,利用带有自适应遗忘因子的非线性最小二乘递推估计进行 TLE 在线拟合。对上述场景进行 100 次蒙特卡洛仿真,拟合得到空间目标在参考历元的 TLE 见表 6-4。

表 6-4 空间目标的 TLE 拟合结果

算例	N	n/(圈/天)	e	i/(°)	Ω/(°)	ω/(°)	M/(°)	$\dot{n}$/(圈/天^2)	B^*
Case1	3	13.9385	0.0489	39.953	30.057	9.257	0.818	2.138×10^{-5}	3.466×10^{-4}
Case2	80	13.9386	0.0489	39.953	30.054	9.266	0.812	5.876×10^{-13}	8.316×10^{-5}
Case3	42	13.9386	0.0489	39.953	30.053	9.267	0.812	3.562×10^{-13}	1.095×10^{-4}
Case4	34	11.7033	0.0009	0.0575	270.86	39.328	179.93	1.128×10^{-12}	5.567×10^{-6}
注:N 为算法收敛于稳定值的迭代次数									

基于前三个仿真场景得到的 TLE,采用 SGP4 轨道预测模型向后预报 40h 轨道,并与标称轨道比较,得到 LEO1 的 TLE 轨道预报误差,如图 6-6 所示。

由图 6-6 可知:①Case1 的 TLE 在 7200s 拟合弧段内的轨道预报误差较小,位置误差小于 500m,速度误差小于 0.6m/s;但是随着轨道弧长增加,TLE 轨道预报误差振荡递增,呈缓慢发散。②Case2 的 TLE 轨道预报误差在 40h 弧长内

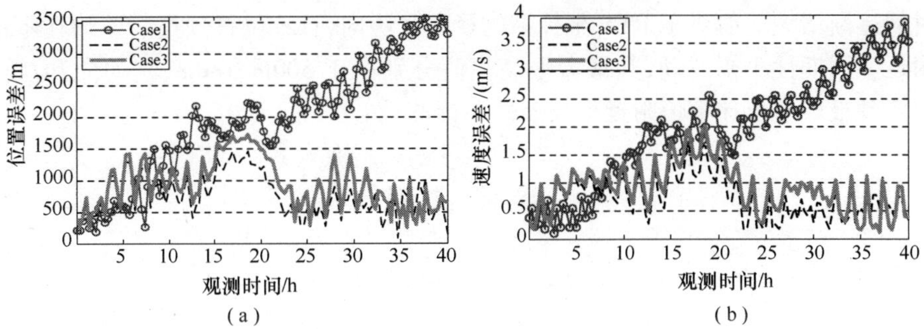

图6-6 LEO1的TLE轨道预报误差

(a)位置误差；(b)速度误差。

呈周期性小幅波动且未见发散，其最大位置误差小于1500m，最大速度误差小于1.8m/s。③与Case2比较，Case3的TLE在40h弧长内轨道预报误差较大且振荡幅度也较大，不过仍能保持较小值没有发散，其最大位置误差和速度误差分别小于1700m、2m/s。由表6-4可知，Case3迭代收敛次数明显小于Case2。这说明，带自适应遗忘因子的最小二乘递推估计可以提高数据处理速度。虽然轨道预报误差有一定增加，但是可以达到拟合精度与计算速度较好的折中。此外，由于该方法受误差积累效应影响较小，适合于天基观测平台实现TLE在线生成。

图6-7给出了40h弧长内LEO2在RTN坐标系下TLE的位置、速度预报误差。

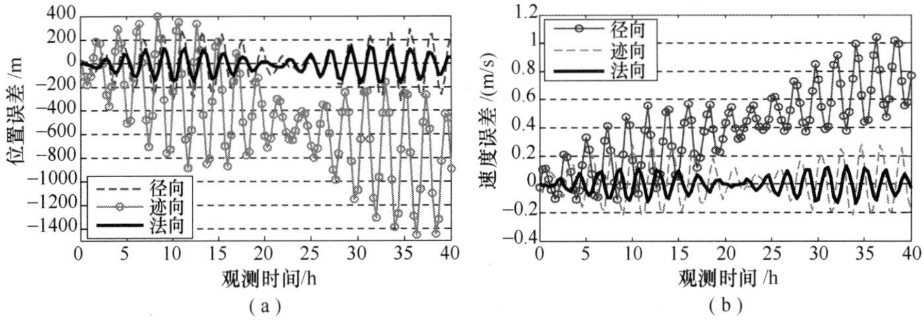

图6-7 LEO2的TLE轨道预报误差(RTN坐标系)

(a)位置误差；(b)速度误差。

从图6-7可以看出：TLE位置预报误差主要表现在RTN坐标系的迹向，其沿迹向的分量呈周期性波动且绝对值平缓增加，40h内误差小于1420m；而速度预报误差主要表现在RTN坐标系的径向，其沿径向的分量平缓增加，40h内误差小于1.1m/s。这是由于SGP4轨道预测模型为提高其运算速度，简化了地球引力场模型和大气模型，随着模型误差累积，导致其位置、速度预报误差均会随时间逐渐增大。而对于 RTN 坐标系的径向和法向,TLE 位置预报误差均在零值附近呈周期性小幅波动,其最大振荡幅值分别小于 300m、180m,其切向和法向速度预报误差也在零值附近呈周期性小幅波动。

参 考 文 献

[1] Kozai Y. The Motion of A Close Earth Satellite[J]. The Astronomical Journal, 1959, 64(9):259 - 283.

[2] Dwight E A. Computing NORAD Mean Orbital Elements from A State Vector[D]. Air Force Institute of Technology, Wright - Patterson Air Force Base, Ohio, 1994.

[3] Hoots F R, Roehrich R L. Models for Propagation of NORAD Element Sets - project Space - track Report No. 3[R]. Aerospace Defense Command, United States Air Force, Dec 1980.

[4] 王宏. 空间目标动态信息库的设计与实现[D]. 郑州:解放军信息工程大学,2004.

[5] 韩蕾,陈磊,周伯昭. SDP4/SGP4 模型用于空间碎片轨道预测的精度分析[J]. 中国空间科学技术,2004, 24(8):65 - 69.

[6] Pedro R. Escobal. Methods of Orbit Determination[M]. New York: John Wiley & Sons, Inc. , 1965.

[7] Byougn S L. NORAD TLE Conversion from Osculating Orbital Elements[J]. Journal of the Astronautical Sciences, 2002, 19(4):395 - 402.

[8] 陈宝林. 最优化理论和算法[M]. 北京:清华大学出版社, 2005.

[9] 刘光明. 导航卫星广播星历参数拟合算法研究[J]. 国防科技大学学报, 2008, 30(3):100 - 104.

[10] 刘林. 航天器轨道理论[M]. 北京:国防工业出版社, 2000.

[11] Mark E D. Future Space Based Radar Technology Needs for Surveillance[C]. AIAA/ICAS International Air and Space Symposium and Exposition. Dayton,Ohio, 2003:1 - 9.

[12] Leung S H, So C F. Gradient - based Variable Forgetting Factor RLS Algorithm in Time - varying Environments[J]. IEEE Trans Signal Process, 2005, 53(8):3141 - 3150.

第 7 章　空间目标的逼近技术

目前，对空间非合作目标的抵近观测方法有三种[1]：①逼近，跟踪飞行器由远及近飞行到距离空间目标 100～5000m 的位置实现近距离观测跟踪；②绕飞，以相对位置信息和姿态信息为基础，环绕空间目标飞行以进行全方位近距离观测；③定点跟踪，连续保持在相对空间目标的特定位置上对其观测等。美国于 2003 年开始试验的 XXS 试验卫星计划及 2007 年试验的"轨道快车"计划，主要目的都是试验飞行器对非合作目标在轨接近、在轨绕飞与机动飞行的相对导航、制导与控制技术[2]。观测平台对空间非合作目标的抵近观测过程一般分为两个阶段[1]：第一阶段可为远程导引阶段（两者相距 50km 以外），包括初轨修正与相位调整等子阶段；第二阶段为近程导引阶段（两者相距 50km 以内），为抵近观测的实质性阶段，由逼近段和绕飞段组成。

7.1　空间目标的快速轨道逼近技术

7.1.1　相对动力学方程

以空间目标的轨道坐标系 $o-xyz$ 作为基准坐标系；定义空间目标为参考星，观测平台为观测星。图 7－1 给出了相对运动坐标系示意图，其中 i、Ω、ω、f、u 分别为参考星的倾角、升交点赤经、近地点角距、真近点角和纬度幅角。

在参考星的轨道坐标系中，设相对位置矢量 $\boldsymbol{\rho}=[x,y,z]^{\mathrm{T}}$，相对速度矢量 $\dot{\boldsymbol{\rho}}=[\dot{x},\dot{y},\dot{z}]^{\mathrm{T}}$，$\boldsymbol{\omega}=[\omega_x,\omega_y,\omega_z]^{\mathrm{T}}$，从而可得 C－W 方程[3]：

$$\begin{cases}\ddot{x}-2n\dot{y}-3n^2x=\Delta f_x\\ \ddot{y}+2n\dot{x}=\Delta f_y\\ \ddot{z}+n^2z=\Delta f_z\end{cases}\tag{7-1}$$

式中：$n=\sqrt{\mu/r^3}$为参考星的轨道平均角速率，r 参考星的地心距；Δf_x、Δf_y、Δf_z 分别为参考星和观测星受到的加速度差分量。

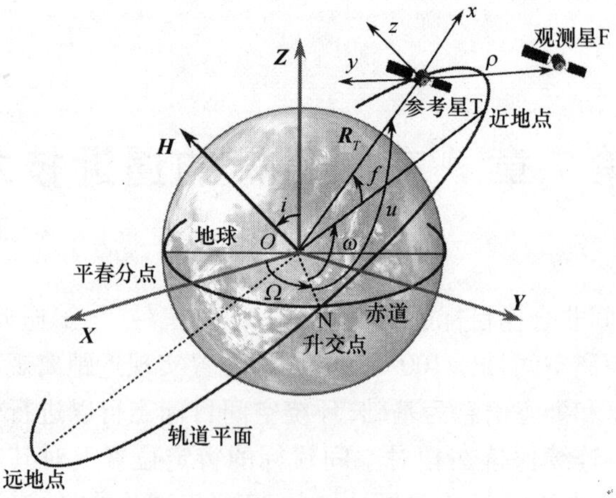

图7-1　相对运动坐标系示意图

若受到的各种加速度差为零时,可以得到C-W方程的解析解[3]:

$$\begin{cases} x = \dfrac{\dot{x}_0}{n}\sin(nt) - \left(\dfrac{2}{n}\dot{y}_0 + 3x_0\right)\cos(nt) + 2\left(2x_0 + \dfrac{\dot{y}_0}{n}\right) \\ y = 2\left(\dfrac{2}{n}\dot{y}_0 + 3x_0\right)\sin(nt) + \dfrac{2}{n}\dot{x}_0\cos(nt) - 3(\dot{y}_0 + 2nx_0)t + \left(y_0 - \dfrac{2}{n}\dot{x}_0\right) \\ z = \dfrac{\dot{z}_0}{n}\sin(nt) + z_0\cos(nt) \end{cases} \tag{7-2}$$

由式(7-2)可知,参考星和观测星的相对运动在y方向存在长期项。为使星间相对运动在无摄动情况下不存在长期漂移,得到周期性相对运动的条件[4]:

$$y_0 = 2\dot{x}_0/n, \dot{y}_0 = -2nx_0 \tag{7-3}$$

当满足式(7-3)时,由式(7-2)可知相对运动轨迹在xoy平面内为一封闭椭圆,其长半轴为短半轴的2倍,且绕飞轨道的中心为$(0, y_0 - 2\cdot\dot{x}_0/n)$[4]。

7.1.2　设定时间内的快速轨道逼近方法

为了实现近程导引阶段观测星快速接近参考星,给出设定时间内的快速轨道逼近的机动方法。假设参考星与观测星的相对运动初始条件为:$t=0, \boldsymbol{\rho}(0) = [x_0, y_0, z_0]^{\mathrm{T}}, \dot{\boldsymbol{\rho}}(0) = [\dot{x}_0, \dot{y}_0, \dot{z}_0]^{\mathrm{T}}$。要求在设定时间$\tau$内,观测星在两次冲量的作用下进行轨道机动,逼近到距离参考星100~5000m处。相对运动一阶解析

解的矩阵形式为[3]

$$\begin{bmatrix}\rho(t)\\ \dot{\rho}(t)\end{bmatrix}=\begin{bmatrix}\Phi_{\rho\rho}(t) & \Phi_{\rho\dot{\rho}}(t)\\ \Phi_{\dot{\rho}\rho}(t) & \Phi_{\dot{\rho}\dot{\rho}}(t)\end{bmatrix}\begin{bmatrix}\rho(0)\\ \dot{\rho}(0)\end{bmatrix} \tag{7-4}$$

式中

$$\rho(t)=[x,y,z]^{\mathrm{T}},\dot{\rho}(t)=[\dot{x},\dot{y},\dot{z}]^{\mathrm{T}}$$

$$\Phi_{\rho\rho}(t)=\begin{bmatrix}4-3\cos nt & 0 & 0\\ 6(\sin nt-nt) & 1 & 0\\ 0 & 0 & \cos nt\end{bmatrix}$$

$$\Phi_{\rho\dot{\rho}}(t)=\begin{bmatrix}\dfrac{\sin nt}{n} & \dfrac{2(1-\cos nt)}{n} & 0\\ \dfrac{-2(1-\cos nt)}{n} & \dfrac{4\sin nt}{n}-3t & 0\\ 0 & 0 & \dfrac{\sin nt}{n}\end{bmatrix}$$

$$\Phi_{\dot{\rho}\rho}(t)=\begin{bmatrix}3n\cdot\sin nt & 0 & 0\\ 6n(\cos nt-1) & 0 & 0\\ 0 & 0 & -n\sin nt\end{bmatrix}$$

$$\Phi_{\dot{\rho}\dot{\rho}}(t)=\begin{bmatrix}\cos nt & 2\sin nt & 0\\ -2\sin nt & 4\cos nt-3 & 0\\ 0 & 0 & \cos nt\end{bmatrix}$$

若第一次冲量在 $t=0$ 时刻施加，观测星获得相对速度增量 $\Delta\dot{\rho}_1=[\Delta\dot{x}_1,\Delta\dot{y}_1,\Delta\dot{z}_1]^{\mathrm{T}}$，进入转移轨道飞行到参考星附近，当 $t=\tau$ 时达到相对位置坐标 $\tilde{\rho}(\tau)=[\tilde{x}(\tau),\tilde{y}(\tau),\tilde{z}(\tau)]^{\mathrm{T}}$，其中 $|\tilde{\rho}(\tau)|$ 为观测星对参考星的相对距离。第二次冲量在 $t=\tau$ 时施加，观测星获得相对速度增量 $\Delta\dot{\rho}_2=[\Delta\dot{x}_2,\Delta\dot{y}_2,\Delta\dot{z}_2]^{\mathrm{T}}$，以使两者的相对速度相等，便于观测星进行下一步的绕飞或悬停机动。

首先考虑若不施加第一次冲量，观测星在给定的初始运动状态下飞行，则在 $t=\tau$ 时观测星的位置坐标 $\rho_m(\tau)=[x_m(\tau),y_m(\tau),z_m(\tau)]^{\mathrm{T}}$ 为

$$\rho_m(\tau)=[\Phi_{\rho\rho}(\tau)\quad \Phi_{\rho\dot{\rho}}(\tau)]\begin{bmatrix}\rho(0)\\ \dot{\rho}(0)\end{bmatrix} \tag{7-5}$$

预计位置坐标 $\rho_m(\tau)$ 与观测星预定到达的位置坐标 $\tilde{\rho}(\tau)$ 的矢量差 $\Delta\rho_m(\tau)=\rho_m(\tau)-\tilde{\rho}(\tau)$，称为失误位置。第一次冲量使观测星的初始速度改变量为 $\Delta\dot{\rho}_1$，通过状态转移矩阵的传播使得观测星在 $t=\tau$ 时的位置坐标为 $-\Delta\rho_m(\tau)$，以补偿失误位置，使观测星到达预定空间位置。由式(7-4)可知

$$-\Delta\rho_m(\tau)=\tilde{\rho}(\tau)-\rho_m(\tau)=\Phi_{\rho\dot{\rho}}(\tau)\cdot\Delta\dot{\rho}_1 \tag{7-6}$$

将式(7-5)代入式(7-6)可求得

$$\begin{aligned}\Delta\dot{\rho}_1&=\Phi_{\rho\dot{\rho}}^{-1}(\tau)\cdot\left\{\tilde{\rho}(\tau)-[\Phi_{\rho\rho}(\tau)\quad\Phi_{\rho\dot{\rho}}(\tau)]\begin{bmatrix}\rho(0)\\ \dot{\rho}(0)\end{bmatrix}\right\}\\&=\Phi_{\rho\dot{\rho}}^{-1}(\tau)\cdot\tilde{\rho}(\tau)-[\Phi_{\rho\dot{\rho}}^{-1}(\tau)\Phi_{\rho\rho}(\tau)\quad I][\rho^{\mathrm{T}}(0)\quad\dot{\rho}^{\mathrm{T}}(0)]^{\mathrm{T}}\end{aligned} \tag{7-7}$$

计算在 $t=\tau$ 时刻施加第二次冲量所提供的相对速度增量 $\Delta\dot{\rho}_2=[\Delta\dot{x}_2,\Delta\dot{y}_2,\Delta\dot{z}_2]^{\mathrm{T}}$。设施加第一次冲量之前,由给定的初始运动状态传播到 $t=\tau$ 时的速度坐标为 $\dot{\rho}_m(\tau)=[\dot{x}_m(\tau),\dot{y}_m(\tau),\dot{z}_m(\tau)]^{\mathrm{T}}$,称为失误速度;施加第一次冲量后,失误速度产生了变化 $\Delta\dot{\rho}_m(\tau)=[\Delta\dot{x}_m(\tau),\Delta\dot{y}_m(\tau),\Delta\dot{z}_m(\tau)]^{\mathrm{T}}$。因此,在施加第二次冲量之前,在 $t=\tau$ 时刻的总失误速度 $\dot{\rho}_m(\tau)+\Delta\dot{\rho}_m(\tau)$。由于要求 $t=\tau$ 时相对速度为零,则第二次冲量的相对速度增量 $\Delta\dot{\rho}_2=-[\dot{\rho}_m(\tau)+\Delta\dot{\rho}_m(\tau)]$。由式(7-4)可知

$$\dot{\rho}_m(\tau)=[\Phi_{\dot{\rho}\rho}(\tau)\quad\Phi_{\dot{\rho}\dot{\rho}}(\tau)]\begin{bmatrix}\rho(0)\\ \dot{\rho}(0)\end{bmatrix} \tag{7-8}$$

而在 $t=0$ 时施加第一次冲量后,失误速度变化量为

$$\Delta\dot{\rho}_m(\tau)=\Phi_{\dot{\rho}\dot{\rho}}(\tau)\cdot\Delta\dot{\rho}_1 \tag{7-9}$$

从而可得总失误速度为

$$\Delta\dot{\rho}_2=[\Phi_{\dot{\rho}\dot{\rho}}(\tau)\Phi_{\rho\dot{\rho}}^{-1}(\tau)\Phi_{\rho\rho}(\tau)-\Phi_{\dot{\rho}\rho}(\tau)]\rho(0) \tag{7-10}$$

由式(7-10)可知,对于给定时刻 τ,第二次冲量的速度增量只与初始相对位置有关,而与初始相对速度无关,可求得第二次冲量应提供的相对速度增量,而总的特征速度为 $\dot{\rho}_{\mathrm{ch}}=|\Delta\dot{\rho}_1|+|\Delta\dot{\rho}_2|$。

7.1.3 基于微分改正的摄动修正方法

上节给出的设定时间内快速轨道逼近方法是基于二体假设,若考虑轨道摄动影响,则观测星的机动轨迹会存在较大的轨道偏差[5],有必要对其进行摄动修正。设观测星在施加第一次冲量后,通过高精度轨道预报其在 $t=\tau$ 的位置称为预测逼近点 $\hat{\boldsymbol{r}}_m$;将 $\hat{\boldsymbol{r}}_m$ 与设定逼近点 $\boldsymbol{r}_m$ 的矢量差的绝对值定义为偏差量 $L_m=|\hat{\boldsymbol{r}}_m-\boldsymbol{r}_m|$。

设 $G(\boldsymbol{v}_0)=\hat{\boldsymbol{r}}_m(\boldsymbol{v}_0)$ 为目标函数,定义观测星以初始速度 $\boldsymbol{v}_0$ 飞行,在设定时刻 $t=\tau$ 的预测位置 $\hat{\boldsymbol{r}}_m$(v_0 为迭代变量),其初值 $\boldsymbol{v}_0^*$ 为需要速度 $\boldsymbol{v}_{\mathrm{need}}$,则观测星在

$t=\tau$ 的预测逼近点为$\hat{\boldsymbol{r}}_m^*$，即 $G(v_0^*)=\hat{\boldsymbol{r}}_m^*$。微分改正算法的目的是通过不断更新 $\boldsymbol{v}_0$，使得目标函数值逐渐逼近期望值 $G_T=\boldsymbol{r}_m$，即 $|G(\boldsymbol{v}_0)-G_T|=|\hat{\boldsymbol{r}}_m(\boldsymbol{v}_0)-\boldsymbol{r}_m|<\varepsilon$（$\varepsilon$ 为容许偏差量，一般取5m）。（注：矢量 $\boldsymbol{r}$、$\boldsymbol{v}$ 表示在ECI坐标系下的位置、速度矢量）将 $G(\boldsymbol{v}_0)$ 在 $\boldsymbol{v}_0^*$ 处泰勒展开[6]：

$$G(\boldsymbol{v}_0)=G(\boldsymbol{v}_0^*)+\left[\sum_{n=1}^{\infty}\frac{1}{n!}\frac{\partial^n G(\boldsymbol{v}_0)}{\partial \boldsymbol{v}_0^n}\bigg|_{\boldsymbol{v}_0=\boldsymbol{v}_0^*}(\boldsymbol{v}_0-\boldsymbol{v}_0^*)^n\right] \tag{7-11}$$

由于目标函数 $G(\boldsymbol{v}_0)=\hat{\boldsymbol{r}}_m(\boldsymbol{v}_0)$ 是从考虑轨道摄动的动力学方程求解的，其摄动力模型非常复杂，难以找到目标函数的严格解析解[7]。不妨将泰勒展开式线性化，舍去一阶以上的高阶部分，则式(7－11)简化为

$$G(\boldsymbol{v}_0)\approx G(\boldsymbol{v}_0^*)+G'\cdot(\boldsymbol{v}_0-\boldsymbol{v}_0^*) \tag{7-12}$$

式中：$G'=\dfrac{\partial G(\boldsymbol{v}_0)}{\partial \boldsymbol{v}_0}\bigg|_{\boldsymbol{v}_0=\boldsymbol{v}_0^*}=\dfrac{\partial \hat{\boldsymbol{r}}_m}{\partial \boldsymbol{v}_0}$。

由于观测星初始位置固定，则只能修正初始变轨点的需要速度 $\boldsymbol{v}_{\text{need}}$。将式(7－12)变形，$\boldsymbol{v}_{\text{need}}^*$的迭代公式可以写成

$$\boldsymbol{v}_{0(k+1)}\approx\boldsymbol{v}_{0(k)}+(G'_{(k)})^{-1}[G_T-G(v_{0(k)})] \tag{7-13}$$

经过若干次迭代，若$|G_T-G(\boldsymbol{v}_{0(k+1)})|<\varepsilon$，$\boldsymbol{v}_{0(k+1)}$为摄动修正后的需要速度 $\boldsymbol{v}_{\text{need}}^*$，而第一次冲量的修正速度增量 $\Delta v_0=\boldsymbol{v}_{\text{need}}^*-\boldsymbol{v}_0$。若迭代次数大于设定的最大迭代次数，说明迭代失败。需要说明的是，$G(\boldsymbol{v}_0)$与 G'函数值的求解是摄动修正迭代算法的关键，其求解方法以及第二次冲量的摄动修正方法参见文献[8]。

7.1.4　仿真算例与分析

算例1：设观测星与参考星近似在同一轨道面上，其轨道根数见表7－1（参考轨道历元为2011年1月1日12:0:0）。

表7－1　观测星与参考星的轨道根数（共面）

	a/km	e	i/(°)	Ω/(°)	ω/(°)	M/(°)
参考星	7200.0	0.0001	99.0	200	0	2.0
观测星	7220.0	0.0003	99.0	200	0	2.0

由表7－1可知，观测星对参考星进行快速轨道逼近机动前，两者的失误位置矢量 $\Delta r=[-17.4618\text{km},-6.2477\text{km},0.6396\text{km}]$，相对距离为18.55km。要求观测星在300s内到达距离参考星约5.5km处，不妨设300s时观测星机动到相对参考星位置坐标 $\Delta\boldsymbol{r}_m=[-1.5\text{km},-1.4\text{km},-5\text{km}]$附近。

设轨道计算仅考虑 J_2 项摄动，仿真步长为5s。为实现观测星在300s内到

达距离参考星 Δr_m 附近，当 $t=0$ 时第一次冲量提供的速度增量 $\Delta \boldsymbol{v}_1=[56.277\mathrm{m/s}, 14.942\mathrm{m/s}, -32.871\mathrm{m/s}]^{\mathrm{T}}$；当 $t=300\mathrm{s}$ 时施加第二次冲量提供的速度增量 $\Delta \boldsymbol{v}_2=[-56.477\mathrm{m/s}, -20.153\mathrm{m/s}, 2.388\mathrm{m/s}]^{\mathrm{T}}$。快速轨道逼近所需的特征速度 $\boldsymbol{v}_{\mathrm{ch}}=|\Delta \boldsymbol{v}_1|+|\Delta \boldsymbol{v}_2|=126.877(\mathrm{m/s})$，300s 内观测星到达距离参考星 5.423km 处，相对于参考星位置坐标 $\Delta r_m=[-1.46\mathrm{km}, -1.38\mathrm{km}, -5\mathrm{km}]$，基本满足设定的轨道机动要求。整个机动过程中观测星与参考星的相对距离和相对速度变化曲线如图 7-2 所示。

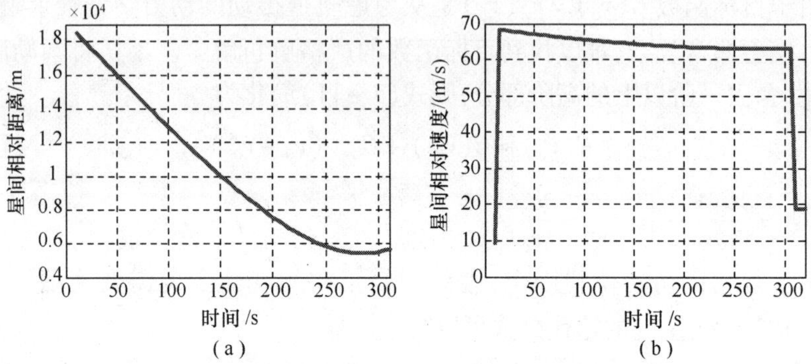

图 7-2 星间相对距离和相对速度变化曲线(共面)

(a)相对距离变化曲线；(b)相对速度变化曲线。

由图 7-2 可以看出，当 $t\approx 280\mathrm{s}$ 时，观测星到达距离参考星约 5.5km 处，比要求的 300s 有所提前；此外，当 $t=300\mathrm{s}$ 时施加第二次冲量后，观测星与参考星相对速度仅降低到约 19m/s，没有达到轨道逼近机动前的 9.91m/s，存在一定误差。这是由于本节提出的快速轨道逼近方法是基于二体假设和空间目标轨道为圆轨道的假设推导出来的，而算例 1 中空间目标为近圆轨道且轨道动力学模型考虑了 J_2 项摄动，必然会出现误差。可以采用基于微分改正的摄动修正方法来修正两次冲量对应的速度增量，以提高观测星的机动轨道精度。

算例 2：设观测星与参考星不在同一轨道面上，参考星为极地近圆轨道，观测星为椭圆轨道，其轨道根数见表 7-2(参考历元为 2011 年 1 月 1 日 12:0:0)。

表 7-2 观测星与参考星的轨道根数(两星轨道面非共面)

	a/km	e	i/(°)	Ω/(°)	ω/(°)	M/(°)
参考星	7200.0	0.0001	99.0	200	0	2.0
观测星	7210.0	0.0002	99.0	200.5	0	2.0

由表 7-2 可知，观测星对参考星进行轨道逼近机动前，两者的失误位置矢量 $\Delta r=[-12.708\mathrm{km}, -6.223\mathrm{km}, 0.032\mathrm{km}]^{\mathrm{T}}$，相对距离为 63.51km。要求观测

星在300s内到达距离参考星约4.2km处，不妨设300s时观测星机动到相对参考星位置坐标 $\Delta \boldsymbol{r}_m=[3\text{km}, -0.5\text{km}, -3\text{km}]$ 附近。

设轨道计算仅考虑 J_2 项摄动，仿真步长为5s，采用本节提出的摄动修正方法来修正两次冲量对应的速度增量。为实现观测星在300s内到达相对参考星 $\Delta \boldsymbol{r}_m$ 附近，当 $t=0$ 时第一次冲量提供修正速度增量 $\Delta \boldsymbol{v}_1=[12.36\text{m/s}, 204.44\text{m/s}, -0.24\text{m/s}]^{\mathrm{T}}$；当 $t=300\text{s}$ 时施加第二次冲量提供修正速度增量 $\Delta \boldsymbol{v}_2=[-43.46\text{m/s}, -210.57\text{m/s}, 1.27\text{m/s}]^{\mathrm{T}}$，总的特征速度 $\boldsymbol{v}_{\mathrm{ch}}=|\Delta \boldsymbol{v}_1|+|\Delta \boldsymbol{v}_2|=421.299(\text{m/s})$。300s内观测星到达距离参考星4.274km处，相对于参考星位置坐标 $\Delta \boldsymbol{r}_m=[3.133\text{km}, -0.48\text{km}, -2.867\text{km}]^{\mathrm{T}}$，基本满足设定的轨道机动要求。整个机动过程中观测星与参考星的相对距离和相对速度变化曲线如图7-3所示。

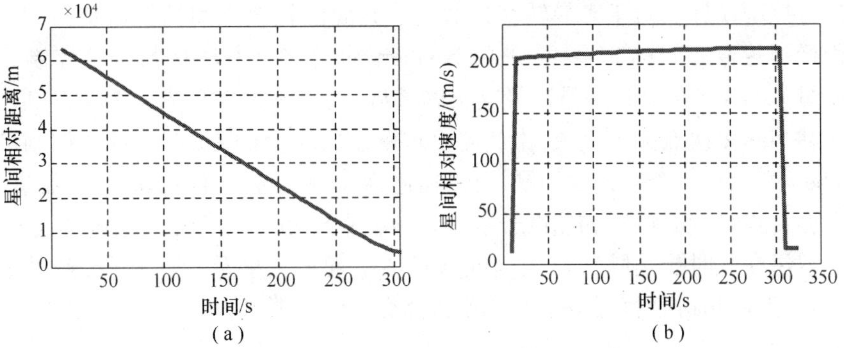

图7-3　星间相对距离和相对速度变化曲线(非共面)
(a)相对距离变化曲线；(b)相对速度变化曲线。

由图7-3可以看出，当 $t=300\text{s}$ 时，观测星到达距离参考星约4.2km处，当 $t=300\text{s}$ 时施加第二次冲量，观测星与参考星相对速度降低到第一次冲量施加之前的水平。说明采用基于微分改正的摄动修正方法来修正两次冲量对应的速度增量，可以明显减小观测星进行轨道机动后相对参考星的位置、速度误差。

7.2　轨道交会控制研究

轨道交会控制是航天器对空间目标进行近距离伴飞观测和定点跟踪观测的前提。冲量轨道交会算法是进行方案设计和论证中最常使用的方法，其计算简单、快捷，可以方便地计算出轨道交会的特征参数(如最少交会能量、点火时机与发射窗口等)。冲量交会的前提假设是发动机推力无限大，速度改变过程时间为零。由于这种假设在实际工程应用中无法实现,所以工程应用中需要根据飞行器的真实控制能力,利用冲量法得到的控制方案进行重新计算和推演,以求得到与工程应用相适应的控制方案。

微小推力发动机具有较大的比冲和较高推进效率,基于微小推力发动机的轨道转移问题研究,已成为现阶段轨道控制研究的重点。微小推力发动机控制过程是一个连续过程,无法简化为冲量过程,需要使用有限推力模型进行设计。利用有限推力发动机的控制参数进行控制方案的直接求解,是进行轨道转移控制方案设计的第一选择,也符合工程应用的实际需求。

7.2.1 双冲量 Lambert 交会算法

在推力较大、单次点火弧段较短的情况下,可以将此推力过程简化为冲量过程进行控制设计。由于霍曼转移只适应于共面圆轨道之间的轨道交会,对于非共面椭圆轨道之间的交会,可采用 Lambert 冲量交会方法进行交会控制设计。双冲量 Lambert 交会算法是冲量交会的基础,为了满足工程应用需要,一般要求交会在多圈多次点火下完成,由此需要求解多圈交会的 Lambert 冲量控制策略。Lambert 变轨是一个双冲量问题,可以描述为:跟踪星位于停泊轨道,开始进行轨道交会转移时刻的位置和速度分别为 $\boldsymbol{r}_1$、$\boldsymbol{v}_{10}$,此时目标星位的位置速度为 $\boldsymbol{r}_{\mathrm{T}}$、$\boldsymbol{v}_{\mathrm{T}}$。跟踪卫星在此时受到脉冲点火速度增量 $\Delta\boldsymbol{v}_1$ 而进入转移轨道运行,经过 Δt 之后,追踪卫星相对于目标卫星的位置达到交会状态要求,再次施加第二次速度增量 $\Delta\boldsymbol{v}_2$,使得跟踪星的速度相对于目标卫星也达到交会状态要求,这样便完成了双冲量轨道交会操作。如果以上过程,令跟踪卫星在转移轨道飞行的时间 Δt 为已知常量,则在转移飞行结束时,目标卫星的飞行状态可以确定,设为 $\boldsymbol{r}_{\mathrm{Tf}}$、$\boldsymbol{v}_{\mathrm{Tf}}$。根据交会操作要求的最终相对状态,可以计算出跟踪卫星在第二次施加冲量后的位置和速度为 $\boldsymbol{r}_2$、$\boldsymbol{v}_{20}$。至此,求解两次冲量 $\Delta\boldsymbol{v}_1$ 和 $\Delta\boldsymbol{v}_2$ 的问题便成为一个标准的 Lambert 问题。双冲量 Lambert 轨道交会过程如图 7-4 所示。

求解双冲量 Lambert 问题其本质就是求解高斯定轨问题,对于此许多学者都给出了具体的解法,如 Battin 算法[9]、普适量算法[7]、高斯第一方程和第二方程解法。经过空间两点的圆锥曲线轨道可以有很多,包括椭圆、双曲线和抛物线。在计算轨道运行所经历的时间 Δt 时,通常需要使用偏近点角 E 和近地点角 θ。但是在轨道近似抛物线时,对公式 $M = E - e\sin E$ 的迭代求解误差非常大;而当轨道偏心率 $e = 0$ 时,迭代收敛速度将非常慢,或者根本不收敛。

普适量算法引入一个不同于偏近点角的新辅助变量,由此得出的时间方程的改进形式,可以克服以上两个缺点。在引入新变量后,对于所有圆锥曲线轨道有了统一的飞行时间方程。普适量算法使用的变换叫做 Sundman 变换。以下

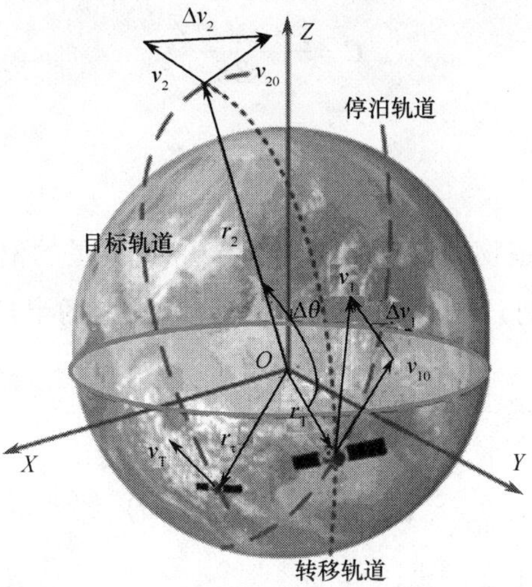

图7-4　双冲量 Lambert 轨道交会过程

给出普适量算法求解的过程。

对于 Lambert 双脉冲交会问题,用普适量法的求解公式为

$$\begin{cases} \boldsymbol{v}_1 = \dfrac{\boldsymbol{r}_2 - f\boldsymbol{r}_1}{g} \\ \boldsymbol{v}_2 = \dfrac{\dot{g}\boldsymbol{r}_2 - \boldsymbol{r}_1}{g} \end{cases} \tag{7-14}$$

f、g、$\dot{f}$、$\dot{g}$的表达式为

$$f = 1 - \frac{\boldsymbol{r}_2}{p}(1 - \cos\Delta\theta) = 1 - \frac{\chi^2}{\boldsymbol{r}_1}C \tag{7-15}$$

$$g = \frac{\boldsymbol{r}_2 r_1 \sin\Delta\theta}{\sqrt{\mu p}} = \Delta t - \frac{\chi^3}{\sqrt{\mu}}S \tag{7-16}$$

$$\dot{f} = \sqrt{\frac{\mu}{p}}\left(\frac{1-\cos\Delta\theta}{\sin\Delta\theta}\right)\left(\frac{1-\cos\Delta\theta}{p} - \frac{1}{\boldsymbol{r}_2} - \frac{1}{\boldsymbol{r}_1}\right) = \frac{-\sqrt{\mu}}{\boldsymbol{r}_1\boldsymbol{r}_2}\chi(1 - zS) \tag{7-17}$$

$$\dot{g} = 1 - \frac{\boldsymbol{r}_1}{p}(1 - \cos\Delta\theta) = 1 - \frac{\chi^2}{r_2}C \tag{7-18}$$

式中:μ 为引力常数;p 为圆锥曲线半通径;$\Delta\theta$ 为 $\boldsymbol{r}_2$、$\boldsymbol{r}_1$ 两处在转移轨道上的真近点角差值;χ 为普适变量;Z、C、S 都是普适变量的函数,具体表示为

$$Z = \frac{\chi^2}{a} \tag{7-19}$$

$$C=\frac{1-\cos\sqrt{Z}}{Z} \tag{7-20}$$

$$S=\frac{\sqrt{Z}-\sin\sqrt{Z}}{\sqrt{Z^3}} \tag{7-21}$$

其中：χ、Z 在椭圆轨道物理意义是，设当 $\chi=0$ 时，卫星的偏近点角为 E_0，χ 所对应的偏近点角为 E，则 $\chi=\sqrt{a}(E-E_0)$（a 为转移轨道的半长轴），进而 $Z=(E-E_0)^2$。

由式(7－15)可得

$$\chi=\sqrt{\frac{\boldsymbol{r}_1\boldsymbol{r}_2}{pC}(1-\cos\Delta\theta)} \tag{7-22}$$

将式(7－22)代入式(7－17)可得

$$\frac{1-\cos\Delta\theta}{\sin\Delta\theta}\left(\frac{1-\cos\Delta\theta}{p}-\frac{1}{\boldsymbol{r}_2}-\frac{1}{\boldsymbol{r}_1}\right)=-\sqrt{\frac{1-\cos\Delta\theta}{\boldsymbol{r}_1\boldsymbol{r}_2}}\frac{1-ZS}{\sqrt{C}} \tag{7-23}$$

上式(7－23)两边乘以 r_1r_2，并定义变量 A、Y，则式(7－23)变为

$$Y=\boldsymbol{r}_1+\boldsymbol{r}_2-A\frac{1-ZS}{\sqrt{C}} \tag{7-24}$$

式中

$$A=\frac{\sqrt{\boldsymbol{r}_1\boldsymbol{r}_2}\sin\Delta\theta}{\sqrt{1-\cos\Delta\theta}} \tag{7-25}$$

$$Y=\frac{\boldsymbol{r}_1\boldsymbol{r}_2(1-\cos\Delta\theta)}{p} \tag{7-26}$$

由式(7－26)和式(7－22)可知

$$\chi=\sqrt{\frac{Y}{C}} \tag{7-27}$$

由式(7－16)可得转移运行时间为

$$\Delta t=\frac{\boldsymbol{r}_2\boldsymbol{r}_1\sin\Delta\theta}{\sqrt{\mu p}}+\frac{\chi^3}{\sqrt{\mu}}S=\frac{A\sqrt{Y}+\chi^3S}{\sqrt{\mu}}=\frac{A\sqrt{Y}}{\sqrt{\mu}}+\frac{\sqrt{Y^3}S}{\sqrt{\mu C^3}} \tag{7-28}$$

式(7－20)、式(7－21)、式(7－24)和式(7－28)构成了一个超越方程的可以采用由变量 Z 为迭代变量进行迭代逼近，或者使用半通径 p 作为迭代变量进行求解。在工程应用中，双冲量 Lambert 轨道转移的具体求解过程如下（各种变量的定义如图 7－4 所示）：

（1）由目标星的轨道参数 $\boldsymbol{r}_{\mathrm{T}}$、$\boldsymbol{v}_{\mathrm{T}}$ 和转移时间 Δt，进行轨道推演，求解目标星在交会时的轨道状态参数 $\boldsymbol{r}_{\mathrm{Tf}}$、$\boldsymbol{v}_{\mathrm{Tf}}$。

（2）由交会完成状态，即轨道交会后两颗星需要达到的相对运动关系，确定交会转移轨道终点的轨道参数 $\boldsymbol{r}_2$、$\boldsymbol{v}_{20}$。

（3）在已知 $\boldsymbol{r}_1$、$\boldsymbol{v}_{10}$、$\boldsymbol{r}_2$、$\boldsymbol{v}_{20}$ 和转移时间 Δt 的情况下，对超越方程组进行求解，得出转移轨道起始速度 $\boldsymbol{v}_1$ 和终端速度 $\boldsymbol{v}_2$，并最终得出两次推力冲量 $\Delta\boldsymbol{v}_1$ 和 $\Delta\boldsymbol{v}_2$。

7.2.2　考虑观测的双冲量交会

在工程应用中，地面站对卫星轨道观测是确定卫星自身运动状态的较为成熟和精确的方法。由于轨道观测依赖于地面观测站点，导致在观测弧段内具有较高的状态估计精度，而在观测弧段之外，只能依靠轨道动力学推演和预报获得卫星运行状态。现阶段，航天器的自主定轨和自主控制能力都没有达到工程应用的要求，再加之出于控制安全性考虑，航天器进行轨道控制时一般是在地面控制参与下完成的，即航天器的轨道控制需要处于地面观测站的观测弧段之内。地面观测是进行交会控制的重要约束之一，需要进行突出的研究。由于椭圆轨道是所有转移轨道类型中能量最优的转移轨道类型，所以本节按照椭圆转移轨道进行求解。

由 7.2.1 节可知，进行双冲量 Lambert 轨道交会的前提条件是已知两次脉冲点火位置的轨道参数 $\boldsymbol{r}_1$、$\boldsymbol{v}_{10}$、$\boldsymbol{r}_2$、$\boldsymbol{v}_{20}$ 和转移时间 Δt，如果只考虑观测站的观测约束（不考虑光照等因素），那么在考虑观测的轨道交会中，$\boldsymbol{r}_1$、$\boldsymbol{v}_{10}$、$\boldsymbol{r}_2$、$\boldsymbol{v}_{20}$ 和转移时间 Δt 便可由两星观测窗口计算得到。

如图 7－5 所示，在惯性空间中，跟踪卫星点火时，在停泊轨道的状态可由经典轨道参数 $Ob_1=(a_1, e_1, i_1, \Omega_1, \varpi_1, M_1)$ 确定，它们分别为轨道半长轴、偏心率、倾角、升交点赤经、近地点角矩和平近点角。同样，目标星当前状态为 $Ob_2=(a_{\mathrm{Tar}}, e_{\mathrm{Tar}}, i_{\mathrm{Tar}}, \Omega_{\mathrm{Tar}}, \varpi_{\mathrm{Tar}}, M_{\mathrm{Tar}})$。设当前历元时刻为 U_0，跟踪星当前处于观测窗口内并定轨完毕，距离跟踪星飞出观测区域的时间是 ΔT_{01}，则在观测站控制下的脉冲点火时刻 $U_{\mathrm{f1}}\in[U_0, U_0+\Delta T_{01}]$。在 U_0 时刻，目标星具有以下三种情况：

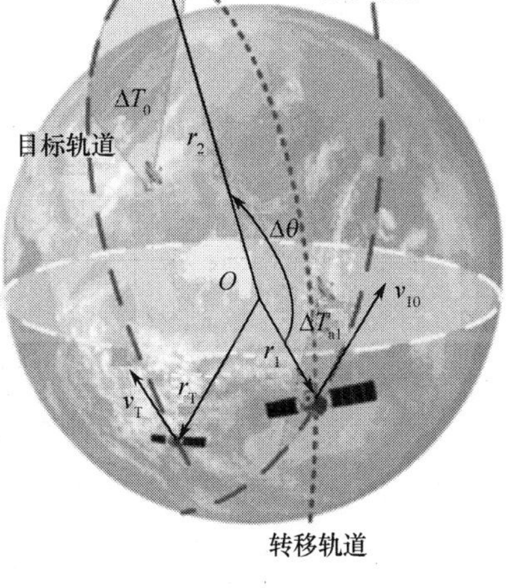

图 7－5　考虑观测的双冲量轨道交会示意图

（1）目标星当前也处于观测弧段，且距离飞出观测弧段的时间为 ΔT_{02}，此时最近的转移轨道飞行时间 $\Delta t\in(0, \Delta T_{02}]$。

(2) 目标星当前不处于观测弧段,但是在轨道单圈运行便可进入观测弧段,此时,距离进入观测弧段的时间为 ΔT_{L2},观测弧段长度为 ΔT_{O2},此时最近的转移轨道飞行时间 $\Delta t \in [\Delta T_{L2} - \Delta T_{O1}, \Delta T_{L2} + \Delta T_{O2}]$。

(3) 目标星当前不处于观测弧段,且需要经过 N 个轨道周期的运行才能进入观测弧段,且整数倍周期后距离进入观测观测弧段的时间为 ΔT_{L2},观测弧段长度为 ΔT_{O2},若目标星的轨道周期为 T_{Tar},此时最近的转移轨道飞行时间 $\Delta t \in [NT_{Tar} + \Delta T_{L2} - \Delta T_{O1}, NT_{Tar} + \Delta T_{L2} + \Delta T_{O2}]$。

情况(1)和(2),当转移时间 Δt 确定后,可以按照单圈 Lambert 交会进行求解。情况(3),由于转移时间较长,直接求解单圈内的转移轨道将呈现较大的偏心率,使得航天器飞行很长的路程才能完成交会,这样的交会过程将消耗巨大的能量。此情况下,可使跟踪星在转移轨道上运行多圈后,所剩的时间正好使得跟踪星飞抵目标位置,从而完成多圈交会飞行。由以上三种情况可知,考虑观测的双冲量轨道交会的两端值是在两个观测弧段内滑动的,必然存在最优的两次点火时刻和飞行时间,使得轨道转移交会能量最优。

1. 椭圆转移轨道的存在性判定

由式(7-28)可知,卫星在转移轨道运行的时间 Δt 可以表示为变量 Z 的函数,而由式(7-19)可知,当转移轨道为椭圆时,$Z \geqslant 0$。当 Lambert 问题中两次点火点位置确定时,可绘制出 Δt 与变量 Z 关系图如图 7-6 所示。由图 7-6 可知,$Z \in [0, (2\pi)^2)$ 内,Δt 随着 Z 单调增长;$Z \in [(2n\pi)^2, (2n\pi + 2\pi)^2)$ 内,Δt 存在唯一的最小极点。由此,可以根据 $Z = 0$ 与 $Z = Zn_{min}$ 两点对应 Δt 来判断转移轨道是否存在,以及轨道转移飞行是单圈内完成还是多圈驻留。

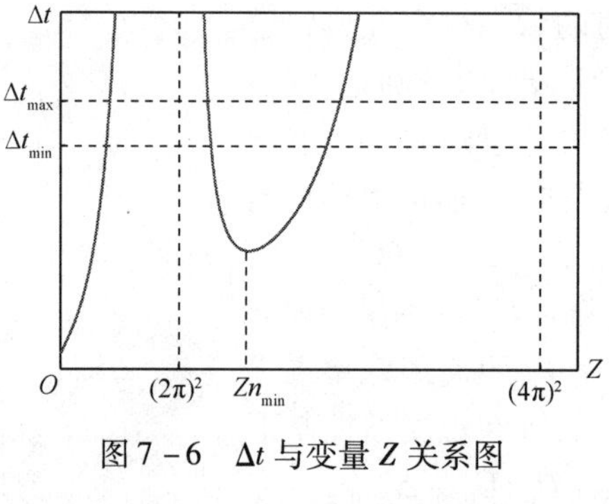

图 7-6 Δt 与变量 Z 关系图

当 $Z=0$ 时,有 $C=1/2, S=1/6$。根据式(7-24),式(7-28)可以写为

$$\Delta t = \frac{1}{\sqrt{\mu}} \frac{2\sqrt{2}A\sqrt{r_1 + r_2 - 2A} + \sqrt{(r_1 + r_2 - 2A)^3}}{6}, \quad A = \frac{\sqrt{r_1 r_2}\sin\Delta\theta}{\sqrt{1 - \cos\Delta\theta}} \tag{7-29}$$

将式(7－28)对 Z 求导,可得

$$\frac{\mathrm{d}\Delta t}{\mathrm{d}Z}=\frac{1}{\sqrt{\mu}}\left[\sqrt{Y^3}\left(\frac{S'}{\sqrt{C^3}}-\frac{3SC'}{2C^2\sqrt{C}}\right)+\frac{A}{8}\left(\frac{3S\sqrt{Y}}{C}+\frac{A\sqrt{C}}{\sqrt{Y}}\right)\right] \tag{7-30}$$

式中

$$S'=\frac{\mathrm{d}S}{\mathrm{d}Z}=\frac{C-3S}{2Z},\quad C'=\frac{\mathrm{d}C}{\mathrm{d}Z}=\frac{1-ZS-2C}{2Z} \tag{7-31}$$

如前所述目标星的三种情况,考虑观测的双冲量轨道交会的两端值是在两个观测弧段内任意一对点火位置$[\boldsymbol{r}_1,\boldsymbol{r}_2]_{\Delta t}$对应的 Δt 确定,由式(7－29)求得 $Z=0$ 的最小椭圆轨道转移时间 $\Delta t_{Z=0}$。进而可进行转移轨道存在性判断:

(1) 如果 $\Delta t_{Z=0}>\Delta t$,则说明在此观测条件约束下不存在椭圆转移轨道。

(2) 如果 $\Delta t_{Z=0}\leqslant\Delta t$,则说明在此观测条件约束下存在椭圆转移轨道。

(3) 进一步判断:利用牛顿迭代法对式(7－30)在 $Z\in[(2n\pi)^2,(2n\pi+2\pi)^2)$ 区间内求得$\frac{\mathrm{d}\Delta t}{\mathrm{d}Z}=0$ 所对应的解 $Zn_{\min}$,进而得到对应的转移时间 $\Delta t_{Z_{n\min}}$。

(4) 如果 $\Delta t_{Z_{n\min}}\leqslant\Delta t$,则说明在此观测条件约束下存在 n 圈椭圆转移轨道。

(5) 进而如果第 $n+1$ 个区间内有 $\Delta t_{Z_{n\min}}>\Delta t$,考虑到能量最省问题,则跟踪星在转移轨道停泊的圈数应该为 n。

2. 椭圆转移轨道的求解

如果双冲星交会的两次点火时刻在两个观测弧段内是可以任意选择的,则会存在多种点火方案。如果求得两个观测弧段内的能量最优点火方案,将使得卫星能够减少轨道交会所需要的能量,延长卫星在轨工作时间。如前所述,两次点火位置确定的情况下,还存在多条可行的转移轨道,所以对考虑观测的双冲量轨道交会方案的求解是一个非线性单目标寻优问题,可以采用成熟的寻优算法进行求解,下面给出问题建模与求解过程。

以两次点火时刻作为求解变量,设 $\boldsymbol{X}=[U_{f1},U_{f2}]$,则由两次点火时刻 $\boldsymbol{X}$ 可以求得轨道转移时间 $\Delta t=U_{f2}-U_{f1}$ 和两次点火时刻分别对应的卫星状态矢量 $\boldsymbol{r}_1$、$\boldsymbol{v}_{10}$、$\boldsymbol{r}_2$、$\boldsymbol{v}_{20}$。由此可得此点火方案 $\boldsymbol{X}$ 下的能量最优轨道,并得到所需的速度改变量 $\Delta v=\|\Delta\boldsymbol{V}_1\|_2+\|\Delta\boldsymbol{V}_2\|_2=f(\boldsymbol{X})$,为 $\boldsymbol{X}$ 的函数。由此原问题转化为以下非线性优化问题:

$$\begin{cases}\min\quad f(\boldsymbol{X})=\|\Delta\boldsymbol{V}_1\|_2+\|\Delta\boldsymbol{V}_2\|_2\\ \text{s.t.}\quad U_{f1}\in[U_1,U_1+\Delta T_{01}],\quad U_{f2}\in[U_2,U_2+\Delta T_{02}]\end{cases} \tag{7-32}$$

式中:U_1、U_2 分别为跟踪星和目标星进入观测弧段的时刻;ΔT_{01}、ΔT_{02}分别为跟踪星和目标星观测窗口的长度。

由寻优算法求解此问题的步骤如下：

（1）进行寻优算法初始化，设定搜索区间，进入寻优循环。

（2）由寻优算法得到点火方案 $\boldsymbol{X}$。

（3）由 $\boldsymbol{X}$ 求得跟踪星的点火时状态 $\boldsymbol{r}_1$、$\boldsymbol{v}_{10}$，目标星在交会时的轨道状态 $\boldsymbol{r}_{\mathrm{Tarf}}$、$\boldsymbol{v}_{\mathrm{Tarf}}$ 及轨道要素 $Ob_2=(a_{\mathrm{Tar}},e_{\mathrm{Tar}},i_{\mathrm{Tar}},\Omega_{\mathrm{Tar}},\varpi_{\mathrm{Tar}},M_{\mathrm{Tar}})$。由交会后的相对运动状态 $\boldsymbol{r}_{\mathrm{local}}$、$\boldsymbol{v}_{\mathrm{local}}$ 与 Ob_2、$\boldsymbol{r}_{\mathrm{Tarf}}$、$\boldsymbol{v}_{\mathrm{Tarf}}$ 求得交会完毕时刻跟踪星的轨道状态 $\boldsymbol{r}_2$、$\boldsymbol{v}_{20}$。相对运动状态在相对运动坐标系中表示，可由交会后自由飞行的相对构型需求求得。

（4）由(7-29)求得 $Z=0$ 的最小椭圆轨道转移时间 $\Delta t_{Z=0}$ 进行转移轨道存在性判定：

① 如果不存在转移轨道，令 $f(\boldsymbol{X})$ 为一个非常大的正数，以便寻优算法抛弃该点 $\boldsymbol{X}$，则进入步骤(8)。

② 如果存在转移轨道，则进入步骤(5)。

（5）令 $n=1,2,\cdots,N$ 进行循环迭代，由式(7-30)利用一维搜索算法，在 $Z\in[(2n\pi)^2,(2n\pi+2\pi)^2)$ 区间内求得 $\dfrac{\mathrm{d}\Delta t}{\mathrm{d}Z}=0$ 所对应的 $Zn_{\min}$，进而得到 $\Delta t_{Z_{n\min}}$ 并进行 n 圈椭圆转移轨道判定：

① 如果 $n=1$ 时，$\Delta t_{Z_{n\min}}>\Delta t$，则进入步骤(6)。

② 如果第 N 个区间 $\Delta t_{Z_{n\min}}\leqslant\Delta t$ 且第 $N+1$ 个区间内有 $\Delta t_{Z_{(N+1)\min}}>\Delta t$，则 $n=N$，进入步骤(7)。

（6）在区间 $[0,(2\pi)^2)$ 中利用线性搜索求解 $Z_{\Delta t}$，并代入式(7-14)~式(7-21)求解转移轨道起始速度 $\boldsymbol{v}_1$ 和终端速度 $\boldsymbol{v}_2$，得出两次推力冲量的大小 $\Delta\boldsymbol{v}_1$ 和 $\Delta\boldsymbol{v}_2$，进而得到 $f(X)$。进入步骤(8)。

（7）在区间 $[(2n\pi)^2,(2n\pi+2\pi)^2)$ 里以 $Zn_{\min}$ 为分界点，利用二分法和线性搜索求解出 $Z_{\Delta t1}$、$Z_{\Delta t2}$ 两个解，并按照步骤(6)的过程计算出 f_1、f_2，令 $f(\boldsymbol{X})=\min(f_1,f_2)$。进入步骤(8)。

（8）根据当前计算的 $f(\boldsymbol{X})$ 进行优化结果判断，如果达到优化终结条件，跳出寻优循环；否则返回步骤(2)。

按照以上求解步骤，可以应用优化程序自动寻找到最优的双冲量点火位置和冲量大小，大大减少了技术人员进行问题分析的工作量。

7.2.3 多冲量轨道交会

双冲量交会是交会方案设计的基础，可以根据任务要求进行分解。考虑调相、光照和地面观测等因素，可以以此为约束，确定若干次脉冲点火的可用窗口。若 n 次点火的控制参数 $\boldsymbol{X}=[\Delta\boldsymbol{V}_1,t_1,\Delta\boldsymbol{V}_2,t_2,\cdots,\Delta\boldsymbol{V}_n,t_n]^{\mathrm{T}}$，$\Delta\boldsymbol{V}$ 为点火施加的速度改变量，t 为点火当前时刻。多次冲量交会能量优化的目标函数可以表示为

$$\min\quad f(\boldsymbol{X}) = \sum_{j=1}^{n} \|\Delta\boldsymbol{V}_j\|_2 \tag{7-33}$$

如果主动交会航天器在停泊轨道第一次点火时的状态 $\boldsymbol{S}_0=[\boldsymbol{r}_0,\boldsymbol{v}_0,t_0]^{\mathrm{T}}$，交会转移完毕时终端状态 $\boldsymbol{S}_{\mathrm{f}}=[\boldsymbol{r}_{\mathrm{f}},\boldsymbol{v}_{\mathrm{f}},t_{\mathrm{f}}]^{\mathrm{T}}$，其中，$\boldsymbol{r}$ 代表卫星在 ECI 中的位置，$\boldsymbol{v}$ 代表卫星在 ECI 中的速度。

若每一次点火前的状态 $\boldsymbol{S}_j=[\boldsymbol{r}_j,\boldsymbol{v}_j,t_j]^{\mathrm{T}}$，需要满足约束 $\boldsymbol{g}_j(\boldsymbol{S}_j)\leqslant 0$；点火控制参数需要满足约束 $\boldsymbol{h}_j(\boldsymbol{X}_j)\leqslant 0$，$\boldsymbol{X}_j=[\Delta\boldsymbol{V}_j,t_j]^{\mathrm{T}}$，其中，$j=1,2,\cdots,n$ 表示第 j 次点火。由此，带约束的多冲量轨道交会能量最优问题，可以表示为

$$\begin{cases}\min\quad f(\boldsymbol{X}) = \sum\limits_{j=1}^{n} \|\Delta\boldsymbol{V}_j\|_2 \\ \text{s. t.}\quad \boldsymbol{g}_j(\boldsymbol{S}_j)\leqslant 0,\quad \boldsymbol{h}_j(\boldsymbol{X}_j)\leqslant 0,\quad (j=1,2,\cdots,n)\end{cases} \tag{7-34}$$

以上优化问题，参考 7.2.2 节给出的双冲量带约束优化问题，可通过全局非线性多目标寻优算法进行寻优，得到优化后的控制方案。

参考文献

[1] 朱仁璋，胡锡婷. 航天器交会快速接近机动策略[J]. 中国空间科学技术，2007，38(5)：57－63.

[2] 符俊. 基于大椭圆轨道的对地球同步轨道卫星接近技术研究[D]. 长沙：国防科学技术大学，2008.

[3] 张玉锟. 卫星编队飞行的动力学与控制技术研究[D]. 长沙：国防科学技术，2002.

[4] 杏建军. 编队卫星周期性相对运动轨道设计与构形保持研究[D]. 长沙：国防科学技术大学，2007.

[5] 林来兴. 空间交会对接技术[M]. 北京：国防工业出版社，1995.

[6] 周须峰，唐硕. 固定时间拦截变轨段制导的摄动修正方法[J]. 飞行力学，2006，(24)：46－49.

[7] Bate R R. 航天动力学基础[M]. 吴鹤鸣，李肇杰，译. 北京：北京航空航天大学出版社，1990.

[8] 刘光明. 基于微分改正的 Lambert 拦截摄动修正方法研究[J]. 弹箭与制导学报，2009，29(5)：87－90.

[9] Battin R H. An Introduction to the Mathematics and Methods of Astrodynamics[M]. New York：AIAA Education Series，1987.

第8章　观测卫星编队控制问题研究

由于各种摄动力的存在,观测卫星编队飞行的相对构形并不是稳定的,其编队相对构形会随着时间的推移而逐渐发散,这就需要对卫星编队构形进行重新捕获和保持控制,从而保证编队飞行任务的完成。卫星编队控制是编队飞行的保证,是实现编队应用的基础。按照不同的飞行阶段,编队控制任务可以归纳为编队捕获与初始化、编队构形的精确保持和编队构形重构与解构三个方面[1,2]。

8.1　观测卫星编队控制问题分析

8.1.1　卫星编队控制问题假设

卫星编队控制问题假设如下:

(1) 全向推力假设:卫星在体坐标系的三个方向的正、反都安装有单台相同配置的小推力构形控制发动机,进行相对轨道维持控制时,不需要进行姿态机动,降低了控制复杂性。实际工程问题中,可以通过配置在不同方位的发动机联合作用,以达到全向推力的目的。

(2) 姿态稳定假设:卫星采取三轴稳定状态在空间中飞行,姿态控制通过内部动量轮进行,卫星体坐标系与卫星当地 LVLH 坐标系(其定义见第 2 章)重合。

(3) 无偏假设:轨道维持发动机安装轴通过卫星质心,发动机推力只改变卫星的轨道要素,不会对卫星姿态产生影响。

(4) 精确测量假设:控制律研究建立在精确相对状态测量的基础上,测量误差远小于控制误差,可以认为测量反馈误差很小,此假设在具有较高的相对测量精度下是能够反映工程问题实际的。

以上四种假设的情况,能够降低卫星编队控制问题复杂性,有利于对卫星编队轨道控制进行针对性研究,并不妨碍揭示控制问题核心规律。本章主要研究小尺度编队构形变换控制和编队构形精确保持控制。在构形控制时,需要设计一个标称构形,并依据此构形参数进行构形捕获或构形保持。取标称构形参数 $d_4 = D(1-e^2)$, $d_i = 0(i=1,2,\cdots,6)$。此种构形目标星在跟踪星测量敏感器视

场范围内角度变化最小。由此得标称构形初始化条件为

$$\begin{cases}x(\theta_0)=0\\ y(\theta_0)=\dfrac{D(1-e^2)}{(1+e\cos\theta_0)}\\ z(\theta_0)=0\end{cases},\begin{cases}x'(\theta_0)=0\\ y'(\theta_0)=\dfrac{D(1-e^2)e\sin\theta_0}{(1+e\cos\theta_0)^2}\\ z'(\theta_0)=0\end{cases}\tag{8-1}$$

在时域中初始化条件为

$$\begin{cases}x(t_0)=x_0=0\\ y(t_0)=y_0=\dfrac{D(1-e^2)}{(1+e\cos\theta_0)}\\ z(t_0)=z_0=0\end{cases},\begin{cases}\dot{x}(t_0)=v_{x0}=0\\ \dot{y}(t_0)=v_{y0}=D\sqrt{1-e^2}ne\sin\theta_0\\ \dot{z}(t_0)=v_{z0}=0\end{cases}\tag{8-2}$$

式中:t_0 为构形初始化的时刻;θ_0 为构形初始化时跟踪星所对应的真近点角。在进行实时在线控制时,t_0、θ_0 取当前值 t、θ。

若标称轨道跟飞距离 $L_f=y_0$,则可得

$$\begin{cases}x_0=0\\ y_0=L_f\\ z_0=0\end{cases},\begin{cases}v_{x0}=0\\ v_{y0}=L_f ne\sin\theta(1+e\cos\theta)/\sqrt{1-e^2}\\ v_{z0}=0\end{cases}\tag{8-3}$$

式(8-3)即为跟飞编队标称构形初始化条件,即标称条件。本章研究的控制问题以目标星 LVLH 坐标系为参考系,标称距离 $L_f<0$。

8.1.2　绝对轨道参数预报偏差影响分析

由以上建立的跟飞编队构形线性化状态方程可知,状态方程受参考卫星当前绝对轨道参数预报精度的影响。由式(8-3)可知,跟飞编队标称构形同样受到目标星当前绝对轨道参数的影响,因此需要对这些影响进行分析,从而了解控制的重点。

1. 对状态方程的影响

为了便于论述,再次引入系统线性化状态方程

$$\Delta\dot{\boldsymbol{X}}=\boldsymbol{A}\Delta\boldsymbol{X}+\boldsymbol{B}\boldsymbol{U}+\boldsymbol{w},\boldsymbol{A}=\begin{bmatrix}\boldsymbol{A}_{11}&\boldsymbol{A}_{12}\\ \boldsymbol{I}_3&\boldsymbol{0}_3\end{bmatrix},\boldsymbol{B}=\begin{bmatrix}\boldsymbol{I}_3\\ \boldsymbol{0}_3\end{bmatrix}\tag{8-4}$$

式中:$\boldsymbol{0}_3$ 为 3×3 零矩阵;$\boldsymbol{I}_3$ 为 3×3 单位矩阵;$\boldsymbol{A}_{11}=2\omega\begin{bmatrix}0&1&0\\-1&0&0\\0&0&0\end{bmatrix}$;

$$A_{12}=\begin{bmatrix}\omega^2+\dfrac{2\omega^2}{1+e\cos\theta} & \dot{\omega} & 0\\ -\dot{\omega} & \omega^2-\dfrac{\omega^2}{1+e\cos\theta} & 0\\ 0 & 0 & -\dfrac{\omega^2}{1+e\cos\theta}\end{bmatrix}$$

由轨道偏差产生影响的主要是 ω 与 $g=\dfrac{\omega^2}{1+e\cos\theta}$ 两项，受到轨道长半轴预报偏差 δa，偏心率预报偏差 δe 和真近点角预报偏差 $\delta\theta$ 的影响。由 ω 表达式可得

$$\delta\omega\approx-\frac{3}{2}\frac{n(1+e\cos\theta)^2}{a(1-e^2)^{3/2}}\delta a-\frac{2n(1+e\cos\theta)e\sin\theta}{(1-e^2)^{3/2}}\delta\theta+\frac{n(1+e\cos\theta)(2\cos\theta+e^2\cos\theta+3e)}{(1-e^2)^{5/2}}\delta e \tag{8-5}$$

$$\delta g\approx-\frac{n^2}{a}\frac{(1+e\cos\theta)^3}{(1-e^2)^3}\delta a-\frac{3n^2(1+e\cos\theta)^2 e\sin f}{(1-e^2)^3}\delta\theta+\frac{3n^2(1+e\cos\theta)^2(\cos\theta+2e+e^2\cos\theta)}{(1-e^2)^4}\delta e \tag{8-6}$$

一般而言，δa 为100m量级，δe 为 10^{-5} 量级，从式(8－5)和式(8－6)可以得出 δa、δe 引起的相对偏差 $\delta\omega/\omega$、$\delta g/g$ 为 10^{-6} 量级。由此可见，绝对轨道预报误差对状态方程的影响较小，可以是模型噪声的一部分，不会对控制精度有较大影响。

2. 对标称值的影响

由式(8－3)知，目标星轨道参数预报偏差对 $\dot{y}_0$ 有影响，表达式为

$$\delta\dot{y}_0=-\frac{3L_f(1+e\cos\theta)ne\sin\theta}{2a\sqrt{1-e^2}}\delta a-\frac{L_f ne(\cos\theta+e\cos2\theta)}{\sqrt{1-e^2}}\delta\theta+\left[-\frac{1}{2}\frac{L_f n\sin\theta(e+e^2\cos\theta)}{(1-e^2)^{\frac{3}{2}}}+\frac{L_f n\sin\theta(1+2e\cos\theta)}{\sqrt{1-e^2}}\right]\delta e \tag{8-7}$$

$\delta\dot{y}_0$ 会引起编队捕获与重构偏离标称态，即偏离编队构形设计的初始状态，必然会破坏相对运动的周期性，即破坏构形。一般而言，若 $L_f=10\text{km}$，δa 为100m量级，δe 为 10^{-5} 量级，对于近圆轨道，则由 δa、δe 引起的偏差为 10^{-5} 量级；若 $\delta\theta$ 估计偏差在0.2°，且编队运行在偏心率较小的轨道上，$\delta\theta$ 的引起的偏差近似为 10^{-3}。由于 $\delta\dot{y}_0$ 破坏构形相对运动的周期性是编队漂移主要因素，因此对于编队构形捕获或者构形重构时，其控制标称值的变化对构形的破坏较为严重，需要经常性的修正才能达到编队空间构形的稳定。对于实时在线控制，标称值误差并不会带来过多的控制误差，可以将其认为是模型误差的一部分。

8.1.3　控制输出脉宽调制

一般情况下，由控制律得出的控制量为一大小变化且连续的量。为了提高卫星系统控制效率，一般采用小推力脉冲发动机作为编队控制器。脉冲发动机具有常值推力，且以继电器开关的进行点火开关控制。为此，必须对控制律输出的控制量进行处理。脉宽调制技术能够把常值推力变为等效连续推力，实现用脉冲发动机进行变推力控制。

图 8-1 给出了脉宽调制控制器的系统框图。图中：K_m、T_m 分别为一阶惯性环节的放大系数与时间常数；U_{on}、U_{off}分别为继电器的开、关阈值，U_m 为继电器的输出脉冲幅值，即为发动机常值推力；E 为需要调节的连续指令；P 为脉宽调制控制器的脉冲输出。

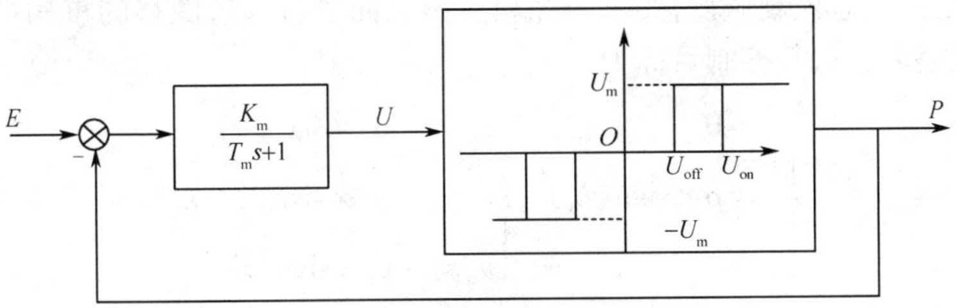

图 8-1　脉宽调制控制器的系统框图

以正向输出发动机为例，分析脉宽调制器的性能。发动机开机时，有

$$U = K_m(E - U_m)(1 - e^{-t_1/T_m}) + U_{on}e^{-t_1/T_m} \quad (0 \leqslant t_1 \leqslant T_{on}) \tag{8-8}$$

式中：T_{on}为输入 E 下的开机总时间。

当发动机关机时，有

$$U = K_m E(1 - e^{-t_2/T_m}) + U_{off}e^{-t_2/T_m} \quad (0 \leqslant t_2 \leqslant T_{off}) \tag{8-9}$$

式中：T_{off}为输入 E 下的关机总时间。

系统从关机状态进入开机状态，可得开机总时间为

$$T_{on} = -T_m \ln \frac{U_{off} - K_m(E - U_m)}{U_{on} - K_m(E - U_m)} \tag{8-10}$$

系统从开机状态进入关机状态，可得关机总时间为

$$T_{off} = -T_m \ln \frac{U_{on} + K_m E}{K_m E - U_{off}} \tag{8-11}$$

可以通过设计 K_m、T_m 来调节脉宽调制控制器的最小脉冲宽度、占空比等性能，以优化控制输出。由此，完成小推力脉冲发动机的编队维持控制信号的调制，实现连续实时控制，这里设 $U_{on} = 5U_m$，$U_{off} = 2U_m$。

8.2 观测卫星编队构形的李雅普诺夫控制研究

8.2.1 构形捕获与重构方案

由于交会控制或者长期自由飞行后,编队系统状态往往存在较大的误差。对跟飞构形的重新捕获,需要全局稳定的控制方案。在构形尺度误差较大的情况下,直接使用式(8.3)给出的标称条件作为控制目标,控制效率低下,且有可能发散。这时,需要将飞行状态控制到某一具有漂移特性的构形,使其能够向标称状态漂移。文献[2]提出了构形重构的螺旋控制策略,本书考虑到相对状态观测的需求,要求飞行过程中目标星应处于跟踪星观测器可视范围内,并且根据三轴稳定的姿态控制假设,要求跟踪星应沿径向进行构形漂移的重构捕获。设计以下漂移构形,其控制目标为

$$\begin{cases}x_s=0\\y_s=\rho\times\mathrm{sign}(L_f)\\z_s=0\end{cases},\begin{cases}v_{xs}=-\boldsymbol{v}_x\times\mathrm{sign}(x)\\v_{ys}=-\boldsymbol{v}_y\times\mathrm{sign}(y-L_f)\\v_{zs}=-\boldsymbol{v}_z\times\mathrm{sign}(z)\end{cases}\tag{8-12}$$

式中:ρ 为当前两星间距离;sign( )为符号函数。$\boldsymbol{v}_x$、$\boldsymbol{v}_y$ 和 $\boldsymbol{v}_z$ 为控制构形变化的速度,一般情况下可采用与误差成比例的控制方式。

设定位置控制目标 x_s、y_s 和 z_s 的目的是使跟踪星尽可能沿径向进行构形变换。如果采用常值逼近飞行速度,则可简单的将构形变化速度定义为 $\boldsymbol{v}_x=\boldsymbol{v}_y=\boldsymbol{v}_z=\boldsymbol{v}$。如果当距离误差小于 Δ_p 时进行精确捕获控制,则整个控制过程的控制目标标称值定义为

$$\begin{cases}x_0=0\\y_0=\begin{cases}\rho\times\mathrm{sign}(L_f) & (|y-L_f|>\Delta_{py})\\L_f & (|y-L_f|\leqslant\Delta_{py})\end{cases}\\z_0=0\end{cases}$$

$$\begin{cases}v_{x0}=\begin{cases}-\boldsymbol{v}\times\mathrm{sign}(x) & (|x|>\Delta_{px})\\0 & (|x|\leqslant\Delta_{px})\end{cases}\\v_{y0}=\begin{cases}-\boldsymbol{v}\times\mathrm{sign}(y-L_f) & (|y-L_f|>\Delta_{py})\\L_f ne\sin\theta(1+e\cos\theta)/\sqrt{1-e^2} & (|y-L_f|\leqslant\Delta_{py})\end{cases}\\v_{z0}=\begin{cases}-\boldsymbol{v}\times\mathrm{sign}(z) & (|z|>\Delta_{pz})\\0 & (|z|\leqslant\Delta_{pz})\end{cases}\end{cases}\tag{8-13}$$

式中：Δ_{px}、Δ_{py}、Δ_{pz}为精确捕获控制误差。

其定义的标称值作为控制目标，便可以完成任意尺度构形变化的控制和构形捕获与保持。

8.2.2　跟飞编队李雅普诺夫控制律

在定义适当李雅普诺夫函数情况下，李雅普诺夫控制可以达到全局最优，并实现系统极点的配置，从而调整系统的各项性能。文献[3]给出了圆参考轨道编队系统线性方程的李雅普诺夫控制方法，仿真结果显示出其在圆参考轨道下具有较好的控制效果。按照椭圆参考轨道一般动力学方程，可以给出系统的李雅普诺夫控制方案。定义系统控制状态量 $\boldsymbol{X}=[x,y,z]^{\mathrm{T}}$，忽略模型误差 $\boldsymbol{w}$，则可将系统状态方程式写为矩阵形式：

$$\ddot{\boldsymbol{X}} = \boldsymbol{F}\begin{bmatrix}\dot{\boldsymbol{X}}\\ \boldsymbol{X}\end{bmatrix} + \boldsymbol{G}(\boldsymbol{X}) + \boldsymbol{U} \tag{8-14}$$

式中

$$\boldsymbol{F} = \begin{bmatrix} 0 & 2\omega & 0 & \omega^2 & \dot{\omega} & 0 \\ -2\omega & 0 & 0 & -\dot{\omega} & \omega^2 & 0 \\ 0 & 0 & 0 & 0 & 0 & 0 \end{bmatrix},$$

$$\boldsymbol{G}(\boldsymbol{X}) = \begin{bmatrix} \dfrac{\mu}{r^2} - \dfrac{\mu(r+x)}{[(r+x)^2+y^2+z^2]^{3/2}} \\ -\dfrac{\mu y}{[(r+x)^2+y^2+z^2]^{3/2}} \\ -\dfrac{\mu z}{[(r+x)^2+y^2+z^2]^{3/2}} \end{bmatrix},$$

$$\boldsymbol{U} = [u_x \quad u_y \quad u_z]^{\mathrm{T}}$$

由式(8－14)给出的标称构形初始化条件为 $\boldsymbol{X}_0$、$\dot{\boldsymbol{X}}_0$，标称状态下无需控制输入，则误差 $\boldsymbol{\delta}=\boldsymbol{X}-\boldsymbol{X}_0$ 的状态方程为

$$\ddot{\boldsymbol{\delta}} = \ddot{\boldsymbol{X}} - \ddot{\boldsymbol{X}}_0 = \boldsymbol{F}\begin{bmatrix}\dot{\boldsymbol{X}}\\ \boldsymbol{X}\end{bmatrix} + \boldsymbol{G}(\boldsymbol{X}) - \boldsymbol{F}\begin{bmatrix}\dot{\boldsymbol{X}}_0\\ \boldsymbol{X}_0\end{bmatrix} - \boldsymbol{G}(\boldsymbol{X}_0) + \boldsymbol{U} \tag{8-15}$$

式中：$\boldsymbol{G}(\boldsymbol{X})$是由地球引力差带来的加速度项，为一个小量。

在线控制时需要通过相对导航，实时确定目标星地心距 r 和相对运动状态以得出 $\boldsymbol{G}(\boldsymbol{X})$与 $\boldsymbol{G}(\boldsymbol{X}_0)$。在构形保持控制中，由于 $\boldsymbol{X}_0$ 为常值，对于标称状态的计算时可将卫星轨道半长轴 a 代入 $\boldsymbol{G}(\boldsymbol{X}_0)$，近似计算得出常值 $\boldsymbol{G}_0$ 以简化控制

解算，将由此简化的误差认为是模型误差的一部分。$\boldsymbol{G}_0$ 表达式为

$$\boldsymbol{G}_0 = \begin{bmatrix} \dfrac{\mu}{a^2} - \dfrac{\mu(a+x_0)}{[(a+x_0)^2+y_0^2+z_0^2]^{3/2}} \\ -\dfrac{\mu y_0}{[(a+x_0)^2+y_0^2+z_0^2]^{3/2}} \\ -\dfrac{\mu z_0}{[(a+x_0)^2+y_0^2+z_0^2]^{3/2}} \end{bmatrix} \tag{8-16}$$

则式(8－15)可写为

$$\ddot{\boldsymbol{\delta}} = \boldsymbol{F}\begin{bmatrix} \dot{\boldsymbol{\delta}} \\ \boldsymbol{\delta} \end{bmatrix} + \boldsymbol{G}(\boldsymbol{X}) - \boldsymbol{G}_0 + \boldsymbol{U} \tag{8-17}$$

李雅普诺夫函数的选择是李雅普诺夫控制的核心。由系统状态矩阵 $\boldsymbol{F}$ 可知，$\boldsymbol{X}$ 和$\dot{\boldsymbol{X}}$对系统加速度的影响相差 $\boldsymbol{\omega}$ 倍。为对位置和速度误差进行同时控制，参考文献[3]的选取方式，按照椭圆参考轨道编队特性，选取李雅普诺夫函数为

$$V = \frac{1}{2}\omega^2\boldsymbol{\delta}^{\mathrm{T}}\boldsymbol{\delta} + \frac{1}{2}\dot{\boldsymbol{\delta}}^{\mathrm{T}}\dot{\boldsymbol{\delta}} \tag{8-18}$$

由此可得

$$\begin{aligned} \dot{V} &= \omega^2\dot{\boldsymbol{\delta}}^{\mathrm{T}}\boldsymbol{\delta} + \dot{\boldsymbol{\delta}}^{\mathrm{T}}\ddot{\boldsymbol{\delta}} \\ &= \dot{\boldsymbol{\delta}}^{\mathrm{T}}\left(\omega^2\delta + F\begin{bmatrix} \dot{\boldsymbol{\delta}} \\ \boldsymbol{\delta} \end{bmatrix} + \boldsymbol{G}(\boldsymbol{X}) - \boldsymbol{G}_0 + \boldsymbol{U}\right) \end{aligned} \tag{8-19}$$

令控制输入表达式为

$$\boldsymbol{U} = -\omega^2\boldsymbol{\delta} - \boldsymbol{F}\begin{bmatrix} \dot{\boldsymbol{\delta}} \\ \boldsymbol{\delta} \end{bmatrix} - \boldsymbol{G}(\boldsymbol{X}) + \boldsymbol{G}_0 - \boldsymbol{\kappa}\dot{\boldsymbol{\delta}} = \begin{bmatrix} u_x \\ u_y \\ u_z \end{bmatrix} \tag{8-20}$$

则有

$$\dot{V} = -\boldsymbol{\kappa}\dot{\boldsymbol{\delta}}^{\mathrm{T}}\dot{\boldsymbol{\delta}} \tag{8-21}$$

由式(8－18)和式(8－21)可知 $V(0)=0$，且 V 为正定函数，当 $\boldsymbol{\kappa}>0$ 时，$\dot{V}$为负半定函数，且在任意状态下不恒为零，且当 $\|\boldsymbol{\delta}\|\to\infty$ 时，$V\to\infty$。因此，由李雅普诺夫稳定性判据可知系统(8－17)在控制输入 $\boldsymbol{U}$ 下，$\boldsymbol{\delta}=0$ 点是大范围一致渐近稳定的。控制输入下误差系统方程(8－17)可写为

$$\ddot{\boldsymbol{\delta}} = -\omega^2\boldsymbol{\delta} - \kappa\dot{\boldsymbol{\delta}} \Rightarrow \begin{bmatrix} \dot{\dot{\boldsymbol{\delta}}} \\ \dot{\boldsymbol{\delta}} \end{bmatrix} = \begin{bmatrix} -\kappa & -\omega^2 \\ 1 & 0 \end{bmatrix} \begin{bmatrix} \dot{\boldsymbol{\delta}} \\ \boldsymbol{\delta} \end{bmatrix} \tag{8-22}$$

误差系统(8－22)为二阶系统，有两个极点 $\lambda_{1,2} = \dfrac{-\kappa \pm \sqrt{\kappa^2 - 4\omega^2}}{2}$。由此可知：当 $\kappa > 0$ 时，系统开环极点 $\lambda_{1,2} \leqslant 0$，系统是稳定的，可以通过选取 κ 的值调节系统系能；当 $\kappa = 2\omega$ 时，系统具有二重负根 $\lambda_{1,2} = -\omega$，系统为临界阻尼系统；当 $\kappa > 2\omega$ 时，系统构成过阻尼系统；当 $\kappa < 2\omega$ 时，系统构成欠阻尼系统。选取二阶系统最佳阻尼为 $\xi = 0.707$，令 $\sqrt{\kappa^2 - 4\omega^2} = \sqrt{1 - 0.707^2}$，得

$$\kappa \approx \sqrt{0.5 + 4\omega^2} \tag{8-23}$$

由此，式(8－17)即为椭圆参考轨道下编队飞行的李雅普诺夫控制。由于此控制律是大范围一致渐近稳定的，所以也可以将它作为构形保持控制律。由于李雅普诺夫控制不是能量优化控制，所以其控制消耗较大。可采用在允许精度内进行“漂移—控制—漂移”的控制方法进行保持，而控制的精度可以由精确捕获控制误差 Δ_{px}、Δ_{py}、Δ_{pz} 进行控制。

在使用输出脉宽调制进行控制时，可以根据控制 $\boldsymbol{U}$ 的量级，采用多次试验获得最优的调制放大系数 K_{m} 和时间常数 T_{m}，从而获得效费比较优的控制律。为了防止频繁点火，可以设置一个非控制带。如果使用相对距离 y 作为控制参数，则可将控制律进一步写为

$$\hat{\boldsymbol{U}} = \begin{cases} \boldsymbol{U} & |y - |L_{\mathrm{f}}|| > \Delta_{\mathrm{c}} \\ 0 & |y - |L_{\mathrm{f}}|| \leqslant \Delta_{\mathrm{c}} \end{cases} \quad (\Delta_{\mathrm{c}} > 0) \tag{8-24}$$

式(8－24)的含义是，当径向相对距离在误差带$[-\Delta_{\mathrm{c}}, \Delta_{\mathrm{c}}]$时，不施加任何控制。这样设计的好处是：在误差允许的情况下，防止由于控制输入带来的频繁开机，同时可以节省控制能量。

8.2.3　仿真算例与分析

假设目标卫星为一个椭圆轨道的近极地卫星，其轨道要素 Ob_{Tar} = (7077.732km, 0.01175, 98.21012°, 78.547°, 90°, －3.5933°)，仿真开始历元 U_0 = 2008 年 1 月 1 日 0:0:0，卫星绝对轨道计算采用高精度全摄动仿真模型(STK 软件 HPOP 轨道计算模型)。仿真构形初始化参数见表 8－1。参考国内小卫星平台和 TechSat－21 卫星参数[4]，跟踪卫星全质量 1000kg，具有轨道维持

控制发动机,单台参数设为 $F = 1\text{N}$,比冲 $I_s = 800\text{s}$,可知,发动机质量秒耗量为 $1.275 \times 10^{-4}\text{kg/s}$。

表 8－1　仿真构形初始化参数

构形编号	初始位置 $\boldsymbol{x}$/m	初始速度 $\boldsymbol{v}$/(m/s)	控制目标 L_f/m	备注
Ⅰ	[－200,－5100,50]	[－0.2,1,0.1]	－1000	构形捕获
Ⅱ	[0,－1000,0]	[0,0,0]	－100	构形重构
Ⅲ	[0,－100,0]	[0,0,0]	－100	构形保持
Ⅳ	[0,－100,0]	[0,0,0]	－5000	撤离控制

在相对距离较近的情况下,式(8－20)给出控制输出较小,不足以达到设置的继电器开启阈值,所以需要对控制信号进行放大。取脉宽调制放大系数 $K_m = 5$,时间常数 $T_m = 1$。仿真中取径向相对距离在误差带控制参数 $\Delta_c = 0.1\text{m}$,构形变化速度定义为 $v_x = v_y = v_z = v = 0.2\text{m/s}$。

图 8－2～图 8－6 是对构形Ⅰ仿真五个轨道周期的变量变化曲线。仿真中取精确捕获控制误差 $\Delta_{px} = \Delta_{pz} = \Delta_{py} = 10\text{m}$。由图 8－2 可以看出,跟踪星在控制下进入漂移构形,并在目标星 y 方向上逐渐接近目标星。图 8－3 给出了相对距离变化的曲线,可见两星相对位置按照等速变化到目标值。图 8－4 给出了各个轴的控制加速度输入曲线,由于编队 z 方向运动相对独立,所以当 z 方向控制到目标值时,控制输入相应减少。而 x 和 y 方向运动相互耦合,在精确捕获过程中一直都有输入。由于 y 方向控制需求较大,所以拥有较大的控制输入。控制总消耗推进剂 2.507kg,控制能量消耗较大。图 8－5 与图 8－6 给出了相对速度和位置变化的曲线,由图可见漂移构形和捕获控制能够完成较大误差下的编队构形捕获控制。

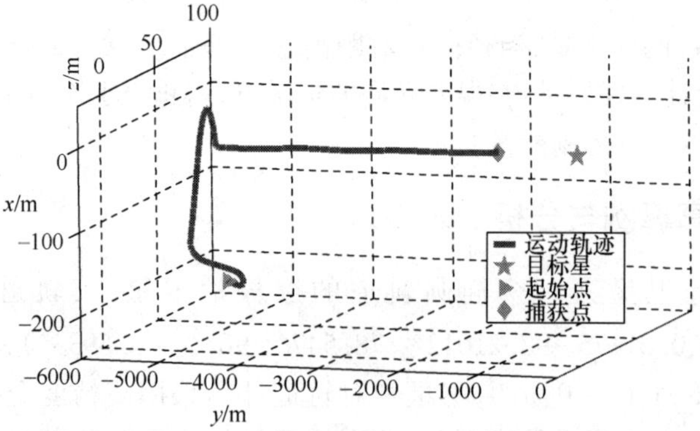

图 8－2　构形Ⅰ在目标星 LVLH 坐标系中三维运行轨迹

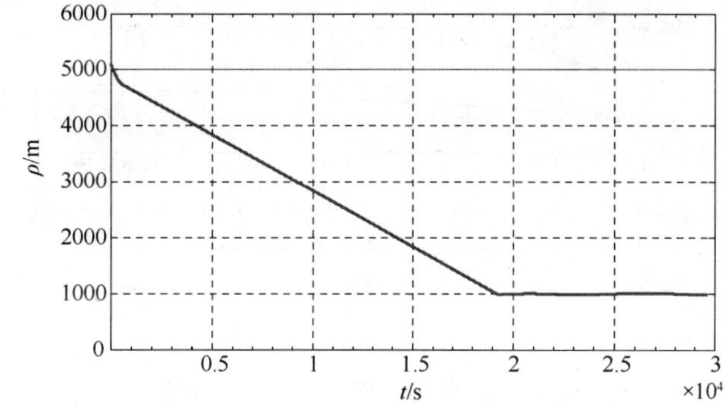

图 8－3　构形 I 相对距离变化曲线

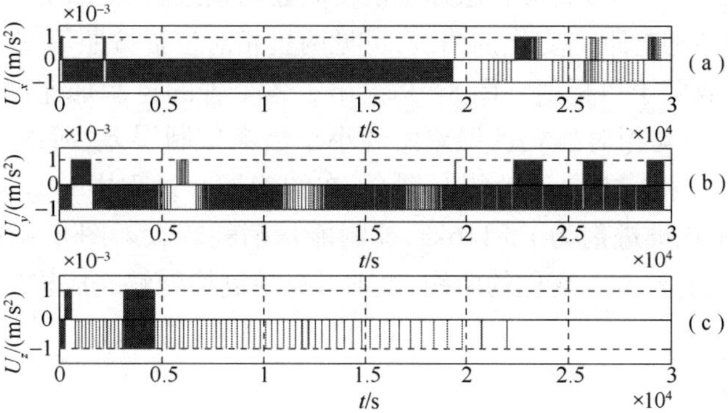

图 8－4　构形 I 控制加速度输入曲线（推进剂消耗 2.507kg）

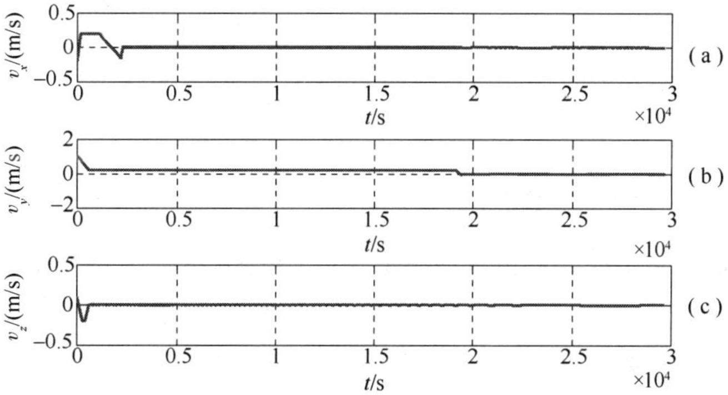

图 8－5　构形 I 相对速度变化曲线

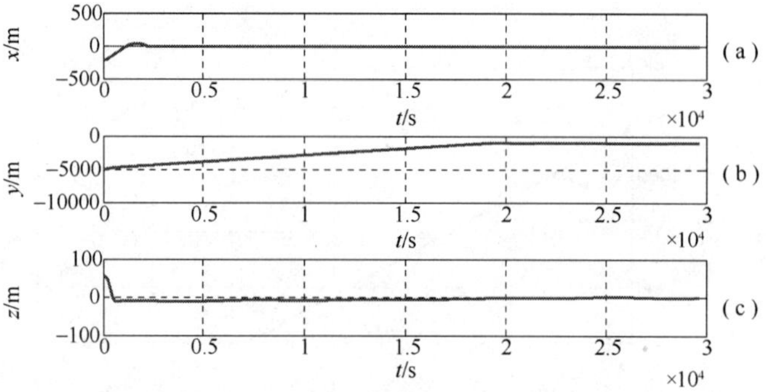

图8－6　构形Ⅰ相对位置变化曲线

图8－7～图8－11是构形Ⅱ的仿真曲线。仿真中取精确捕获控制误差$\Delta_{px}=\Delta_{pz}=\Delta_{py}=1\text{m}$。图8－7～图8－11是对构形Ⅱ仿真三个轨道周期的变量变化曲线。由图8－7可以看出，跟踪星沿径向逐渐接近目标星，完成了构形重构。图8－8给出了相对距离变化的曲线，可见两星相对位置按照等速变化到目标值后，经过振荡收敛于目标值。图8－9给出了各个轴的控制加速度输入曲线，由于编队z方向运动相对独立且误差始终小于最大控制误差，所以当z方向控制输入为0。而x和y方向运动相互耦合，在精确捕获过程中一直都需要控制输入。控制总消耗推进剂为1.8116kg，控制能量消耗较大。图8－10与图8－11给出了相对速度和位置变化的曲线，由图可见控制律能够完成构形重构控制。

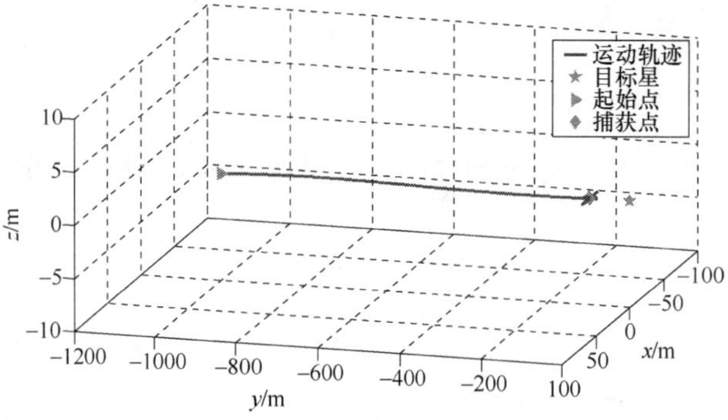

图8－7　构形Ⅱ在目标星LVLH坐标系中三维运行轨迹

由构形Ⅰ和构形Ⅱ的仿真结果可知：利用李雅普诺夫进行构形变换控制，在设定1000kg卫星、1N推力、800s比冲的控制参数条件下，平均每个绝对轨道周期需要消耗0.6kg推进剂。若进行频繁的构形变换，卫星携带100kg推进剂仅仅能够使卫星在轨运行167个轨道周期（约12天的时间），这样的能量消耗是无法承受的。

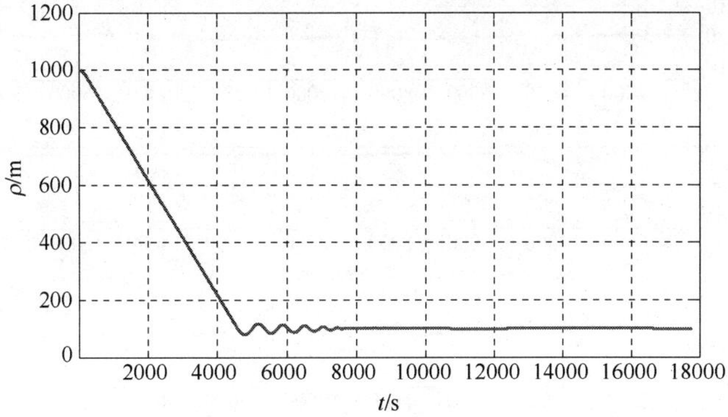

图 8-8　构形Ⅱ相对距离变化曲线

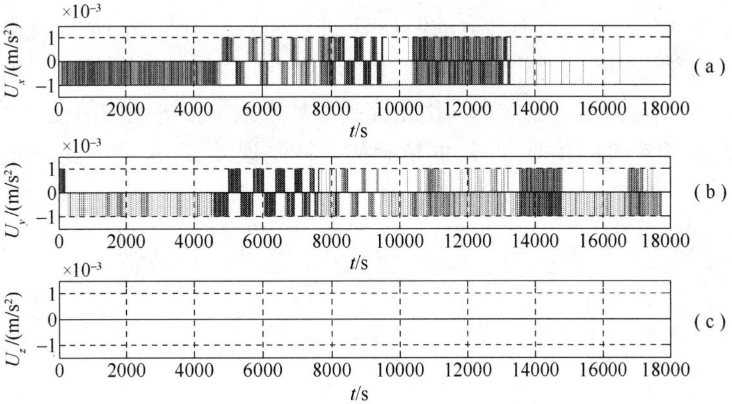

图 8-9　构形Ⅱ控制加速度输入曲线(推进剂消耗 1.8116kg)

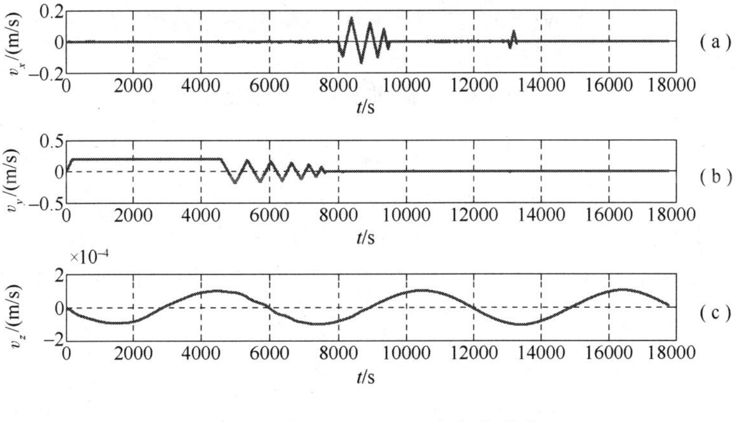

图 8-10　构形Ⅱ相对速度变化曲线

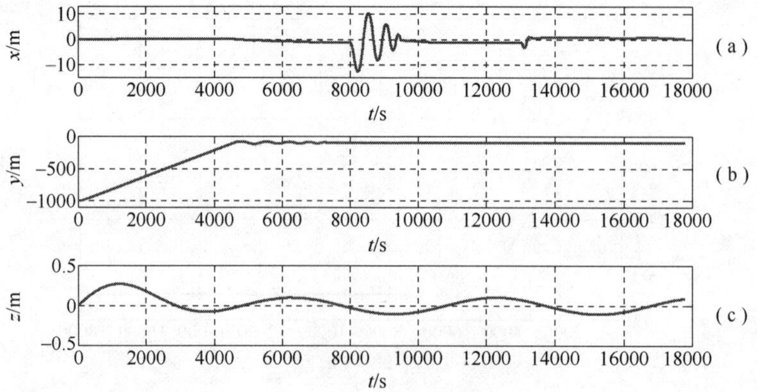

图 8－11　构形Ⅱ相对位置变化曲线

由于跟飞的目标星具有较大的偏心率,进行径向方向保持会造成过多的燃料消耗,是燃料消耗过快的重要原因之一。工程应用中可以通过最优路径规划,寻找最优构形变换路径,提高推进器效率和优化控制参数来减少推进剂的消耗。图 8－12～图 8－15 是构形Ⅲ的仿真曲线,取精确捕获控制误差 $\Delta_{px}=\Delta_{pz}=\Delta_{py}=1\text{m}$。

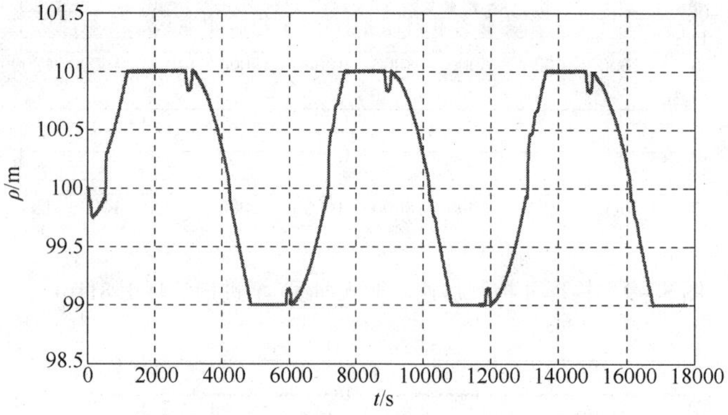

图 8－12　构形Ⅲ相对距离变化曲线

由图 8－12～图 8－15 可知:采用漂移—控制—漂移的控制方案能够使编队维持在某个误差精度下。控制总消耗推进剂 1.2616kg,控制能量消耗较大。在设定的 1000kg 卫星、1N 推力、800s 比冲的控制参数下,平均每个绝对轨道周期需要消耗 0.4kg 推进剂。若进行频繁的构形变换,卫星携带 100kg 推进剂能够使得卫星在轨运行 250 个轨道周期(约 18 天的时间)。由此可以看出,李雅普诺夫控制并不适于进行长时间构形精确保持。由于李雅普诺夫控制的全局收敛特性,在构形初始化误差较大的情况下,可以用于构形捕获。构形捕获完毕可以切换至能量最优保持控制算法,以节省燃料消耗。

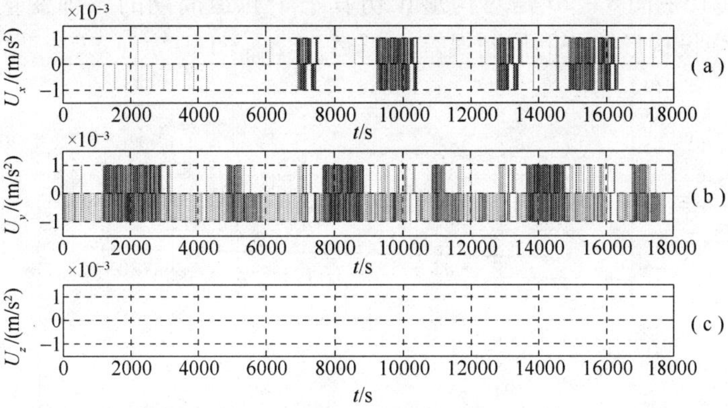

图 8－13　构形Ⅲ控制加速度输入曲线(推进剂消耗 1.2616kg)

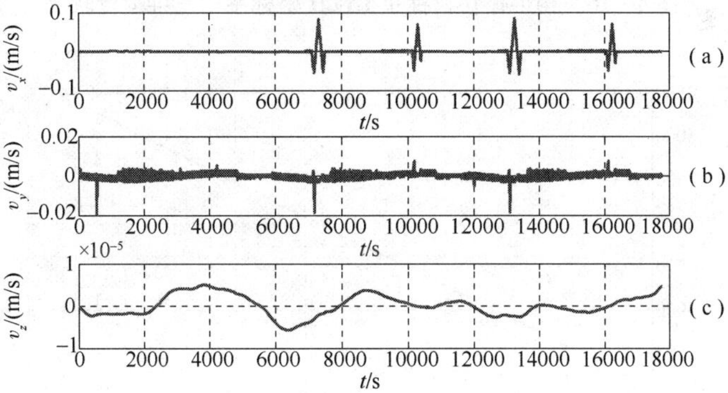

图 8－14　构形Ⅲ相对速度变化曲线

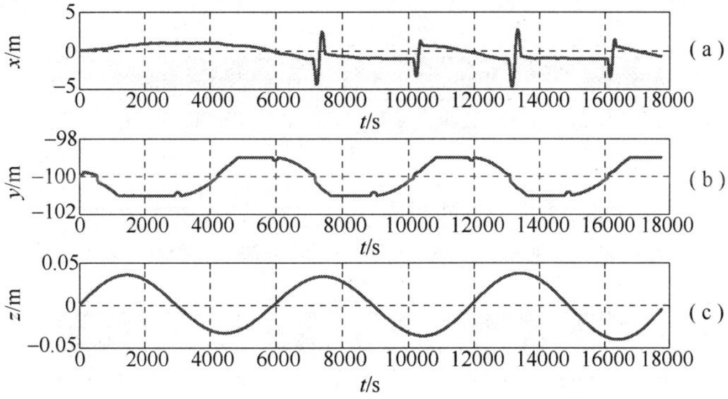

图 8－15　构形Ⅲ相对位置变化曲线

图 8－16～图 8－20 是对构形Ⅳ仿真三个轨道周期的各种变量的变化曲线。仿真中设构形捕获的控制误差 $\Delta_{px}=\Delta_{pz}=\Delta_{py}=1\,\mathrm{m}$。

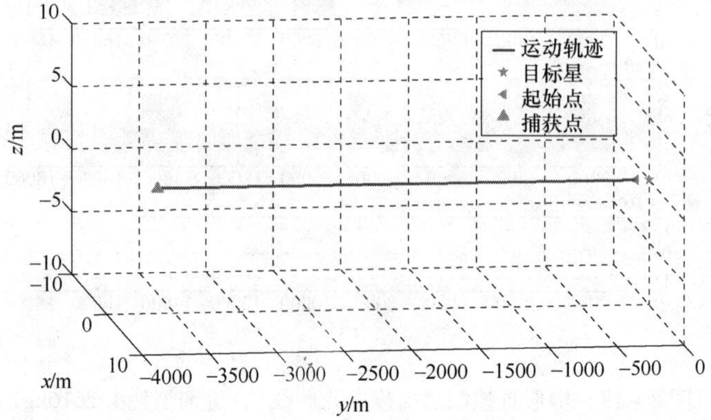

图 8－16　构形Ⅳ在目标星 LVLH 坐标系中三维运行轨迹

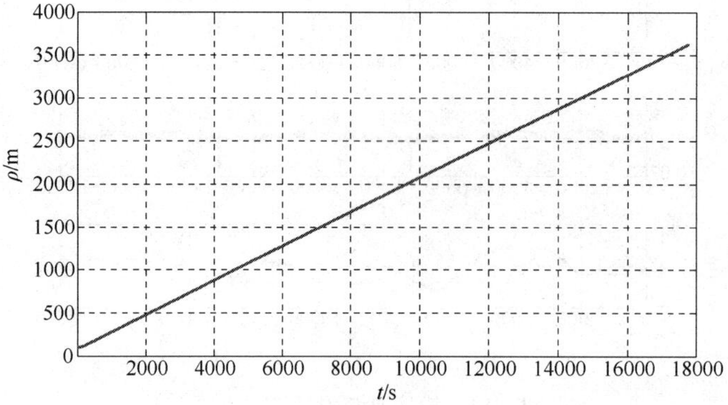

图 8－17　构形Ⅳ相对距离变化曲线

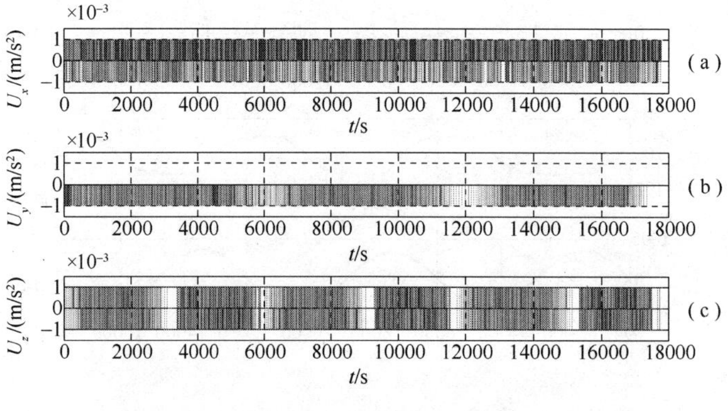

图 8－18　构形Ⅳ控制加速度输入曲线（推进剂消耗 3.0679kg）

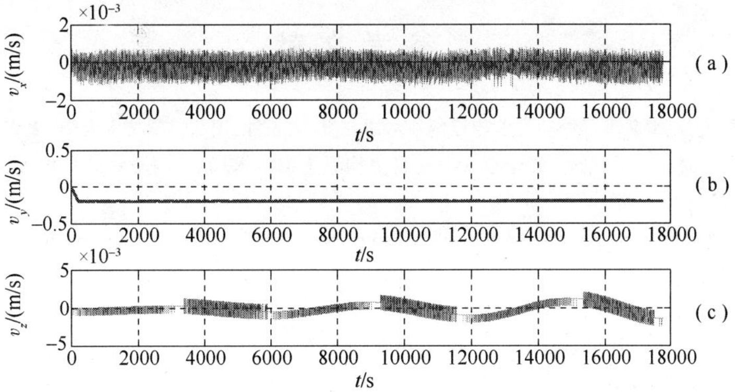

图 8 - 19　构形Ⅳ相对速度变化曲线

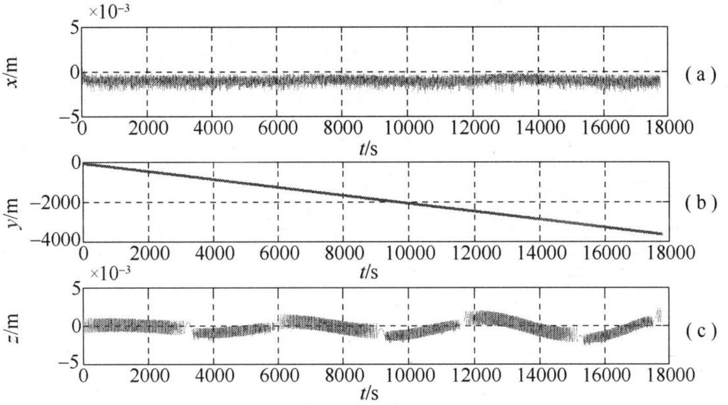

图 8 - 20　构形Ⅳ相对位置变化曲线

由图 8 - 16 可以看出：跟踪星在控制下沿目标星 $-y$ 方向上逐渐离开目标星。图 8 - 17 给出了相对距离变化的曲线，可见两星相对位置按照等速变化到目标值。图 8 - 18 给出了各个轴的控制加速度输入曲线，由于编队撤离过程中允许的构形漂移控制误差为 1m，所以在三个方向上都需要频繁的输入控制。由于 y 方向控制需求较大，所以拥有较大的控制输入。控制总消耗推进剂 3.0679kg，控制能量消耗较大。图 8 - 19 与图 8 - 20 给出了相对速度和位置变化的曲线，可见李雅普诺夫控制律也可用于精确的 V - bar 撤离控制。

在构形捕获漂移和撤离漂移控制中，可以事先计算好接近撤离走廊约束，确定最大漂移范围，制定合理的构形捕获控制误差 Δ_{px}、Δ_{pz} 和 Δ_{py}，从而节省控制能量。

参 考 文 献

[1] 张玉锟．卫星编队飞行的动力学与控制技术研究[D]．长沙:国防科学技术大学, 2002.
[2] 张健,戴金海．基于 Agent 的分布式卫星自主构形重构技术[J]．国防科学技术大学学报, 2007, 29(2):5-9.
[3] Vaddi V S. Modelling and Control of Satellite Formations[D]. The Office of Graduate Studies of Texas A&M University, 2003.
[4] Burns R, McLaughlin C, Leitner J. TechSat 21: Formation Design, Control, and Simulation[C]. New Mexico: US Air Force Research Laboratory, 2000:19-25.
[5] 张育林,曾国强,王兆魁．分布式卫星系统理论及应用[M]．北京:科学出版社, 2008.
[6] 崔海英,李俊峰,高云峰．椭圆参考轨道的卫星编队队形保持控制设计[J]．工程力学, 2007, 24(4):147-151.

第9章 观测卫星编队防碰撞问题研究

观测卫星编队飞行的研究大多集中于高精度测量、最优控制和自主智能控制等方面,有时会使编队卫星的间距接近至数十米,极易发生卫星间的碰撞,导致巨大损失。现阶段在卫星编队安全问题上已有大量研究:孙东[1]等研究了卫星进入和离开编队机动轨迹规划和控制问题;Singh[2]等研究了编队飞行应用的防碰撞制导律,给出了一种最优编队飞行路径规划方法,从而解决单星在线防碰撞飞行制导问题;Wang[3]等研究了编队飞行器在具有相对距离和速度反馈下的碰撞规避策略。卫星在正常工作情况下,可以通过第8章给出的编队李雅普诺夫控制律等编队控制方法解决碰撞规避问题,例如,使编队卫星安全飞行或构形解构。由于影响编队安全的因素复杂,当卫星出现控制器不能正常工作的故障时,需要针对卫星和编队应用本身制订故障处理方案。

9.1 卫星编队碰撞因素分析

卫星编队碰撞检测方法一般是基于碰撞概率的求解,对卫星的位置协方差进行推导,得到任意时刻的高斯概率分布。在概率空间中对需防护航天器的包络体进行积分,可得任意时刻的碰撞概率。Campbell[4]等给出了三种检测编队卫星碰撞的方法,这些方法都基于精确求解航天器的状态协方差矩阵;有学者指出,即便是很小的协方差变化都会使得碰撞概率计算结果发生巨大变化;Slater[5]等分析了轨道摄动影响下的碰撞概率问题,但轨道摄动并不影响碰撞概率的全部因素。为此,有必要对编队飞行中引发碰撞的因素进行分析,了解卫星编队飞行中的不确定因素,进行更准确的碰撞检测和预报。

9.1.1 编队安全的相关定义

跟飞编队一般要求保持持续稳定的相对运动状态,但是在无控制或控制失效的情况下,跟踪星对目标星的相对运动轨迹不再是一个稳定的状态,可能会发生星间碰撞。目标星和跟踪星各自的包络体是两颗卫星安全飞行的最小区域,包络体相交便意味着两颗卫星发生了碰撞。由于两颗卫星之间相对运动关系的确定,存在测量误差和其他不确定因素,如果将当前时刻所有的随机因素全部集中于跟踪星,则目标星可以看作一个不包含随机因素的参考星。通过对跟踪星在目标星的总包络球内随机分布概率的积分,便可以得到两颗卫星的瞬时碰撞概率。图9-1为编队碰撞关系示意图,其中 $O-XYZ$ 为地球惯性坐标系,$o-xyz$ 为以目标卫星为坐标原点的相对运动坐标系。

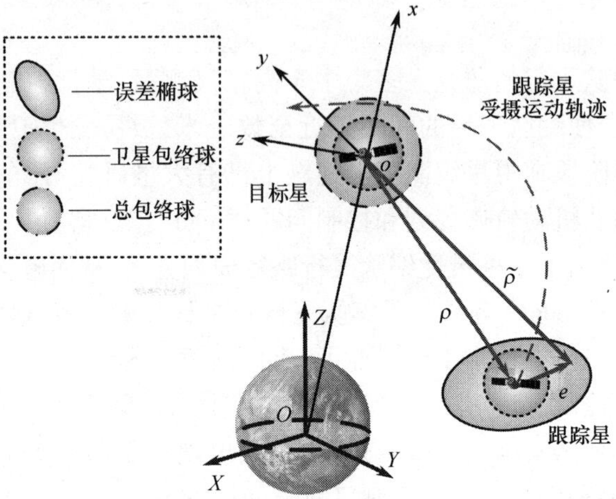

图9-1　编队碰撞关系示意图

编队卫星总包络球和误差椭球的关系如图9-1所示,下面给出它们的定义[46]:

两个航天器各自包络体结合而成的包络体,称为总包络体。如果两个飞行器的包络体是球形,那么总包络体也是球形,球的半径等于两个小包络球半径之和,球心在参考飞行器中心。一般情况下,设编队卫星的包络体是一个球形,目标星和跟踪星的包络球半径分别为 r_1、r_2,则可得两卫星的总包络球的半径 $R_t = r_1 + r_2$。

在相对轨道坐标系中,如果将当前时刻所有的随机因素全部集中于跟踪星,跟踪星的真实位置矢量为 $\boldsymbol{\rho}$,而包含所有随机因素的位置矢量为 $\tilde{\boldsymbol{\rho}}$,则相对位置误差 $\vec{\boldsymbol{e}} = \tilde{\boldsymbol{\rho}} - \boldsymbol{\rho}$。跟踪星在目标星坐标系中位置误差协方差为 C_t(3×3矩阵),则跟踪星的 $\kappa\sigma$ 误差椭球面可表示为 $\vec{\boldsymbol{e}}^{\mathrm{T}}\boldsymbol{C}_t^{-1}\vec{\boldsymbol{e}} = \kappa^2$。由跟踪星 $\kappa\sigma$ 误差椭球面所包围的封闭空间,即为跟踪星 $\kappa\sigma$ 误差椭球。由此,$\kappa\sigma$ 误差椭球的定义为

$$\vec{\boldsymbol{e}}^{\mathrm{T}}\boldsymbol{C}_t^{-1}\vec{\boldsymbol{e}} \leqslant \kappa^2 \quad (\vec{\boldsymbol{e}} \in \mathbf{R}^3) \tag{9-1}$$

相对位置误差高斯分布概率密度在相遇平面坐标系的定义参见文献[6]。同理,在相对轨道坐标系中,t 时刻的相对位置误差高斯分布概率密度为

$$p(\tilde{\rho}_t)=\frac{1}{(2\pi)^{3/2}|C_t|^{1/2}}\exp\left(-\frac{1}{2}(\tilde{\rho}_t-\rho_t)^{\mathrm{T}}C_t^{-1}(\tilde{\rho}_t-\rho_t)\right) \tag{9-2}$$

t 时刻两颗卫星发生碰撞的概率为 $\tilde{\boldsymbol{\rho}}$ 落在总包络球中的概率：

$$P_{C_t}=\iiint_{总包络球}p(\tilde{\boldsymbol{\rho}}_t) \tag{9-3}$$

9.1.2　碰撞影响因素分析

当两个飞行器相距较近时,CW 方程可以满足任务精度要求。碰撞检测系统要求有较快的响应速度,简化的编队相对运动方程也可以减少星载计算机的计算量。CW 状态方程矩阵为

$$\dot{\boldsymbol{X}}=\boldsymbol{AX}+\boldsymbol{BU}+\boldsymbol{Bw} \tag{9-4}$$

式中：$\boldsymbol{A}=\begin{bmatrix} & \boldsymbol{0}_3 & & & \boldsymbol{I}_3 & \\ 3n^2 & 0 & 0 & 0 & 2n & 0 \\ 0 & 0 & 0 & -2n & 0 & 0 \\ 0 & 0 & -\omega^2 & 0 & 0 & 0 \end{bmatrix}$（$n$ 为参考航天器轨道角速度）；$\boldsymbol{B}=\begin{bmatrix}\boldsymbol{0}_3\\ \boldsymbol{I}_3\end{bmatrix}$；$\boldsymbol{X}=[\rho\quad v]^{\mathrm{T}}$ 为相对坐标系的位置、速度状态量；$\boldsymbol{U}$ 为 3×1 控制量；$\boldsymbol{w}$ 为由于线性化等因素产生的模型误差。

CW 方程的解析解为

$$\begin{cases} x=\dfrac{v_{x0}}{n}\sin nt-\dfrac{1}{n}A\cos nt+\dfrac{2}{n}B \\ y=\dfrac{2}{n}A\sin nt+\dfrac{2}{n}v_{x0}\cos nt-3Bt+y_0-\dfrac{2}{n}v_{x0} \\ z=\dfrac{v_{z0}}{n}\sin nt+z_0\cos nt \end{cases} \tag{9-5}$$

式中：$A=2v_{y0}+3nx_0$；$B=2nx_0+v_{y0}$；n 为目标卫星的轨道角速度。构形初始相对位置和速度分别为：$\boldsymbol{\rho}_0=[x_0,y_0,z_0]^{\mathrm{T}}$，$\boldsymbol{v}_0=[v_{x0},v_{y0},\boldsymbol{v}_{z0}]^{\mathrm{T}}$。

将状态方程(9-4)离散化并写成矢量差分方程,采样周期为 T：

$$X_{k+1}=\boldsymbol{\Phi}_{k+1/k}X_k+\boldsymbol{\Gamma}_kU_k+\boldsymbol{\Gamma}_kw_k \tag{9-6}$$

$$\boldsymbol{\Phi}_{k+1/k}=\boldsymbol{I}+\boldsymbol{A}(t_k)\Delta t_k+\frac{1}{2}[\dot{\boldsymbol{A}}(t_k)+\boldsymbol{A}^2(t_k)]\Delta t_k^2+o(\Delta t_k^2)\boldsymbol{I}+\boldsymbol{A}T+\frac{1}{2}\boldsymbol{A}^2T^2 \tag{9-7}$$

$$\boldsymbol{\Gamma}_k = \int_{t_k}^{t_{k+1}} \boldsymbol{\Phi}(t_{k+1},\tau) B(t_k)\,\mathrm{d}\tau = \int_0^{\mathrm{T}} \boldsymbol{\Phi}(t)\,\mathrm{d}t \cdot \boldsymbol{B} \tag{9-8}$$

测量方程为

$$Y_{k+1} = HX_{k+1} + e_{k+1} \tag{9-9}$$

一般情况下总包络球体积不变,瞬时碰撞概率 P_{C_t} 的大小取决于两颗卫星的相对距离 $\boldsymbol{\rho}_t$ 和位置误差协方差为 $\boldsymbol{C}_t$。因此可以说,分析星间碰撞影响因素是分析影响 $\boldsymbol{\rho}_t$、$\boldsymbol{C}_t$ 变化的各种因素。星载计算机进行导航解算一般使用系统差分状态方程,再配合给出的扩展卡尔曼滤波等状态估计算法,实时解算编队相对运动状态。

由于卡尔曼滤波是一种无偏最小方差估计,求取碰撞概率时,可以利用卡尔曼滤波得到当前 kT 时刻的相对运动状态 $\hat{\boldsymbol{X}}_{k/k}$ 和估计值协方差 $\boldsymbol{P}_{k/k}$。当前相对位置取滤波估计值 $\rho_t = \hat{\rho}_t = [\hat{x}_{k/k}, \hat{y}_{k/k}, \hat{z}_{k/k}]^{\mathrm{T}}$,位置误差协方差 $\boldsymbol{C}_k$ 取 $\boldsymbol{P}_{k/k}$ 左上角 3 × 3 矩阵,再由式(9-3)进行积分计算便可得当前瞬时碰撞概率。估计误差的方差矩阵 $\boldsymbol{P}_{k/k}$ 由模型误差和测量误差两部分组成,反映了相对位置估计的不确定性。下面根据扩展卡尔曼滤波状态估计算法,分析星间相对运动的碰撞影响因素。

1. 模型误差因素

模型误差是在编队飞行稳定运行状态下的破坏滤波器估计精度主要影响因素,即系统的离散矢量差分方程(9-6)中的 $\boldsymbol{w}_k$ 项。文献[4]对编队飞行中采用式(9-4)所产生的各种摄动误差进行了建模分析,包括线性化误差、气动力摄动、太阳辐射压力摄动、地球非球形引力摄动以及喷气控制摄动。模型误差 $\boldsymbol{w}_k$ 为有色噪声,设其统计特性为 $E[\boldsymbol{w}_k] = \boldsymbol{q}_k$, $\mathrm{var}[\boldsymbol{w}_k] = \boldsymbol{Q}_k$。模型误差对编队飞行碰撞影响因素如下:

(1) $\boldsymbol{w}_k$ 的方差 $\boldsymbol{Q}_k$ 的变化将导致估计值方差 $\boldsymbol{P}_{k/k}$ 的变化,而非零均值 $\boldsymbol{q}_k$ 的存在将导致相对状态 $\hat{\boldsymbol{X}}_{k/k}$ 存在一个随时间累计的偏差。

(2) 编队飞行的状态转移矩阵 $\boldsymbol{\Phi}_{k+1/k}$ 依赖于对参考卫星绝对轨道参数的确定,轨道摄动和控制造成 n 的漂移将导致 $\hat{\boldsymbol{X}}_{k/k}$ 的误差。

(3) $\boldsymbol{\Phi}_{k+1/k}$ 进行离散化时产生的截断误差,如式(9-7)的 $o(\Delta t_k^2)$,将对滤波精度产生影响。

2. 测量误差因素

测量误差是造成编队卫星存在碰撞概率的主要因素。相互合作的编队卫星可通过载波相位差分 GPS 达到 1cm 的相对位置精度和 0.3mm/s 的相对速度精度。但为了增加编队卫星的自主安全特性,卫星的碰撞检测应基于非合作的、能够自身独立运作的测量设备,如光学测量和雷达测量等,这就使得测量精度大大低于合作航天器之间的测量。测量设备和方式的不同,测量误差统计特性也不相同,设式(9-9)中测量误差统计特性为$E[\boldsymbol{e}_k]=\boldsymbol{r}_k$,$\mathrm{var}[\mathrm{e}_k]=R_k$。测量误差对编队飞行碰撞影响因素如下:

(1) 由于测量方法或测量器件原因,测量噪声存在非零均值$\boldsymbol{r}_k$或方差R_k的估计不准,将造成$\hat{\boldsymbol{X}}_{k/k}$有较大的绝对误差。

(2) 随着测量设备老化或其他原因导致的R_k增大,造成的$\hat{\boldsymbol{X}}_{k/k}$的绝对误差增大和$\boldsymbol{P}_{k/k}$的增大。

3. 故障因素

故障是指卫星上的设备不能按照正常功能工作,导致测量控制精度下降甚至不可用。当卫星形成稳定编队构形后,主要受到一些空间摄动力的影响,在无控情况下摄动力的影响在一个可估计的范围内,通过状态预估进行碰撞预警。故障情况下,各种当前状态由于受到故障影响,存在较大的随机误差,是威胁编队卫星安全的主要因素。主要的故障如下:

(1) 测量器件故障。主要导致测量误差的增加,相对状态的不确定性增大。

(2) 控制器件故障。控制器件包括姿轨控喷气控制发动机、飞轮、大气阻尼控制器、帆板控制装置等一系列能够对卫星状态发生影响的器件。这些器件的控制作用可转化为等效控制力对卫星轨道发生影响,从而引发星间碰撞。常见的故障有:①控制器不能开机,即常关故障,此时$\boldsymbol{U}_k$输入为0,编队构形主要破坏因素为各种摄动力;②控制器不能关机,即常开故障,此时$\boldsymbol{U}_k=\boldsymbol{U}_{\mathrm{c}}$,编队构形主要破坏因素是控制器产生的控制力;③其他器件故障造成的与控制算法输出不符的控制力输入,此时等效的干扰力$\boldsymbol{U}_k=\boldsymbol{U}_{\mathrm{other}}$。

(3) 通信器件故障。卫星接收地面测量校正信息和控制指令,星间合作测量,都需要借助通信器件。通信器件发生故障,将导致卫星只能依赖自携测量设备进行状态测量,从而使相对测量精度下降,卫星无法进行精度校准,累计误差将随时间不断增大。

4. 意外因素

意外因素是不可预测或不可控制的影响因素,包括:

(1) 无法监测的空间碎片的撞击。

(2) 太阳粒子风暴造成的光压变化和仪器设备工作紊乱。

(3) 目标星进行了不可预测的自主控制或受摄运动。

(4) 不可预料的设备故障等。

当发生意外因素时,对于系统状态差分方程将产生一个等效的输入

$\boldsymbol{U}_k = \boldsymbol{U}_{\text{ext}}$,使得编队状态发生改变。由于此输入不属于控制算法有效输入,状态估计算法无法识别,将导致估计值$\hat{\boldsymbol{X}}_{k/k}$绝对误差的增大。

9.1.3 碰撞影响因素解决策略

针对模型误差因素、测量误差因素、故障因素和意外因素所引起的编队星间碰撞,提出以下解决策略:

(1) 由于模型误差造成的不确定性是一个累积效果,要消除这一累计误差,需要在一段时间段的自主飞行后,对卫星进行一次状态校准或精度控制。通过使用卡尔曼滤波能够有效提高对状态的跟踪效果,可以减小$\hat{\boldsymbol{X}}_{k/k}$的绝对误差,从而减小位置的不确定性。

(2) 针对测量误差因素,需要采用自适应滤波算法,在线估计噪声均值和方差,可有效降低测量误差带来的影响,从而提高相对运动状态的测量精度,减小参考卫星状态的不确定性。

(3) 在卫星出现测量器件故障和控制器件故障的情况下,卫星都不能按照原有的编队构形控制策略进行控制。这就需要在卫星自主控制系统中有故障监测和诊断措施,并拥有冗余备份、故障处置策略等故障处置能力,在故障出现的情况下,及时启动备份设备或程序,以防止星间碰撞。

(4) 除依靠故障处理策略应对意外因素发生外,还需要增加编队卫星各种仪器设备的可靠性,加强对各种意外因素的主动防护措施,尽可能减小意外因素对编队飞行造成影响。

9.2 卫星编队碰撞预警算法研究

以拟瞬时最大碰撞概率为检测指标,给出碰撞预警策略和算法。为了计算预警时间段内的星间距离极点,本节介绍一种变尺度直接逼近算法。通过仿真来验证碰撞预警策略和变尺度直接逼近算法的有效性。

9.2.1 碰撞预警策略

由于相对距离$\boldsymbol{\rho}_t$和位置误差协方差$\boldsymbol{C}_t$是随时间变化的量,且在相对坐标系中,卫星位置估计误差$\vec{\boldsymbol{e}}$在三个坐标系方向的分布并不相同。为了简化式(9-3)的计算,通过四次坐标变换,将相对位置矢量和误差协方差转换到碰撞坐标系,从而消去了位置矢量三个坐标分量之间的耦合,并使得位置误差协方差变为一个恒定不变的对角矩阵。这种做法能够精确求出两颗卫星的碰撞概率,但是需要经过多次变换矩阵的求解和矩阵变换。Campbell 给出了三种检测编队卫星碰撞的方法:①求解误差椭球边界之间的接近距离;②检测误差椭球的相交区域并计算碰撞概率的外边界;③对碰撞概率在三维空间卷积积分。这三种方法都能从不同侧面较为精确地描绘出两颗卫星的碰撞概率。

为了能够有效地执行防碰撞机动策略,要求卫星碰撞预警需要一定的预警时间 T_p,即从时刻 t_0 起 T_p 时间段内,计算出所有时间点的星间碰撞概率。如果有任意一点的瞬时碰撞概率大于阈值,即开启碰撞规避算法,进行碰撞规避。当预警时间 T_p 较大时,碰撞预警计算量非常巨大,所以对碰撞检测需要进行一定的工程简化。

当自主卫星具有在线相对状态测量手段且测量误差不随时间而变化,滤波算法收敛时,由于测量的实时更新,当前时刻估计误差的方差矩阵 $\boldsymbol{P}_{k/k}$ 趋于收敛。于是由式(9－3)进行计算的碰撞概率取决于当前相对位置的大小。可知,两颗卫星距离越近,拥有越大的瞬时碰撞概率。但是对未来状态进行预警时,随着误差传递,估计误差的方差矩阵 $\boldsymbol{P}_{k/k}$ 随着时间推移而增大,相对位置 $\boldsymbol{\rho}_t$ 也随着时间推移发生变化。在线求解预警时间段的最大碰撞概率问题,面临巨大挑战。

文献[7]定义了拟最大瞬时碰撞概率为相对距离最小或总包围体中心的概率密度达到最大时刻的瞬时碰撞概率。文献[8]指出,拟最大瞬时碰撞概率只能作为碰撞问题的参考指标,不能够完全作为最大瞬时碰撞概率的替代。但是,当自主卫星在线相对状态测量具有较高精度时,如文献[9]利用载波相位差分 GPS 和自适应卡尔曼滤波算法使得相对位置估计精度达 2～4cm,相对速度精度达 3mm/s。此时误差的方差矩阵 $\boldsymbol{P}_{k/k}$ 较小,其误差转移在预警时间较短的情况下,对碰撞概率影响较小。可将拟最大瞬时碰撞概率作为碰撞预警的指标参数,即认为在编队飞行中星间相对距离对碰撞概率的影响起决定性作用。

下面给出利用拟最大瞬时碰撞概率进行碰撞预警的策略与算法,分以下三个步骤:

(1) 从星载设备得到当前相对运动状态 $\boldsymbol{\rho}_0$、$\boldsymbol{v}_0$,令当前时刻 $t_0=0$,利用方程(9－4)进行状态推演,得到 $\zeta=[0,T_p]$ 时间段内的最近距离 $\boldsymbol{\rho}_{\min}$ 和发生时刻 $t^*\in\zeta$;如果 ζ 内任意点的距离都大于当前状态,则 $t^*=0$。

(2) 由当前时刻滤波状态估计误差的方差矩阵 $\boldsymbol{P}_{k/k}$,通过状态转移得到 t^* 时刻的位置误差协方差 $\boldsymbol{C}_{t^*}$,$\boldsymbol{C}_{t^*}$ 等于 $\boldsymbol{P}_{t^*}$ 左上角 3×3 矩阵,$\boldsymbol{P}_{t^*}=\boldsymbol{\Phi}(0,t^*)\boldsymbol{P}_{k/k}\boldsymbol{\Phi}^{\mathrm{T}}(0,t^*)$。

(3) 由式(9－3)进行碰撞概率计算,得到 t^* 时刻的碰撞概率 P_{Ct^*},如果 $P_{Ct^*}\geqslant P_{阈值}$,则采取防碰撞规避策略。

以上三个步骤中,步骤(2)可以由 CW 方程的状态转移矩阵做一步状态转移获得,步骤(3)的碰撞概率积分问题在有关文献都给出了简化的方法,如文献[7]给出了几种近似快速算法,文献[10]给出了球形物体碰撞概率的数值计算方法,都可以用于碰撞概率计算。以下着重探讨步骤(1)的求解方法。

对于步骤(1),精确的解法是采用一定的步长,进行逐点计算,获得ζ时间段内所有状态,再获得最小值。两颗卫星瞬时初始状态的不确定性,导致相对距离ρ变化规律不确定。在预警时间段内,ρ可能存在或不存在极小值。对于不确定的ρ变化规律,可以通过寻优方法,利用式(9-5)寻找相对距离ρ在ζ内的最小值。两颗卫星的相对距离为

$$\rho=\sqrt{x^2+y^2+z^2},\frac{\mathrm{d}\rho}{\mathrm{d}t}=\frac{1}{2\rho}\times\frac{\mathrm{d}(\rho^2)}{\mathrm{d}t} \tag{9-10}$$

相对距离ρ取极小值的必要条件是$\frac{\mathrm{d}\rho}{\mathrm{d}t}=0$,即要求距离平方的导数函数:

$$f(t)=\frac{\mathrm{d}(\rho^2)}{\mathrm{d}t}=0 \tag{9-11}$$

$$\begin{aligned}f(t)=&\frac{2}{n}(v_{x0}\sin nt-A\cos nt+2B)(v_{x0}\cos nt+A\sin nt)+\\&\frac{2}{n}[2A\sin nt+2v_{x0}\cos nt-3nBt+(ny_0-2v_{x0})]\times\\&(2A\cos nt-2v_{x0}\sin nt-3B)+\\&\frac{2}{n}(v_{z0}\sin nt+nz_0\cos nt)(v_{z0}\cos nt-nz_0\sin nt)\end{aligned} \tag{9-12}$$

由式(9-5)和式(9-12)可知,ρ、$f(t)$是由$\boldsymbol{\rho}_0$、$\boldsymbol{v}_0$决定的函数。卫星在轨运行进行碰撞检测时$\boldsymbol{\rho}_0$、$\boldsymbol{v}_0$值的不确定性,造成ρ、$f(t)$变化趋势的不确定,$f(t)$在预警时间内可能不存在$f(t)=0$的点。求解碰撞问题有明显的时间方向性,对于非线性函数求解最小值的传统方法有最速下降法、试探法、插值法和非精确一维搜索方法,其中搜索区间和算法初始点对搜索结果影响较大。

传统方法不适应于碰撞检测的两种情况:一种是,当从时间点$t_0=0$开始搜索,由于ρ函数的极小值有可能出现在$t^*<0$且与t_0非常接近的时间点,传统方法会很快收敛于t^*,但是这一点t^*对于碰撞检测是没有物理意义的;另一种是,当ζ内存在多个极小值,第一个局部极小值点所得的碰撞概率已经超越了阈值,剩下的全局最小点无需进行计算,而常规搜索全局最小的方法将继续搜索,消耗了计算时间。

9.2.2 变尺度直接逼近算法

这里给出一种变尺度直接逼近算法用于 ρ 的极点搜索，通过搜索的极点进行比对获得最小值，来解决 ρ 的极小值求解问题。通过求解非线性方程 $f(t^*)=0$ 的解，判断二阶导数 $f'(t^*)>0$ 是否成立，得到 ρ 的极小值。进而通过极小值比对获得函数最小值，也是常用的最小值求解方法。传统方法如不动点法、牛顿法与牛顿型迭代法、延拓法用于求解非线性方程的解，同样存在对搜索方向无法控制和对初始搜索点的强依赖性，使得这些方法无法应用于碰撞预警中。令

$$\begin{cases}\cos\phi = v_{x0}/\sqrt{v_{x0}^2+A^2}, \sin\phi = A/\sqrt{v_{x0}^2+A^2} \\ \cos\phi = v_{z0}/\sqrt{v_{z0}^2+(nz_0)^2}, \sin\phi = nz_0/\sqrt{v_{z0}^2+(nz_0)^2}\end{cases} \tag{9-13}$$

式(9－12)可改写为

$$\begin{aligned} f(t) = & \frac{5}{n}(v_{x0}^2+A^2)\sin(2nt-2\phi)+\frac{4B}{n}\sqrt{v_{x0}^2+A^2}\cos(nt-\phi)+ \\ & \frac{4}{n}\sqrt{v_{x0}^2+A^2}\sin(nt-\phi)[-3nBt+(ny_0-2v_{x0})]- \\ & \frac{6B}{n}[2\sqrt{v_{x0}^2+A^2}\cos(nt-\phi)-3nBt+(ny_0-2v_{x0})]+ \\ & 1/n\sin(2nt+2\varphi) \end{aligned} \tag{9-14}$$

由式(9－14)可以看出，$f(t)$ 由一系列周期函数构成，且包含非周期乘子。这使得 $f(t)$ 在初始状态不明确的情况下，很难得到其性质。由式(9－14)得

$$\begin{aligned} f(t) = & \frac{5}{n}(v_{x0}^2+A^2)\sin(2nt-2\phi)+\frac{1}{n}\sin(2nt+2\varphi)+ \\ & h(t)\sin(nt-\phi-g(t))+18B^2t-\frac{6B}{n}(ny_0-2v_{x0}) \end{aligned} \tag{9-15}$$

式中

$$h(t)=\frac{4}{n}\sqrt{v_{x0}^2+A^2}\{[-3nBt+(ny_0-2v_{x0})]^2+4B^2\}^{1/2}$$

$$g(t)=\arcsin\frac{2B}{\sqrt{[-3nBt+(ny_0-2v_{x0})]^2+4B^2}}$$

由于 ϕ、ϕ、$g(t)$ 的存在，极点 t^* 可能出现在 ζ 内任一时刻。由于 $g(t)$ 的存在，函数 $f(t)$ 在 t 较小时，有较大的变化频率。在进行 $f(t)$ 零点搜索时，如果初始搜索步长过大，单步长迭代可能跨越两个零点，而且在收敛过程中回退搜索过

程较长。以下根据 $f(t)$ 函数特点给出变尺度直接逼近(Scaled Step - size Directly Approaching, SSDA)算法,用于非线性方程 $f(t)=0$ 解的搜索(算法如图 9-2 所示)。

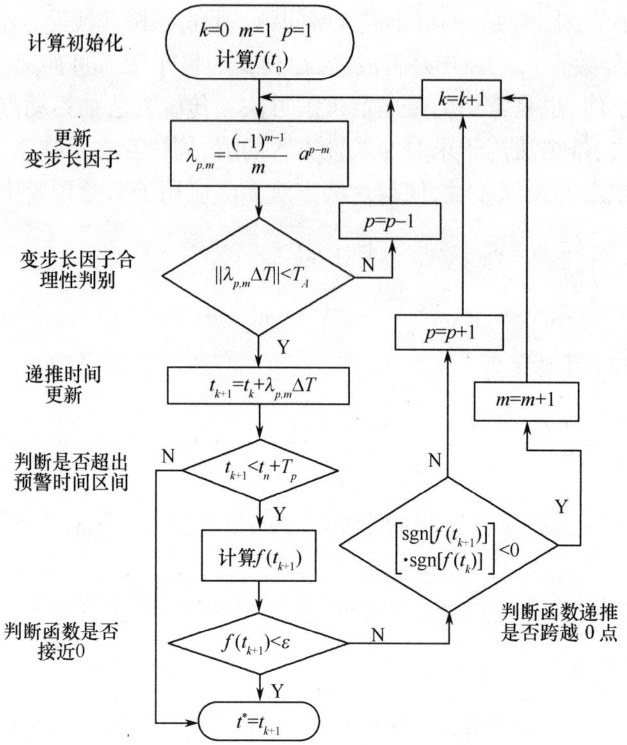

图 9-2　变尺度直接逼近算法流程图

变尺度直接逼近算法的思想是:从一个较小的步长开始,沿着时间推进方向进行试探性计算。如果前后两点函数值同号,则扩大搜索步长,继续向前推进搜索。时间最大推进步长应小于某一可接受值 T_A,以保证单步推进内,距离 ρ 变化精度是可接受的。T_A 取值需要考虑工程应用对计算量和计算精度的权重关系。这里考虑编队飞行相对运动的周期性,选择 $T_A=\pi/4n$。若函数在此步长跨越零点,则反向搜索,并减小搜索步长。这样,通过反复来回逼近,得到精确的解。

SSDA 具体算法如图 9-2 所示。其中:$\alpha>1$ 为步长放大尺度;ΔT 初始递推步长,一般取为控制器最小反应时间;ε 为一个小常数,控制 t^* 的精度。时间推进算法 $t_{k+1}=t_k+\lambda_{p,m}\Delta T$ 的变步长因子 $\lambda_{p,m}=(-1)^{m-1}\alpha^{p-m}/m$,将时间推进步长按级数进行放大和收缩。搜索算法从初始步长 ΔT 开始,按照 α 乘方进行放大步长搜索，将能够在较短的步骤内获得零点所在的区间。初始步长从小变大，顾及了零点与 t_0 较近时，应尽快收敛的要求，有利于提高碰撞概率计算的时效性。由于有最大步长限制，放大成方系数 $p-m<\log_{\alpha}(T_A)$。当 $m\to\infty$ 时，$t_{k+1}-t_k\to 0$，t_k 是一个柯西序列，所以此搜索算法为在零点附近收敛。

算法迭代过程中，只需计算一次函数值，并进行符号判断。相比文献[11]给出的变步长算法，无需计算下降方向 $\nabla f(t)$。SSDA 既控制了搜索方向，计算量也相对较小，非常适用于相对位置极点搜索的问题。

对搜索到的零点进行通过碰撞检测算法验证，如果当前碰撞概率小于阈值，则可令 $t_0=t^*$ 继续向前搜索检测，直至搜索覆盖整个 ζ 区间。如果在整个 ζ 区间内均无极点，则可知在 ζ 区间内 ρ 呈单调变化，计算 ζ 区间最后一个点即可判断此点是否为 ζ 区间内的极小点。至此可以完成编队飞行在 ζ 区间的碰撞预警。

9.2.3 仿真算例与分析

为了验证给出的碰撞检测策略和 SSDA 算法的有效性，给出几种典型的相对运动情况（初始相对运动状态见表 9－1），来进行仿真分析。取目标星轨道仿真参数为 EO－1[3] 的参数 $n=0.001060297$，自主卫星按照半径为 1km 的空间圆形编队对目标卫星进行绕飞，碰撞预警时间段 ζ 为一个轨道周期。轨道 1 是对目标卫星进行绕飞的空间圆形编队，轨道 2～4 是空间圆轨道的受摄轨道，即在空间圆轨道的初始速度上存在一个速度误差 Δv。各个轨道在相对坐标系中的运动轨迹如图 9－3 所示。在 $t_0=0$ 时刻，取三个方向上的相对位置误差 $\sigma_{\rho}=1\text{m}$，相对速度估计误差 $\sigma_{v}=0.05\text{m/s}$。SSDA 算法中取 $\alpha=2$，$\Delta T=1$，$\varepsilon=0.1$。

表 9－1 仿真参数

轨道号	初始相对位置/m	初始相对速度/(m/s)	备注
1	[0，－1000，0]	[0.53015，0，－0.91824]	空间圆轨道
2		[－0.43015，0.1，－1.41824]	空间圆轨道的受摄轨道
3		[0.63015，0.1，－0.41824]	
4		[－0.43015，0.1，－0.41824]	
5		[0.53015，－0.1，0]	

图 9－4 给出了 ρ 和 $f(t)$ 随时间变化的规律，图中六角形标记是由 SSDA 算法得到的极点。由结果可以看出，SSDA 算法找出了四个受摄轨道的第一个极点。图 9－5 给出了由 SSDA 算法进行 $f(t)$ 零点逼近，时间的变化收敛曲线。

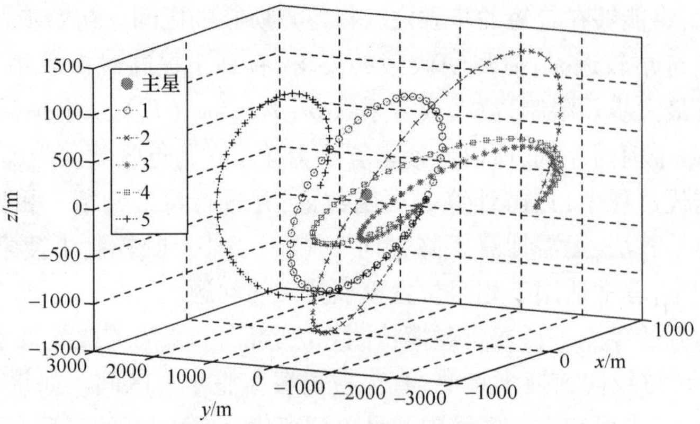

图 9－3　不同初始速度下的相对运动轨迹

表 9－2中给出了四个受摄轨道第一个极点的位置和 SSDA 算法迭代的次数。由结果可以看出，SSDA 算法能够在 20 个步长内找到零点所在区间并迅速收敛。

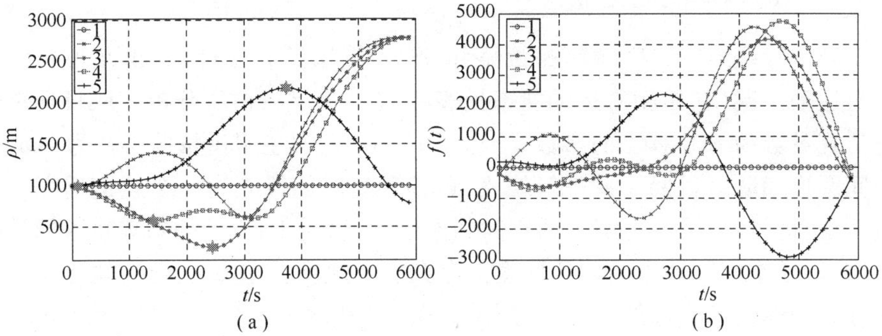

图 9－4　各轨道的 ρ 和 $f(t)$

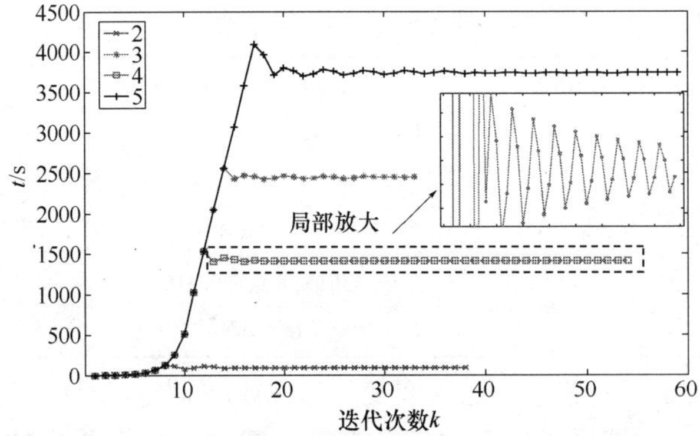

图 9－5　SDA 算法的收敛曲线

表 9－2　位置极点碰撞概率

轨道号	时间/s	距离/m	SSDA 迭代次数	碰撞概率
2	91.42	995.415	37	0
3	2449.34	249.916	32	1.56998×10^{-17}
4	1409.34	576.483	53	4.85048×10^{-19}
5	3736.22	2173.763	58	0

图 9－6 中显示的是对轨道 3 和轨道 4 进行瞬时碰撞概率计算结果（轨道 2、轨道 5 全周期碰撞概率小于 10^{-40}，忽略不计）。与图 9－4 对应，相对距离极小点，拥有较大的瞬时碰撞概率。但是由于误差传递的因素，误差协方差随着时间推移而放大，拟瞬时最大碰撞概率并不是整个轨道周期内最大瞬时碰撞概率。但在碰撞预警时间 T_p 较短时（小于半个轨道周期），利用拟瞬时最大碰撞概率作为碰撞预警检测指标是合理的。

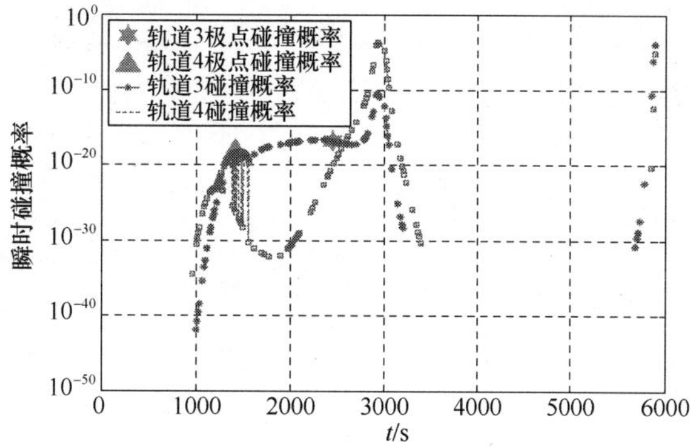

图 9－6　轨道 3 和轨道 4 的碰撞概率

参 考 文 献

[1] 孙东，周凤岐，周军．卫星进入和离开编队机动轨迹规划及控制[J]．航天控制，2003，36(4)：11－17.

[2] Singh G, Hadaegh F Y. Collision Avoidance Guidance for Formation－flying Applications[C]. In AIAA Guidance, Navigation, and Control Conference and Exhibit (Montreal, Canada),2001.

[3] Wang S, Schaub H. Spacecraft Collision Avoidance Using Coulomb Forces with Separation Distance and Rate Feedback[J]. Journal of Guidance, Control and Dynamics, 2008, 31(3):740－750.

[4] Campbell M E. Collision Monitoring Within Satellite Clusters[J]. IEEE Transactions on Control Systems Technology, 2005, 13(1):42－55.

[5] Slater G L, Byram S M, Williams T W. Collision Avoidance for Satellites in Formation Flight[J]. Journal of Guidance, Control and Dynamics, 2006, 29(5):1140－1146.

[6] Patera R P. General Method for Calculating Satellite Collision Probability[J]. Journal of Guidance, Control and Dynamics, 2001, 24(4):716 - 722.

[7] 王华,唐国金. 非线性相对运动的飞行器碰撞概率研究[J]. 宇航学报, 2006, 27(12):160 - 165.

[8] 王华,唐国金. 交会对接的控制与轨迹安全[D]. 长沙:国防科学技术大学, 2007.

[9] Busse F D, How J P. Real - time Experimental Demonstration of Precise Decentralized Relative Navigation for Formation Flying Spacecraft[C]. In AIAA Guidance, Navigation, and Control Conference and Exhibit. Monterey, CA, 2002.

[10] Alfano S. A Numerical Implementation of Spherical Object Collision Probability[J]. Journal of the Astronautical Sciences, 2005, 53(1):103 - 109.

[11] Vrahatis M N, Androulakis G S, Lambrinos J N. A Class of Gradient Unconstrained Minimization Algorithms With Adaptive Stepsize[J]. Journal of Computational and Applied Mathematics, 2000, 114(2): 367 - 386.

内 容 简 介

本书以天基空间目标监视系统为主要研究背景,对基于天基测角信息的空间非合作目标初轨确定方法、联合定轨技术、抗差自适应跟踪定轨方法以及空间目标编目维护方法、观测卫星编队控制技术等方面做了全面系统的论述。本书理论性和系统性强,采用数学推导与仿真实验相结合的思路,初步解决了空间目标天基仅测角跟踪中若干关键问题,具有很强的实际应用背景,其中大部分内容是天基信息对抗与应用系统设计与仿真的实践总结,是一部难得的关于天基空间目标监视建模与仿真方面理论研究和实际应用的科研专著。

本书的主要读者对象为从事天基信息对抗与应用系统设计与仿真的科研人员,同时也可作为高等院校相关专业研究生和科研学者的参考书。

Based on space-based surveillance system tracking non-cooperative space target, the book comprehensively and systematically discusses initial orbit determination methods with space-based bearing-only tracking information, orbit determination algorithm based on robust adaptive filter, catalogue update and maintenance methods of space target, formation flying control technology of tracking satellite.

Combining mathematical deduction with numerical simulations, the book solves some key problems of space-Based bearing-only tracking of space target, which is applicable. Most of the book is summary of space information counterwork, design and simulation of application system, and the book is precious research monograph on space-based surveillance, modeling, simulation and practical application.

Main readers of the book should be researchers engaged in space information counterwork, design and simulation of application system. Also, the book can be reference to postgraduates and scholars with relevant majors in university or college.